U0220797

国家科学技术学术著作出版基金资助出版

优秀青年学者文库·工程热物理卷

超常颗粒稠密气固两相流动数值模拟与应用

Numerical Simulation and Application of Dense Gas-Solid Two-Phase Flow with Supernormal Particles

何玉荣　王天宇　唐天琪　著

科学出版社

北　京

内 容 简 介

本书在作者多年研究的基础上整理和归纳了稠密气固两相流动中超常颗粒系统(非球形颗粒、湿颗粒)的数值计算模型，详细介绍超常颗粒与理想球形颗粒系统流动特性的区别，总结和介绍超常颗粒系统中出现的特有流动结构。本书共 7 章，第 1 章对非球形颗粒及湿颗粒气固两相流进行基本介绍；第 2～4 章对超常颗粒稠密气固两相流动数值计算模型进行详细介绍：气固两相流动数学模型、非球形颗粒动力学、湿颗粒动力学；随即第 5～7 章详细介绍不同流化床床型中超常颗粒稠密气固两相流动特性：鼓泡流化床非球形颗粒及湿颗粒行为研究、喷动流化床非球形颗粒及湿颗粒行为研究及提升管非球形颗粒及湿颗粒行为研究。

本书可为广大开设热能工程学科的高等院校、科研机构研究人员提供参考。

图书在版编目(CIP)数据

超常颗粒稠密气固两相流动数值模拟与应用 / 何玉荣，王天宇，唐天琪著. — 北京 : 科学出版社, 2024.6. — ISBN 978-7-03-078790-3

Ⅰ. O359

中国国家版本馆CIP数据核字第202434MM01号

责任编辑：范运年 / 责任校对：王萌萌
责任印制：吴兆东 / 封面设计：陈　敬

科学出版社出版
北京东黄城根北街 16 号
邮政编码：100717
http://www.sciencep.com
北京中石油彩色印刷有限责任公司印刷
科学出版社发行　各地新华书店经销
*
2024 年 6 月第　一　版　开本：720 × 1000　1/16
2025 年 2 月第二次印刷　印张：13 3/4
字数：270 000

定价：138.00 元

(如有印装质量问题，我社负责调换)

青年多创新，求真且力行(代序)

——青年人，请分享您成功的经验

能源动力及环境是全球人类赖以生存和发展的极其重要的因素，随着经济的快速发展和环境保护意识的不断加强，为保证人类的可持续发展，节能、高效、降低或消除污染排放物、发展新能源及可再生能源已经成为能源领域研究和发展的重要任务。

能源动力短缺及环境污染是世界各国面临的极其重要的社会问题，我国也不例外。虽然从 20 世纪 50 年代我国扔掉了“贫油”的帽子，但是“缺油、少气、相对富煤”的资源特性是肯定的。从 1993 年起，随着经济的快速发展，我国成为石油净进口国，截止到 2018 年，我国的石油进口对外依存度已经超过 70%，远远超过 50%的能源安全线。由于大量的能源消耗，特别是化石能源的消耗，环境受到很大污染，特别是空气质量屡屡为世人诟病。雾霾的频频来袭，成为我国不少地区的难隐之痛。我国能源工业发展更是面临经济增长、环境保护和社会发展的重大压力，在未来能源发展中，如何充分利用天然气、水能、核能等清洁能源，加快发展太阳能、风能、生物质能等可再生能源，洁净利用石油、煤炭等化石能源，提高能源利用率，降低能源利用过程中带来的大气、固废、水资源的污染等问题，实现能源、经济、环境的可持续发展，是我国未来能源领域发展的必由之路。

近年来，我国政府在能源动力领域不断加大科研投入的力度，在能源利用和环境保护方面取得了一系列的成果，也有一大批年轻的学者得以锻炼成长，在各自的研究领域做出了可喜的成绩。科学技术的创新与进步，离不开科研人员的辛勤努力，更离不开他们不拘泥于前人研究成果、敢于创新的勇气，需要青年学者的参与和孜孜不倦的追求。

近代中国发生了三个巨大的变革，改变了中国的命运，分别是 1919 年的五四运动、1949 年的中华人民共和国成立和 1978 年的改革开放。五四运动从文化上唤醒国人，中华人民共和国成立后从一个一穷二白的国家发展成初具规模的工业大国，变成了真正意义上的世界强国。改革开放将中国发展成世界第二大经济体。涉及国运的三次大事变，年轻人在其中发挥了重要的作用。

青年是创造力最丰富的人生阶段，科学的未来在于青年。

经过数十年的发展，我国已经成为世界上最大的高等教育人才的培养国，每年不仅国内培养出大量优秀的青年人才，随着国家经济实力不断壮大，大批学成的国外优秀青年学者也纷纷回国加入到祖国建设的队伍中。在“不拘一格降人才”的精神指导下，涌现出一大批“杰出青年”“青年长江学者”“青年拔尖人才”等优秀的年轻学者，成为所在学科的领军人物或学术带头人或学术骨干，为学科的发展做出重要贡献。

科学的发展需要交流，交流的最重要方式是论文和著作。古代对学者要求的“立德、立功、立言”的三立中，立言就是著书立说。一个人成功，常常谦虚地表示是站在巨人的肩膀上，就是参照前人的研究成果，发展出新的理论和方法。我国著名学者屠呦呦之所以能够发现青蒿素，就是从古人葛洪的著作中得到重要启发。诺贝尔物理学奖获得者杨振宁教授，除了与李政道合作的宇称不守恒理论之外，还提出了非阿贝尔规范场论以及杨-巴克斯特方程，为后来获得诺贝尔物理学奖奠定了很好的基础，他在统计力学和高温超导方面的贡献也为后来的工作起到重要的方向标作用。因此，著书立说，不仅对于个人的学术成熟和成长有重要的作用，对于促进学科发展、带动他人的进步也至关重要。

著名学者王国维曾在其所著的《人间词话》中对古今之成大事业、大学问者提出人生必经三个境界，第一境界是“昨夜西风凋碧树，独上高楼，望尽天涯路”；第二境界是“衣带渐宽终不悔，为伊消得人憔悴”；第三境界是“众里寻他千百度，蓦然回首，那人正在灯火阑珊处”。这里指出，做学问，成大事首先是要耐得住孤独；其次是要守得住清贫，要坚持。在以上基础上，成功自然就会到来。当然，著书是辛苦的。在当前还没有完全消除唯论文的现状下，从功利主义出发，撰写一篇论文可能比著一本书花费的时间、精力要少很多，然而，作为一个真正的学者，著书立说是非常必要的。

科学出版社作为国家最重要的科学文集出版单位，出于对未来发展、对培养青年人的重大担当，提出了《优秀青年学者文库　工程热物理卷》出版计划。该计划给了青年学者一个非常好的机会，为他们提供了很好的展现能力的平台，也给他们一个总结自己学术成果的机会。本套丛书就是立足于能源与动力领域优秀青年学者的科研工作，将其中的优秀成果展示出来。

国家的经济快速发展，能源需求日盛。化石能源消耗带来的资源和环境的担忧，给我们从事能源动力的研究人员一个绝好的发展机会，寻找新能源，实现可持续发展是我们工程热物理学科所有同仁的共同追求。希望我们青年学者，不辱使命，积极创新，努力拼搏，创造出一个美好的未来。

姚春德

2019 年 2 月 27 日

前　言

稠密气固两相颗粒系统广泛存在于自然界和能源、食品、化学、农业、医学和冶金等各种工业过程中。为了优化颗粒系统的设计与运行，研究人员开展了稠密气固两相流颗粒行为以及传热传质特性的相关研究，大部分研究中使用了球形颗粒及干颗粒的假设。然而，在真实的颗粒系统中，颗粒通常为非球形，例如在工农业的物料干燥、石油化工中的催化裂化反应和金属粉末烧结等过程中的颗粒。在这些系统中，非球形颗粒的流态化行为会呈现明显的各向异性特征，将极大地改变颗粒的运动特性。同时，在自然界和工业生产过程中，颗粒系统内经常有一定量的液体参与，例如在催化反应、矿物筛选、金属粉末烧结、物料干燥和漏斗卸料等工业过程中，湿颗粒的贮存、输运和操作是现代工业过程的重要组成部分。与干颗粒相比，湿颗粒间的填隙液体可极大地改变颗粒的表面特性，导致湿颗粒系统的流体动力学行为与干颗粒系统产生明显差别。作为结合工程热物理和多相流体力学的交叉系统科学，气固两相流动在科学研究及工业生产过程中起着越来越重要的作用。随着研究的不断深入，如何真实地重现和预测颗粒系统内的流体动力学特性已经成为国内外学者的关注重点之一，也对非球形颗粒系统及湿颗粒系统稠密气固两相流的研究提出了更高的要求。

离散单元模型是欧拉-拉格朗日方法的一种，随着计算机技术的发展，已被广泛应用于稠密气固两相颗粒系统的研究中。离散单元模型是多尺度建模概念中非常有效的模型之一，适合于研究颗粒特性对气体流化床流体动力学的影响，其优势在于可采用与实际物理过程几乎相同的方式考虑颗粒/壁面间和颗粒/颗粒间的相互作用，对各个物理参数进行精细化的研究。基于以上特点，本书在充分考虑非球形颗粒及湿颗粒系统特点的情况下，应用离散单元模型对典型流化床内稠密气固两相流进行了模型建立及颗粒行为分析。以颗粒间相互作用为基础，依次发展了离散单元模型、气相模型及气固相互作用模型，从颗粒位置分布、速度分布、混合情况到颗粒温度分布、气泡温度分布等，由简入繁，深入剖析几种典型流化床内稠密气固两相流动宏观、介观和微观尺度上的行为，阐述其中的内在机理，介绍作者在本领域内的研究工作。

本书共 7 章。第 1 章主要介绍气固两相颗粒系统的基本概念，包括常用实验方法及数值模拟方法，并对非球形颗粒和湿颗粒的特点进行概述。第 2 章中详细介绍稠密气固两相流动中常用的离散单元模型。第 3 章、第 4 章分别建立非球形颗粒离散颗粒硬球模型、湿颗粒气固两相流动离散单元软球模型，并进行实验验证。第 5～7 章分别对三种典型流化床系统——鼓泡流化床、喷动流化床和循环流化床提升管内球形颗粒、非球形颗粒及湿颗粒流动行为进行研究，考察颗粒系统内球形颗粒与非球形颗粒、干颗粒与湿颗粒流动特性的差别，并分析系统内流态化行为及微观颗粒脉动规律。

近十年来，作者与课题组成员对非球形颗粒及湿颗粒稠密气固两相流体动力学进行了较为深入的研究，包含理论建模、数值模拟和实验研究工作。在该研究领域的主要学术贡献是进一步完善了非球形颗粒及湿颗粒气固两相流动离散颗粒模型及相关理论，建立了多种颗粒行为的分析方法，并研究了不同尺度上颗粒的特征，揭示了颗粒行为与流态化特性间的内在联系。本书内容汇集了作者和课题组成员多年来在稠密气固两相流体动力学领域内的创新性研究成果，在此感谢课题组的齐聪博士、彭稳根博士、闫盛楠博士等的相关研究工作。同时，本研究工作先后获得了国家自然科学基金联合基金（NO. U1162122）、国家自然科学基金优秀青年科学基金（NO.51322601）、国家自然科学基金重大研究计划培育项目（NO. 91534112）和国家自然科学基金青年科学基金（NO.51706055）的资助。

在本书即将出版之际，衷心感谢国家自然科学基金对作者及课题组在该研究领域的大力支持，感谢在该研究领域一路相伴的同行的支持和帮助，感谢课题组成员的辛勤工作。

何玉荣

2023 年 8 月 31 日

常用符号及简写说明

符号	单位	说明
acctim	s	计算时间步长中的累计碰撞时间
c_i	—	样品颗粒当地份额
C	m/s	压缩速度
Ca	—	界面张力数
C_D	—	曳力系数
C_k	—	Kolmogorov 常量
C_s	—	Smagorinsky 常量
d	m	浸没高度
d_p	m	球形颗粒直径、非球形颗粒球元直径
$\mathrm{D}t$	s	计算时间步长
Dp	m	非球形颗粒外径直径
e	—	弹性恢复系数
E	J	能量
f	Hz	频率
$\boldsymbol{F}$	N	力
$\boldsymbol{F}_\mathrm{c}$	N	接触力
$\boldsymbol{F}_\mathrm{cp}$	N	静态毛细力
$\boldsymbol{F}_\mathrm{gp}$	N	相间动量交换速率
$\boldsymbol{F}_\mathrm{lb}$	N	液桥力
$\boldsymbol{F}_\mathrm{v}$	N	动态黏性力
$\boldsymbol{g}$	$\mathrm{m/s^2}$	重力加速度
h	m	床层高度
H	m	颗粒/壁面间的分离距离
H_cr	m	临界断裂距离

H_s	m	未变形表面之间的距离
I	kg·m^2	转动惯量
$\boldsymbol{I}$	—	单位张量
$\boldsymbol{J}$	kg·m/s	冲量
k	N/m	弹簧刚度
mm	—	时间样本的个数
m_p	kg	质量
M	—	混合指数
$\boldsymbol{n}$	—	法向单位向量
N	—	统计网格的数目
N_p	—	颗粒总数目
p	Pa	压力
P	—	整个混合物中的样品组分所占的份额
Q	—	四元数
r	m	球形颗粒或球元半径
$\boldsymbol{r}$	m	颗粒位置向量
R	m	球形或非球形外接圆半径
$\boldsymbol{R}$	—	由碰撞点指向非球形颗粒中心的向量
$\boldsymbol{RR}$	—	三维旋转矩阵
Re	—	雷诺数
s	—	初始滑移速度的符号(–1 或 1)
S	m/s	滑移速度
$\boldsymbol{S}_{ij}$	—	特征过滤应变率
t	s	时间
$\boldsymbol{t}$	—	切向单位向量
$\boldsymbol{T}_p$	kg·m^2/s^2	转矩
$\boldsymbol{u}$	m/s	气相速度
u_{jet}	m/s	气相喷射速度
$\boldsymbol{v}$	m/s	颗粒速度

$\boldsymbol{v}_{\mathrm{r}}$	m/s	相对速度
V_{cell}	m^3	模拟单元体积
$\overline{V}_i(x)$	m/s	平均速度
$\hat{V}_{\mathrm{lb}}$	—	无量纲液桥体积
V_{lb}^*	—	颗粒系统相对液体量
V_{p}	m^3	颗粒体积
$w(r)$	m	两颗粒的弹性变形量沿径向之和
W_{tot}	J	总界面能
x_{c}，y_{c}，z_{c}	m	球心坐标
x_{wall}	m	壁面坐标
Δt	s	时间步长
希腊字母		
σ^2	—	颗粒组分的方差
σ_0^2	—	完全分离系统相应的方差
σ_r^2	—	完全混合系统相应的方差
β	kg/(m^3·s)	相间动量交换系数
β_0	—	切向弹性恢复系数
γ	N/m	表面张力系数
Δ	m	过滤尺度
δ	m	形变量
ε	—	体积分数
η	N·s/m	阻尼系数
α，ϕ，ψ	rad	欧拉角
θ	(°)	接触角
θ_{c}	$\mathrm{m}^2/\mathrm{s}^2$	广义聚团颗粒温度
θ_{b}	$\mathrm{m}^2/\mathrm{s}^2$	气泡颗粒温度
$\theta_{\mathrm{p,tran}}$	$\mathrm{m}^2/\mathrm{s}^2$	平移粒子颗粒温度
$\theta_{\mathrm{p,rot}}$	$\mathrm{rad}^2/\mathrm{s}^2$	旋转粒子颗粒温度

μ	—	摩擦系数
μ_g	kg/(m·s)	气体剪切黏度
μ_{lb}	Pa·s	液体黏度
μ_s	—	滑动系数
ρ^*	kg/m^3	固体颗粒与气体的密度差
ρ_g	kg/m^3	气相密度
ρ_p	kg/m^3	颗粒密度
$\boldsymbol{\tau}_g$	$kg/(m \cdot s^2)$	黏性压力张量
$\boldsymbol{\tau}_{ij}$	m^2/s^2	亚格子雷诺应力
υ_t	—	亚格子涡黏系数
φ	(°)	半填充角
$\boldsymbol{\Phi}_p$	$kg/(m^2 \cdot s)$	颗粒质量流量
$\boldsymbol{\omega}$	rad/s	颗粒旋转速度

下角标

0	参数初始状态
a，b	某个颗粒
ab	两个颗粒相对量
c	接触点、碰撞点
dsp	耗散
g	气相
i,j,k	坐标轴 x、y 和 z 方向
jet	喷射气体
lb	液桥
mean	平均值
n	法向方向
p	颗粒
r	相对参数
rot	转动
RMS	方均根

s	固相
t	切向方向
tran	平动
tot	总体
wall	壁面

缩写

CARPT	放射性粒子自动跟踪
CCD	电荷耦合器件
CFD	计算流体力学
DBM	离散气泡模型
DEM	离散单元方法
DFT	密度泛函理论
DIA	数字图像分析
DNS	直接数值模拟
FCC	流体裂化催化剂
KTGF	颗粒动力学理论
LBM	格子-玻尔兹曼方法
LDV	激光多普勒测速
LES	大涡模拟
LGCA	格子气元胞自动机
MC	蒙特卡罗
MD	分子动力学
MR	磁共振
N-S	纳维-斯托克斯
PIV	粒子图像测速
PLIF	平面激光诱导荧光
PTV	粒子跟踪测速
SGS	亚格子
TFM	双流体模型
TST	过渡态理论

目　录

第 1 章　非球形颗粒及湿颗粒气固两相流

1.1　气固流态化简介

流态化是流体与固体颗粒物料相互作用而形成的一种新的状态[1]。当固体颗粒物料流化时，随着流体流率的增大，床层的流动压降逐渐增加，当流体流率达到某数值时，床层压降等于单位断面床层中颗粒物料的净重[1]，颗粒随之开始运动，产生了流态化现象。

图 1-1 是工业应用中典型的流化床分类情况[2]。当气体速度很低时，气体仅依靠渗透作用通过床内的颗粒层，颗粒在重力的作用下处于固定状态，此时系统为固定床。随着气速的增加，气体对于颗粒的曳力也逐渐增加，直到足够抵消颗粒的净重力(重力与浮力之差)，这样颗粒就处于流化状态。使颗粒处于流化状态的最小气体速度称为最小流化速度，而在最小流化速度下颗粒受到的曳力等于净重力。当气体速度增大时，气固两相流和气液两相流会呈现出不同的特征。在气液流化床中，床层会逐渐增高，这种现象称为散式流态化。但是在气固流化床内，散式流态化只出现在颗粒尺寸较小或质量较小的情况下。在大多数的气固流化床中会出现气泡，这种流化床称为鼓泡床。如果床体的内径过小，气泡直径会接近流化床内径大小，形成气泡栓塞，产生节涌现象，这种流化床称为节涌床。当气体速度继续增加时，流化床内的颗粒会呈现出类似湍流的结构，这种流化床叫作湍动床。湍动床一般出现在循环流化床中的提升管或下降管中。如果气体速度极大，颗粒的运动速度会超过终端速度。在这种情况下，颗粒可以被流体由出口带出，床层不存在上表面，这种现象被称为气力输送。

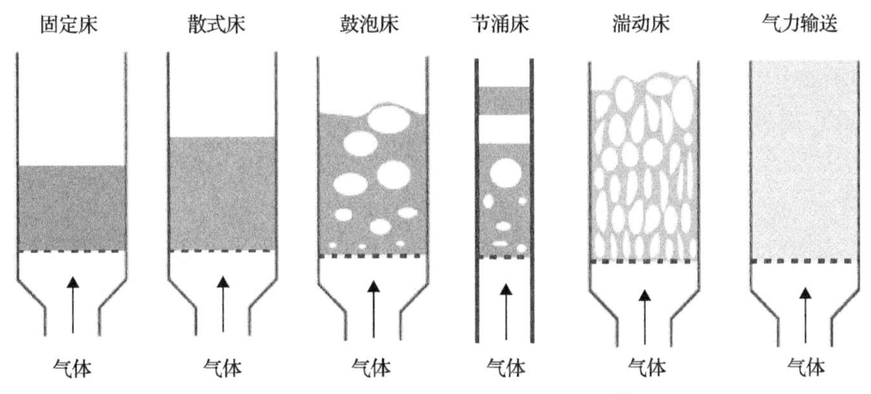

图 1-1　工业应用中典型流化床分类[2]

但是，并非所有颗粒都能够呈现图 1-1 中的流化类型。除了入口气体速度，流化类型还与其他因素有关，如床体几何结构、颗粒类型、入口气体速度分布等。根据大量的实验数据，Geldart[3]对气固流化床内的颗粒进行了分类，得到了颗粒的流化规律。如图 1-2 所示，Geldart 根据颗粒在气固两相流中的不同特性将颗粒分为四类，分别为 Geldart A 类、Geldart B 类、Geldart C 类和 Geldart D 类[3]。

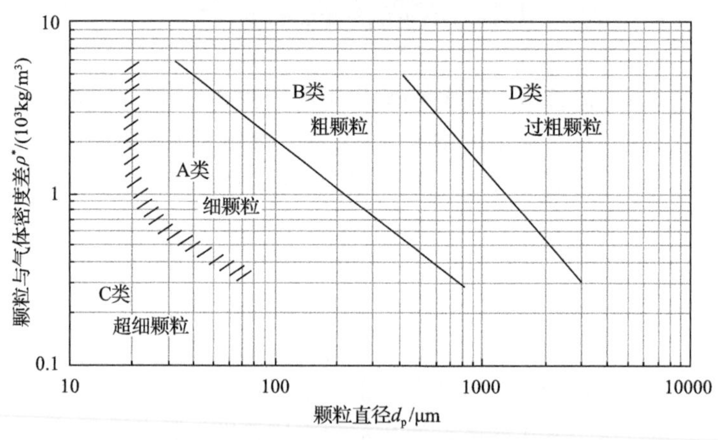

图 1-2　针对气体流化的颗粒分类[3]

Geldart A 类颗粒被称为可充气颗粒或细颗粒，通常具有较小的颗粒直径（d_p＜130μm）和颗粒密度（ρ_p＜1400kg/m^3）。这类颗粒可以很容易被流化，其最重要的特点是当气体速度大于最小流化速度时，A 类颗粒会呈现散式流态化，并且只有床内气体速度达到最小鼓泡速度时才会产生气泡。流体裂化催化剂（fluid cracking catalysts，FCC）颗粒是典型的 Geldart A 类颗粒。

Geldart B 类颗粒被称为鼓泡颗粒或粗颗粒，颗粒直径为 150～500μm，密度为 1400～4000kg/m^3。对于这类颗粒来说，一旦气体速度达到最小流化速度，床内就会产生气泡。Geldart B 类颗粒在流化床内产生的气泡直径最大可以达到流化床床体的内径。玻璃珠和沙粒属于典型的 Geldart B 类颗粒。

Geldart C 类颗粒被称为黏性颗粒或超细颗粒，其平均粒径一般小于 30μm。Geldart C 类颗粒极难流化，这主要是由于颗粒间的范德瓦耳斯力相对会比较大，在流化时极易产生聚团，导致沟流。滑石粉、面粉和淀粉等属于典型的 Geldart C 类颗粒。

Geldart D 类颗粒被称为过粗颗粒，多在喷动床中使用。Geldart D 类颗粒具有较大的直径和密度，不易流化。当在床内通入高速气体时，会形成射流，颗粒会呈现喷泉状运动。玉米、铅丸等材料是典型的 Geldart D 类颗粒。

在工业流化床中大量使用了 Geldart A 类颗粒和 B 类颗粒，其中 A 类颗粒大部分应用于液固或气液固流化系统中。随着进一步的研究，相关学者发现部分 C 类颗粒[4]和少部分小直径 D 类颗粒[5,6]是可以被流化的。

1.2　气固两相流态化的实验研究

实验测量是研究流化床内颗粒运动行为的重要手段之一，多尺度数值模型也需要明确的实验结果用于模型验证。在实验研究方面，由于各种测量方法和测量仪器的不断改进，测量单颗粒和颗粒聚团(气泡)等介尺度的运动特征并分析其规律已成为可能，对于气固两相流动的实验测量也逐渐由表面到内部、由宏观到微观、由大尺度向介尺度发展。

在实验研究的早期，学者们曾经使用 X 射线获得流化床内的流态化规律，如 Yates 等[7]应用该技术研究了流化床内两种不同大小颗粒的运动行为。数字图像分析(digital image analysis，DIA)技术是研究流化床系统的重要手段之一，Yang 等[8]使用 DIA 技术进行了气泡演化特性的研究。Goldschmidt 等[9]应用 DIA 技术研究了扁平(拟二维)流化床内床层膨胀、颗粒分离和气泡行为。Pianarosa 等[10]应用光学探针研究了喷动流化床内空隙率和颗粒速度的分布。激光多普勒测速(laser Doppler velocimetry，LDV)技术经过多年的发展也可以应用于稠密气固两相流动的实验测量中，如 Mychkovsky 等[11]使用 LDV 技术对流化床内气相流场和固相运动进行了测量。Wildman 等[12,13]采用粒子跟踪测速(particle tracking velocimetry，PTV)技术研究了振动流化床内的颗粒温度特性，在该技术中，首先确定单个颗粒的速度，然后统计得到系统内固相速度分布和颗粒温度分布，该技术的缺点是需要高配置的相机捕捉每个颗粒的轨迹或者要求流化床内颗粒的体积密度很低。Bhusarapu 等[14]采用放射性粒子自动跟踪(computer-automated radioactive particle tracking，CARPT)技术进行了提升管内颗粒运动特性的测量工作，结果显示固相应力的各向异性分布特征非常明显。Jung 等[15]应用电荷耦合器件(charge coupled device，CCD)图像传感器照相技术测量了薄鼓泡流化床内的颗粒速度、雷诺应力和颗粒温度分布，结果显示颗粒轴向脉动速度二阶矩约为径向分量的 4 倍。Holland 等[16]应用磁共振(magnetic resonance，MR)测量技术进行了鼓泡床内颗粒温度的研究，结果发现床内存在显著的各向异性特征，轴向颗粒温度为径向颗粒温度的 3～5 倍，最高甚至可达 10 倍以上。Shao 等[17]测量了流化床内不规则形状颗粒系统不同流型的变化，并给出了最小流化速度的拟合式。

近些年来，光学全场测量技术已经被成功应用于流化床内颗粒行为的研究中。其中，粒子图像测速(particle image velocimetry，PIV)技术具有无干扰瞬态测量、数据实时采集和处理等优点。随着 PIV 技术及图像处理方法的不断发展，应用 PIV

技术进行气固两相流系统中颗粒流体动力学的测量已经成为一种行之有效的手段，对了解流态化行为起到了重要的推动作用[15,18]。

PIV 技术是 20 世纪 90 年代后期成熟起来的一种光学测量技术，是激光技术、信号处理技术、芯片技术、计算机技术、图像处理技术等高新技术发展的综合结果[19]。流场的光学测量是基于非均匀介质中(可见)光的折射、吸收或散射实现的。在光学均匀流体中，入射光与流体无显著的折射或散射等相互作用导致流场的运动信息无法被检索到。而 PIV 技术则通过在流场中加入微小的具有散射效果的示踪粒子，用于气体或液体流场的可视化研究。典型的 PIV 系统包括光源系统、图像采集系统、处理系统等[20]。激光束首先从激光发射器中射出，通过柱面透镜形成具有一定扩束角的薄激光平面，流场中位于激光平面上的示踪粒子反射的光线经光学镜头聚焦后，通过 CCD 相机拍摄两个间隔极短的时刻示踪粒子的位置，再将每帧图像划分为小块的查问区后，对两帧图片中相应的查问区进行相关性运算，可得到查问区内示踪粒子的平均位移，进而获得各个查问区内流场的二维速度向量分布[19]。

在流化床气固两相流中，由于离散颗粒可以容易地被区分开，因此不再需要额外的示踪粒子就可以直接进行颗粒运动的可视化测量[21]。流化床内颗粒的密度相对较高，激光往往无法穿透整个床面，通常在流化床的前部使用卤素灯作为照明系统，并用 CCD 高速相机记录被照射面上颗粒的位置图像，进而在进行相关性分析后获得瞬时乳(密)相速度场与气泡相的详细信息(气泡尺寸、流速分布和气泡体积分数等)。然而，PIV 技术的缺点是要求视觉上的可视化，而光学技术是无法探测三维流化床内部颗粒的流体动力学过程的，因此扁平的拟二维流化床结合 PIV 技术成为实验研究的主要手段[22]。

Bokkers 等[21]将 PIV 技术应用到稠密气固流化床中，测得气泡周围的颗粒速度分布，指出应用基于格子-玻尔兹曼方法(lattice-Boltzmann method，LBM)模拟得到的 Koch-Hill 曳力模型[23]比应用 Ergun[24]方程与 Wen 和 Yu[25]曳力模型获得的模拟结果更符合实验测量结果。Pallarès 和 Johnsson[26]使用荧光示踪颗粒研究了拟二维流化床内颗粒的浓度场、速度场和混合过程，发现示踪颗粒的混合主要以气泡引起的水平旋涡的方式存在。Dijkhuizen 等[27]对 PIV 技术进行了扩展，使其可以同时测量瞬时颗粒速度和瞬时颗粒温度的分布，研究了流化床中初始流化状态，发现最高的颗粒温度出现在气泡周围，指出在实验过程中，直接光照方式比非直接光照方式的对比度更高，效果更好。Shi[28]应用 PIV 技术研究了循环流化床提升管中气固两相流的颗粒运动和聚团现象，捕捉到了各种聚团的微观结构和可视化图像。Müller 等[29]同时应用 PIV 和平面激光诱导荧光(planar laser-induced fluorescence，PLIF)测量技术研究了在流化床自由区内单个和连续气泡的喷发过程，基于自由区内气体涡的计算，发现气泡引发的湍流衰减非常快，而立体 PIV 测量平面外的液体速度分量是不可忽略的。Kashyap 等[20]用 PIV 技术获得了循环流化床提升管发展段近壁面处 Geldart B 类颗粒的层流和湍流属性，使用 CCD 相机同时测量了轴向和径向方向上的固相瞬时速度，结合自相关技术，开发了一种新的方法用于确定轴向和径向固相分散系数。Hernández-Jiménez 等[30]通过实验和模拟研究了 5mm 厚的矩形鼓泡流化床的流体动力学，应用 PIV 技术和 DIA 技术，获得了气泡流体动力学、密相概率、密相垂直和水平的时间平均速度变化规律。

1.3　气固两相流态化的数值模拟研究

气固流化床是一种复杂的气固两相颗粒系统，随着操作参数的变化，会呈现出不同的流态化特性，并应用于不同的工业过程。经过数十年的研究以后，学者们提出了不同的流态化图谱用于区分不同操作参数下流化床内气固两相的流态化特性，如 Grace[31]、Nagarkatti 和 Chatterjee[32]、Vuković 等[33]、He 等[34]和 Link 等[35]均提出了不同的流态化图谱，其研究方法也由传统的经验式推导发展到信号分析方法，如功率谱分析等。研究表明，在气固流化床中，其流态化特性是一种复杂的、跨尺度的气固流动行为，研究其内在机理具有重要的理论价值和工程实际意义。

在稠密气固两相流动的研究中，由于实验技术的限制，很难得到流态化过程中参数的详细变化趋势，如颗粒小尺度脉动信息等，而且实验设备的成本较高，实验台搭建困难。随着计算机技术的发展，数值模拟方法以其较低的成本和较高的精确性，逐渐成为气固两相流动研究的重要工具之一。在应用数值模拟方法进行气固两相流动的研究中，研究人员可以在不干扰流场的情况下详细“观察”流场中的各个参数，获得其在时间及空间上的分布，进而分析流态化行为的内在机理与规律。

图 1-3 是 Dudukovic[36]提出的反应器内不同的时间和空间尺度。在反应器研究中，需要由单个原子之间的反应过程逐渐扩展到反应器整体的行为，涵盖了分子(原子)尺度、单个反应物(含催化剂)尺度、宏观反应尺度和反应器整体尺度等。相应地，不同尺度的数值模拟方法也不同，如针对分子(原子)尺度，使用分子动力学(molecular dynamics，MD)方法、蒙特卡罗(Monte Carlo，MC)法、密度泛函理论(density functional theory，DFT)、过渡态理论(transition-state theory，TST)；对单个反应物(含催化剂)尺度，使用直接数值模拟(direct numerical simulation，DNS)或计算流体力学(computational fluid dynamics，CFD)方法；对宏观尺度，使用计算流体力学方法；对反应器整体尺度，应建立动力学模型等。

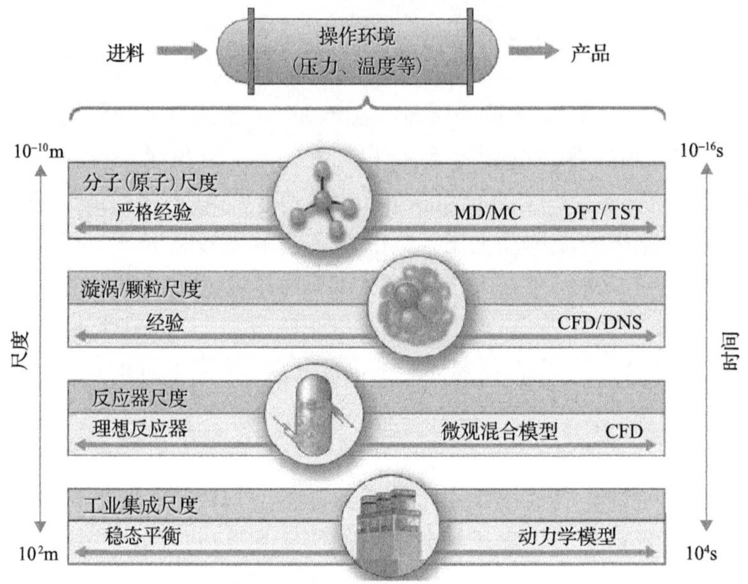

图 1-3 反应器内不同的时间和空间尺度[36]

流化床作为一种常见的工业反应器，其中的气固相互作用在不同的尺度上呈现了不同的特性。研究过程中，主要困难之一是流化床内各个过程的尺度跨度过大：在工业应用中，流化床设备的尺寸可以达到十几米的量级，其宏观流态化行为会直接受到单个颗粒行为的影响，如毫米尺度或更小尺度的颗粒相互作用及化学反应等细节。因此，使用单一的数值模拟方法很难得到在所有尺度范围内气固两相的流动特性。为了克服这一困难，学者们针对不同尺度的颗粒与流态化行为提出了不同的模型，建立了多层次的建模策略[37]：针对流体和固相的相互作用，提出了 LBM 模型；针对颗粒间的相互作用，提出了离散单元方法（discrete element method，DEM）；针对系统内的宏观流态化行为，提出了双流体模型（two fluid model，TFM）；对反应器行为进行宏观描述，提出了离散气泡模型（discrete bubble model，DBM）。

1）微小尺度：LBM

在气固两相流数值模拟中，对气相流场描述详细的数学模型是在小于固体颗粒尺寸的尺度上建立的（计算网格小于颗粒尺寸），如 LBM[38]。在该模型中，气体与固体颗粒之间的相互作用是通过在固体颗粒表面施加“黏滞”边界条件而耦合在一起的，两相之间有效的动量交换可以直接计算得到[39]。因此，LBM 不需要建立其他更大尺度模型中所需的气固曳力模型，而是直接从流场与颗粒表面间的相互作用（黏性力和压力等）中得到，并反过来用于更大尺度的模型中[40]。并且，由于 LBM 善于处理复杂几何结构下的流动，因此非常适合于模拟气相的长度尺度小于颗粒粒径的情况。

LBM 源于简单流体的格子气元胞自动机(lattice-gas cellular automata, LGCA)模型[41]。LGCA 模型是一种离散的简化分子动力学模型，其特点是时间、空间和状态都离散，它涉及格子上颗粒的传播与碰撞，散布在格子上的每一元胞处于有限的离散状态，并遵循同样的作用规则，在时间和空间上依据确定的局部规则进行同步更新，大量的元胞通过简单的相互作用而构成动态系统的演化。LGCA 模型所得到的宏观流场已从理论和数值上被证明服从纳维-斯托克斯(Navier-Stokes, N-S)方程[42]，是一个在微观层面上模拟简单流体的有效方式。LBM 是 LGCA 模型进行整体平均后得到的模型，使用了单一的颗粒速度分布函数[43]。平衡态分布函数在 Boltzmann 模型中十分重要，而平衡态分布函数的关键是离散速度的确定，离散速度是否具有足够的对称性关系到 Boltzmann 模型能否恢复到 Navier-Stokes 方程，离散速度不能太小也不能太大，太少可能会导致动量方程不满足守恒定律，太多则会加大计算量[44]。在 LBM 模拟中的时间步长分成两个阶段：碰撞阶段和传播阶段。系统的输运性质(如黏度)由碰撞阶段中的碰撞算子的特征值进行定义。此方法可以处理复杂的几何形状，这对于工业中遇到的大多数流动是十分重要的[45]。从宏观角度来看，LBM 可以看作是求解动力学理论的基本方程——Boltzmann 方程的有限差分格式[46]。

LBM 可以揭示出气固流动的微观细节，该方法适用于机理性的研究，能够检验和改进大尺度模型，如 DEM 和 TFM 中的气固相间曳力封闭关系式等。但 LBM 对计算机的性能要求非常高，一般仅限于系统中颗粒数量较少(小于 10^3)的情况，对于实验室规模和工程实际规模的气固两相流的预测能力有限，存在计算周期过长的问题。

2) 实验室规模，小尺度：DEM

在多尺度模型概念的各个层级中，DEM 处在 LBM 和 TFM 之间，属于气固两相流描述的中间层次，是在大于颗粒尺寸的尺度上进行建模的[47]，通常每个模拟计算网格内含有 $O(10^2)\sim O(10^3)$ 个固体颗粒。DEM 的计算量和存储空间与所预测的颗粒数呈指数增长，即使使用现代超级计算机，DEM 也很难模拟颗粒数大于 $O(10^9)$ 的大尺度工业规模的颗粒系统。但对颗粒数量达到 $O(10^6)$ 的颗粒系统应用 DEM 进行数值模拟是可行的，能够得到足够的数据，并与实验室规模的测量结果进行对比[48,49]。

DEM 是欧拉-拉格朗日方法的一种，并随着计算机技术的发展广泛应用于气固两相颗粒系统研究中。DEM 在数值模拟中，将气相作为连续的介质，使用欧拉方法进行描述，通常求解体积平均的 N-S 方程；对于固相，针对每个颗粒进行数值模拟，使用拉格朗日方法进行描述，求解牛顿运动定律；对于相间的动量传递建立相应的曳力模型[50]。因此，DEM 可以获得颗粒位置、颗粒速度等详细信息。

同时，DEM 在数值模拟过程中的计算量和对数据存储量需求也较大。在 DEM 中，由于求解气相流体力学的长度尺度比颗粒粒径大[48]，因此 DEM 仍然需要对气相/固相间曳力进行封闭，这可以从上述的 LBM 中获得[47]。

DEM 是多尺度建模概念中一个非常有用的模型，适合于研究颗粒特性对气体流化床流体动力学的影响，可以对颗粒的各个物理参数进行精细化的研究，并结合统计力学的方法对 TFM 中的本构方程进行改进[48]。与 LBM 相比，最重要的区别在于 DEM 中颗粒的尺寸比用来求解气相运动方程的网格尺寸小。这意味着，考虑固相与气相的相互作用时，颗粒可以简单地处理成动量的点源和点汇，而颗粒的体积则通过气固相间曳力关系式中的平均气体体积分数来表示。

与 TFM 相比，DEM 不需要建立固相的本构方程(固体压力和固体黏度)，这是因为每个颗粒的运动是通过直接求解牛顿第二定律获得的。而且，DEM 模拟可以提供所有颗粒的动态信息，如某时刻单个颗粒的空间位置、运动速度和作用于颗粒上的瞬时作用力，而在目前所能达到的实验条件下，直接通过实验测量的方式获得这些信息是非常困难的[51]。

DEM 的优势在于，以与实际物理过程相同的方式考虑颗粒/壁面间和颗粒/颗粒间的相互作用，并允许获得很难从实验中获得的颗粒系统的运动特性。一个特别重要的应用是可以研究颗粒速度的分布函数，即颗粒具有速度(v_x, v_y, v_z)的概率[52]。一般来讲，从实验中获得可靠的速度分布是非常困难的。然而，颗粒速度分布函数与基于颗粒动力学理论(kinetic theory of granular flow，KTGF)的 TFM 的有效性密切相关。基于 KTGF 的 TFM 假定速度分布是各向同性并且接近高斯分布的，而 DEM 是用于验证这种假设的理想工具[48]。DEM 采用牛顿第二定律直接求解单个颗粒的运动，可以很方便地将湿颗粒间液桥力的作用和非球形颗粒的碰撞过程考虑进去。因此，DEM 成为研究超常颗粒系统流态化行为的重要工具。

3) 工业应用规模，大尺度：TFM

在工业规模的流化床中，颗粒的数量可以达到 $O(10^8)\sim O(10^9)$[49]，颗粒数量的增加大大增强了颗粒系统整体的类流体性。此时，连续性假设可以用于描述固体颗粒相，即固相是由可区分的单个离散颗粒组成的概念完全消失，转而由当地固相密度和固相速度场进行描述，这就引出了 TFM 的概念。TFM 是一种欧拉-欧拉双流体模型，气相和固相均被视为相互渗透的连续介质，在欧拉坐标系中同时建立气相和固相的质量、动量和能量守恒方程[53,54]。

在 TFM 中，由于固相颗粒被处理成连续性的“拟流体”，这使得固相方程组具有与气相方程组相似的形式，模拟固相的数值方法也完全类似于气相的计算，具有类似气体的黏度、压力的定义。按照颗粒黏度的计算方法，模型分类如下。①无黏度模型，即忽略颗粒相黏度。Gidaspow[55]预测了鼓泡床流体力学行为。此模型由于忽略颗粒相黏度，因此比较粗糙。②常黏度模型，定义颗粒黏度为气相黏度的 100～200 倍。Tsuo 等[56]模拟了垂直管中二维流动稀相和密相的流型，但此方法属于经验模式，无法从机理上认识多相流本质。Anderson 等[57]应用定黏度模型模拟流化床内气泡的流动，获得单射流下气泡的运动模式，同时进行循环流化床内气固两相流动的计算。Sun 和 Gidaspow[58]应用经验颗粒黏度计算模型，模拟计算循环流化床内气固两相流动。③k-ε-k_p 模型，建立颗粒相的湍动能方程(k_p 模型)，与气相的 k-ε 模型联合。k_p 模型考虑了颗粒的湍动能不仅受气相影响，还受到自身对流、扩散等影响。Ahmadi 和 Ma[59]提出了用于分析稳态完全发展的气固两相湍流流动模型，采用熵不等式修正湍流脉动动能，质量加权平均法处理湍流速度量，时间平均法处理压力浓度等参变量，数值模拟垂直管中气固两相流动。此外，TFM 还需要考虑气相和固相间的相互作用，这是通过相间曳力模型来实现的。曳力模型在模拟气固两相流中起着关键作用，在 TFM 模拟中，颗粒系统的流体动力学行为对曳力模型非常敏感，因此曳力模型必须足够精确[54]。

经过多年的发展，学者们提出了多种欧拉-欧拉双流体模型。其中，Ding 和 Gidaspow[60]做出了显著的贡献，他们基于 KTGF 详细地描述了颗粒/颗粒间相互作用，开发了新的 TFM。KTGF 将稠密气固两相流中大量固体颗粒的运动比拟成气体分子的随机热运动，借鉴稠密气体分子的经典动力学论，从 Boltzmann 方程出发，假定颗粒的速度分布满足麦克斯韦分布，在考虑颗粒脉动及随机碰撞导致的固相间动量输运后，将固体应力张量的对角和非对角分量(即固相压力和固相剪切速率)表示成单分散颗粒系统的颗粒温度的函数，提供了显式的封闭方程并采用弹性恢复系数来考虑非理想的颗粒碰撞导致的能量耗散[61-63]。

在 KTGF 中，实际颗粒的速度可以解耦为颗粒平均速度和颗粒随机脉动速度，其中速度脉动的幅度由 KTGF 中的关键参数“颗粒温度”来描述。因此，颗粒温度是基于 KTGF 的 TFM 中对固相流变特性进行封闭建模的非常重要的参数，可以从 DEM 模拟或从实验测量中获得的颗粒温度的空间分布来验证基于 KTGF 的 TFM[48]。TFM 没有直接求解颗粒之间的相互作用，因此不受颗粒数的影响，其运算量仅取决于网格数目。与 LBM 相比，TFM 的计算量大大减少，并且容易对复杂的几何结构进行建模，在模拟大尺度流化床方面具有明显的优势，在过去的二十年间被大量用于气固两相流动的理论研究和工程预测中[64-66]。

TFM 是一种相对复杂且抽象(固相假设为连续流体)的计算模型，基于随机碰撞假设 KTGF 的 TFM 需要为固相建立本构方程，这为 TFM 在大规模气固两相流动数值模拟奠定了基础。但在对湿颗粒及非球形颗粒系统进行建模时，直接从数学上推导出本构方程是非常困难的，这是由于流化床内存在大量的各向异性介尺度结构，其物理过程极为复杂。

4) 大规模工业尺度：DBM

在工业中，有些反应器的规模可以达到更大的尺度，甚至使用 TFM 也无法满足计算需求。对于数值模拟，所要获得的流场细节越多，其需要的计算量就越大。为了在现有计算条件下实现对工业尺度(宽 4m，高 15m)流态化设备的研究[67]，学者们提出了 DBM 方法。DBM 属于欧拉-拉格朗日方法的一种，但是与 DEM 完全相反。在 DBM 中，气固两相流动中的颗粒相采用欧拉方法，被看作是连续相；而在流场中的大尺寸的气泡则使用拉格朗日方法进行模拟，被看作是离散相[68]。在 DBM 的计算过程中，床内的气泡行为可以通过气泡的受力平衡来进行模拟，这大大减少了计算量。

DBM 方法是在 20 世纪 90 年代提出的。Trapp 和 Mortensen[69]提出了一种新的离散颗粒模型，对单个分散的气泡相使用拉格朗日法描述，对连续液相使用一维欧拉方法。该模型能够很好地捕捉分散相的聚并和分散过程，其结果与实验数据吻合较好。Lapin 和 Lübbert[70]提出了气泡塔气液两相流的二维计算流体动力学模型，模型中气体的运动是通过跟踪单个气泡进行建模的，而液相通过求解 N-S 方程获得流动特性。Delnoij 等[68]在前期研究的基础上，针对气液鼓泡塔中的模拟，提出了离散气泡模型。近年来，DBM 广泛应用于鼓泡塔宏观气泡特性的相关研究中[71-73]。在进行流化床设备的研究中，为了实现工业尺度宏观流化特性的研究，离散气泡模型的应用从气液两相流动扩展到气固反应器中[74,75]。由于 DBM 将大量的颗粒作为连续相而把单个气泡作为离散相进行处理，因此 DBM 适合于大尺度流化床流动特性的数值模拟工作。

可以看出，对不同尺度的颗粒系统行为需要应用不同的数值模型进行研究。在过去的几十年中，基于以上方法针对球形干颗粒系统流态化行为的数值模拟已取得了较大的进展，研究者们已经有了较为全面的认识，但对非球形颗粒及湿颗粒的研究较少。虽然在近些年的研究中获得了一些经验性的结论，其内在机理仍需进一步的探索。

1.4 典型超常颗粒系统

1.4.1 非球形颗粒系统

虽然已经有很多学者对气固两相流动进行了研究，但是在大多数的研究中都应用了球形颗粒的假设。球形颗粒的假设极大地降低了研究难度，如软球模型的颗粒重叠计算和硬球模型中的碰撞搜寻方法等，在保证一定的计算精度的前提下，大大减少了计算资源的消耗。但是在实际工程应用中，大多数的颗粒均为非球形颗粒，而颗粒的形状会大大影响气固两相流动中流态化行为如床内空隙率分布[76]和压降[77]等。在不考虑颗粒的形状因素的情况下，颗粒运动过程中的各向异性特性不明显，导致了床内流态化行为模拟存在偏差。因此，近年来针对非球形颗粒系统的研究逐渐成为学者们关注的热点之一。

在针对非球形颗粒系统流动特性的研究中，大部分学者集中于两方面的研究：曳力模型研究和非球形颗粒软球模型研究。在研究过程中，为了表征非球形颗粒的形状并引入颗粒形状的影响，相关学者提出了球形度的概念[78]。基于非球形颗粒的球形度，学者们通过实验测量方法[79,80]、理论推导方法[81,82]和理论与实验相结合的方法[83]得到了不同的非球形颗粒曳力模型。而对于非球形颗粒离散软球模型的数值模拟，Lu 等[84]对当前针对非球形颗粒的数值模拟进行了综述，指出在应用离散单元模型的数值模拟中，曳力模型起着主要的作用。

在针对非球形颗粒的数值模拟的研究中，最基础的模型是非球形颗粒的几何模型，这也是非球形颗粒数值模拟的关键。近年来，学者们已经开展了相关的研究，提出了不同的几何模型构建方法进行非球形颗粒的离散单元模拟研究。总的来说，非球形颗粒的几何建模方法主要分为两种，即几何方法和代数方法。

非球形颗粒几何建模方法中的几何方法主要分为两种，一种为多元组合模型，另一种为多面组合模型。多元组合模型[85-88]是用若干小的球元(3D)或面(2D)描述非球形颗粒的体积(3D)或表面(2D)，以简化颗粒碰撞搜寻过程。理论上所有形状的颗粒都可以使用此方法进行描述，只是需要不同数量的球元，且使用的球元越多，模拟精度越高。但其缺点也较明显，由于大量球元的存在，增大了计算量，而且其模拟精度极大地依赖于球元的数量和球元的排列方式[88,89]。多面组合模型[90-92]可以看作是多元组合模型的降维方法。非球形颗粒的表面(3D)或边(2D)将用一系列的表面(3D)或边(2D)来描述。多面组合模型主要是为了简化颗粒碰撞的搜寻算法。理论上所有形状的颗粒都可以使用此方法进行描述，同样可以保证较高的精确性。但是对于每个颗粒，由于存在不同的面(3D)或边界(2D)，都要单独存储大量的信息，而在判断颗粒碰撞的过程中算法也较为复杂。对于不同形状的非球形颗粒，需要建立不同的多面组合模型。Höhner 等[93]对比了离散单元模型中多元组合模型和多面组合模型对非球形颗粒的数值模拟结果，研究表明，无论是对于多元组合模型还是多面组合模型，非球形颗粒的外形描述的精度与颗粒间法向和切向力的计算精度并没有直接联系。

非球形颗粒几何模型构建方法中的代数方法主要分为两种：连续方法和离散方法。在连续方法中，非球形颗粒的表面(3D)或边界(2D)应用连续的方程进行描述[94,95]。对于不同颗粒间的碰撞，只需要联立求解两个颗粒的方程，即可得到碰撞的详细信息。在对椭球形颗粒的研究中，连续方法取得了较好的结果[96]。但由于很难得到复杂形状颗粒的连续方程，因此连续方法并不适用于所有的非球形颗粒。连续方法的另一个缺点是在求解颗粒间的碰撞过程中，需要求解高阶微分方程，计算量较大。另一种方法为离散方法，即对非球形颗粒的表面建立空间离散方程。此方法可以应用于大部分形状的非球形颗粒几何模型描述[97,98]。但是，为了保证计算的精度，需要极大的计算量。

综上所述，几何方法的颗粒碰撞搜寻方法较为简单，建模的思想容易理解。此方法的计算量与非球形颗粒的形状复杂程度和使用的球元数目有着直接的联系。代数方法可以精确地描述颗粒的形状，但同时会相应地增大计算量，并且对于复杂形状颗粒，代数方法很难实现。

1.4.2　湿颗粒系统

与干颗粒气固两相颗粒系统相比，由于湿颗粒间填隙液体的存在，湿颗粒系统内颗粒/颗粒间以及颗粒/壁面间将形成具有一定形状和体积的液桥，从而极大地改变湿颗粒的表面特性，最终影响湿颗粒系统的流态化行为[99]。研究者通常采用液桥的概念来考虑填隙液体的作用，随着湿颗粒间填隙液体含量的增加，湿颗粒将形成四种不同的连接方式[100]，如图 1-4 所示，即图 1-4(a)摆动型液桥(饱和度＜30%)、图 1-4(b)环索型液桥(30%＜饱和度＜70%)、图 1-4(c)毛细管型液桥(70%＜饱和度＜100%)和图 1-4(d)浆液型液桥(大液滴，饱和度＞100%)。在这里，饱和度是指液体所占据的颗粒空隙体积的百分比。

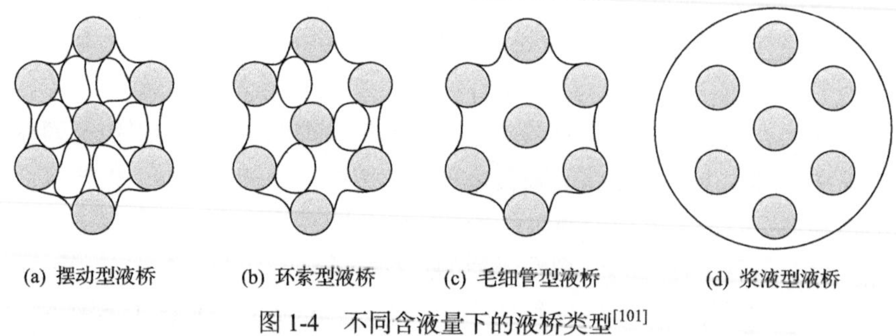

图 1-4　不同含液量下的液桥类型[101]

早在 19 世纪 60 年代，人们已经在工业应用中提出了湿颗粒的流化问题。由于尺度效应，液桥力在毫米和微米尺度范围内相对于惯性力来说不可忽略，这导致了湿颗粒系统的流体动力学行为和干颗粒系统的差别很大，出现如图 1-5 中所示的颗粒流态化行为变弱甚至失效[101]，即“去流态化现象”：大量的湿颗粒形成稳固的聚团或结块，床内气泡尺寸减小而颗粒流化所需的操作气体量增加，甚至在流化床中形成固定的气体通道，如图 1-5(b)所示的气体通道现象。这种“去流态化现象”将对湿颗粒系统的混合、分离和传热传质等过程产生很大的影响，从而影响流化床的设计和运行。因此，深入了解和掌握湿颗粒系统中气固两相流的微观机理和宏观动力学规律，如颗粒、颗粒聚团和气泡等介尺度结构的瞬态和时均特征，对于化工反应器等的设计、运行和优化有着重要的意义[102]。

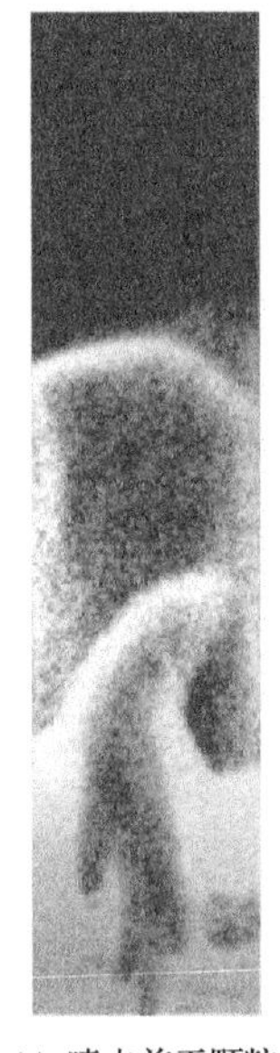

(a) 喷水前干颗粒

(b) 喷水后湿颗粒

(c) 颗粒干燥后

图 1-5　喷水对流化床动力学的影响[101]

在流态化学科快速发展的半个多世纪中，研究者已分别从基础理论、数值模拟和实验测量等多个方面对干颗粒流化床内的气固两相流进行了较为全面的研究，对于干颗粒系统的运动规律和流动特征也已经有了比较深入的认识。然而，由于湿颗粒间液桥的存在，湿颗粒系统的气固两相流动相比干颗粒系统要复杂得多。其中一些关键问题，如湿颗粒/湿颗粒相互作用、湿颗粒/壁面相互作用和固相多尺度非均匀结构等，仍需进一步的研究。

在对湿颗粒系统相关的数值模拟方面，Mikami 等[103]首先做了尝试性的工作，在引入法向静态液桥力后，建立了湿颗粒的 DEM 软球模型并研究了二维流化床内球形湿颗粒的运动，指出与干颗粒相比，湿颗粒形成了明显的聚团，并且床层压降的脉动和最小流化速度都有所增大。李志等[104]采用 Fisher[105]提出的液桥曲面环形近似计算方法，分析了液桥力对料仓中湿颗粒流体动力学行为的影响，并指出小颗粒更容易形成聚团。Anand 等[106]应用 Mikami 等[103]和 Lian 等[107]提出的液桥力模型，预测了料仓中湿颗粒的卸料过程，研究了卸料角、邦德(Bond)数、出口宽度和含液量对物料卸载速度的影响。

迄今为止，有关湿颗粒流化床的理论和实验研究处于经验性的定性研究阶段，缺乏对湿颗粒气固两相流的深入研究。因此，从根本上理解和控制湿颗粒流化床颗粒系统的流态化行为，仍然是一个重大的科学和工程挑战[108,109]，这对于扩展现有的流态化研究领域、提高规模化和设计更高效的工业过程至关重要[74,110]。

1.5 本章小结

气固两相流动广泛存在于能源利用、农业、化工等过程工业中。在气体作用下，颗粒呈现出了类似流体的性质，其原因主要在于复杂的气固相互作用。随着气体速度及颗粒性质改变，流化床会呈现不同的流型，包括固定床、散式床、鼓泡床、节涌床、湍动床和气力输送等。为了深入了解流态化行为的内在机理，学者们开展了多年的实验研究工作，应用 X 射线技术、DIA 技术、LDV 技术、PTV 技术、CARPT 技术、MR 技术及 PIV 技术等对床内颗粒行为进行了研究，获得了颗粒运动过程中的基本特性。而为了更进一步获得系统内详细的颗粒特性，数值模拟方法逐渐成为气固两相流动研究中的重要工具之一。研究人员针对不同尺度上的颗粒流动行为，采用包括 LBM、TFM、DEM 和 DBM 等不同尺度的模型进行了研究，但是在大多数的研究中都应用了球形颗粒及干颗粒的假设。球形颗粒和干颗粒的假设极大地降低了研究难度，减少了计算资源的消耗。但是在实际工程应用中，大多数的颗粒为非球形颗粒和湿颗粒，这会大大影响气固两相流动中流态化行为，导致颗粒运动过程中的各向异性特性不明显及床内流态化行为模拟的偏差。因此，近年来针对非球形颗粒系统及湿颗粒的研究逐渐成为学者们关注的热点之一。

参考文献

[1] 郭慕孙, 李洪钟. 流态化手册[M]. 北京: 化学工业出版社, 2008.

[2] Dehling H, Hoffmann A. Particle transport in fluidized beds: Experiments and stochastic models[J]. Links, 2015, 13: 7.

[3] Geldart D. Types of gas fluidization[J]. Powder Technology, 1973, 7(5): 285-292.

[4] Meili L, Daleffe R V, Freire J T. Fluid dynamics of fluidized and vibrofluidized beds operating with Geldart C particles[J]. Chemical Engineering & Technology, 2012, 35(9): 1649-1656.

[5] Yang X, Zhang Y, Yang Y, et al. Fluidization of Geldart D type particles in a shallow vibrated gas-fluidized bed[J]. Powder Technology, 2017, 305: 333-339.

[6] Soponronnarit S, Pongtornkulpanich A, Prachayawarakorn S. Drying characteristics of corn in fluidized bed dryer[J]. Drying Technology, 1997, 15(5): 1603-1615.

[7] Yates J G, Rowe P N, Cheesman D J. Gas entry effects in fluidized bed reactors[J]. AIChE Journal, 1984, 30(6): 890-894.

[8] Yang W C, Ettehadieh B, Haldipur G B. Solids circulation pattern and particles mixing in a large jetting fluidized bed[J]. AIChE Journal, 1986, 32(12): 1994-2001.

[9] Goldschmidt M, Link J, Mellema S, et al. Digital image analysis measurements of bed expansion and segregation dynamics in dense gas-fluidised beds[J]. Powder Technology, 2003, 138(2-3): 135-159.

[10] Pianarosa D L, Freitas L A, Lim C J, et al. Voidage and particle velocity profiles in a spout-fluid bed[J]. The Canadian Journal of Chemical Engineering, 2000, 78(1): 132-142.

[11] Mychkovsky A, Rangarajan D, Ceccio S. LDV measurements and analysis of gas and particulate phase velocity profiles in a vertical jet plume in a 2D bubbling fluidized bed: Part I: A two-phase LDV measurement technique[J]. Powder Technology, 2012, 220: 55-62.

[12] Wildman R. Measurement of the first and second moments of the velocity distribution in two-dimensional vibro-fluidised granular beds[J]. Powder Technology, 2002, 127(3): 203-211.

[13] Wildman R, Huntley J. Novel method for measurement of granular temperature distributions in two-dimensional vibro-fluidised beds[J]. Powder Technology, 2000, 113(1-2): 14-22.

[14] Bhusarapu S, Al-Dahhan M H, Duduković M P, et al. Experimental study of the solids velocity field in gas-solid risers[J]. Industrial & Engineering Chemistry Research, 2005, 44(25): 9739-9749.

[15] Jung J, Gidaspow D, Gamwo I K. Measurement of two kinds of granular temperatures, stresses, and dispersion in bubbling beds[J]. Industrial & Engineering Chemistry Research, 2005, 44(5): 1329-1341.

[16] Holland D, Müller C, Dennis J, et al. Spatially resolved measurement of anisotropic granular temperature in gas-fluidized beds[J]. Powder Technology, 2008, 182(2): 171-181.

[17] Shao Y, Ren B, Jin B, et al. Experimental flow behaviors of irregular particles with silica sand in solid waste fluidized bed[J]. Powder Technology, 2013, 234: 67-75.

[18] Tartan M, Gidaspow D. Measurement of granular temperature and stresses in risers[J]. AIChE Journal, 2004, 50(8): 1760-1775.

[19] Westerweel J. Fundamentals of digital particle image velocimetry[J]. Measurement Science and Technology, 1997, 8(12): 1379-1392.

[20] Kashyap M, Chalermsinsuwan B, Gidaspow D. Measuring turbulence in a circulating fluidized bed using PIV techniques[J]. Particuology, 2011, 9(6): 572-588.

[21] Bokkers G A, van Sint Annaland M, Kuipers J A M. Mixing and segregation in a bidisperse gas-solid fluidised bed: A numerical and experimental study[J]. Powder Technology, 2004, 140(3): 176-186.

[22] Laverman J A, Roghair I, van Sint Annaland M, et al. Investigation into the hydrodynamics of gas-solid fluidized beds using particle image velocimetry coupled with digital image analysis[J]. The Canadian Journal of Chemical Engineering, 2008, 86(3): 523-535.

[23] Koch D L, Hill R J. Inertial effects in suspension and porous-media flows[J]. Annual Review of Fluid Mechanics, 2001, 33(1): 619-647.

[24] Ergun S. Fluid flow through packed columns[J]. Chemical Engineering Progress, 1952, 48: 89-94.

[25] Wen C Y, Yu Y H. Mechanics of fluidization[J]. The Chemical Engineering Progress Symposium Series, 1966, 62(1): 100-111.

[26] Pallarès D, Johnsson F. A novel technique for particle tracking in cold 2-dimensional fluidized beds—Simulating fuel dispersion[J]. Chemical Engineering Science, 2006, 61(8): 2710-2720.

[27] Dijkhuizen W V, Bokkers G, Deen N, et al. Extension of PIV for measuring granular temperature field in dense fluidized beds[J]. AIChE Journal, 2007, 53(1): 108-118.

[28] Shi H X. Experimental research of flow structure in a gas-solid circulating fluidized bed riser by PIV[J]. Journal of Hydrodynamics, Ser. B, 2007, 19(6): 712-719.

[29] Müller C, Hartung G, Hult J, et al. Laser diagnostic investigation of the bubble eruption patterns in the freeboard of fluidized beds: Simultaneous acetone PLIF and stereoscopic PIV measurements[J]. AIChE Journal, 2009, 55(6): 1369-1382.

[30] Hernández-Jiménez F, Sánchez-Delgado S, Gómez-García A, et al. Comparison between two-fluid model simulations and

particle image analysis & velocimetry (PIV) results for a two-dimensional gas-solid fluidized bed[J]. Chemical Engineering Science, 2011, 66 (17) : 3753-3772.

[31] Grace J R. Contacting modes and behaviour classification of gas-solid and other two-phase suspensions[J]. The Canadian Journal of Chemical Engineering, 1986, 64 (3) : 353-363.

[32] Nagarkatti A, Chatterjee A. Pressure and flow characteristics of a gas phase spout-fluid bed and the minimum spout-fluid condition[J]. The Canadian Journal of Chemical Engineering, 1974, 52 (2) : 185-195.

[33] Vuković D V, Hadžismajlović D E, Grbavčić Ž B, et al. Flow regimes for spout-fluid beds[J]. The Canadian Journal of Chemical Engineering, 1984, 62 (6) : 825-829.

[34] He Y L, Lim C J, Grace J R. Spouted bed and spout-fluid bed behaviour in a column of diameter 0.91m[J]. The Canadian Journal of Chemical Engineering, 1992, 70 (5) : 848-857.

[35] Link J M, Cuypers L A, Deen N G, et al. Flow regimes in a spout-fluid bed: A combined experimental and simulation study[J]. Chemical Engineering Science, 2005, 60 (13) : 3425-3442.

[36] Dudukovic M P. Frontiers in reactor engineering[J]. Science, 2009, 325 (5941) : 698-701.

[37] van Der Hoef M A, Ye M, van Sint Annaland M, et al. Multiscale Modeling of Gas-Fluidized Beds[M]//Advances in Chemical Engineering. Cambridge: Academic Press, 2006: 65-149.

[38] Wang L, Zhang B, Wang X, et al. Lattice Boltzmann based discrete simulation for gas-solid fluidization[J]. Chemical Engineering Science, 2013, 101: 228-239.

[39] Feng Z G, Michaelides E E. The immersed boundary-lattice Boltzmann method for solving fluid-particles interaction problems[J]. Journal of Computational Physics, 2004, 195 (2) : 602-628.

[40] 仇轶, 由长福, 祁海鹰, 等. 多相流动的直接数值模拟进展[J]. 力学进展, 2003, 33 (4) : 507-517.

[41] Frisch U, Hasslacher B, Pomeau Y. Lattice-gas automata for the Navier-Stokes equation[J]. Physical Review Letters, 1986, 56 (14) : 1505-1508.

[42] Wolf-Gladrow D A. Lattice-Gas Cellular Automata and Lattice Boltzmann Models: An Introduction[M]. Berlin, Heidelberg: Springer-Verlag, 2004.

[43] Mcnamara G R, Zanetti G. Use of the Boltzmann equation to simulate lattice-gas automata[J]. Physical Review Letters, 1988, 61 (20) : 2332-2335.

[44] Qian Y, D'humières D, Lallemand P. Lattice BGK models for Navier-Stokes equation[J]. EPL (Europhysics Letters), 1992, 17 (6) : 479.

[45] 何雅玲, 王勇, 李庆. 格子 Boltzmann 方法的理论及应用[M]. 北京: 科学出版社, 2009.

[46] He X, Luo L S. Theory of the lattice Boltzmann method: From the Boltzmann equation to the lattice Boltzmann equation[J]. Physical Review E, 1997, 56 (6) : 6811-6817.

[47] Ye M. Multi-level modeling of dense gas-solid two-phase flows[D]. Enschede: University of Twente, 2005.

[48] Hoomans B P B. Granular dynamics of gas-solid two-phase flows[D]. Enschede: University of Twente, 2000: 242.

[49] Zeilstra C. Validation and verification of a discrete particle model in a pseudo 2D (spout-) fluid bed using pressures and digital images[D]. Enschede: University of Twente, 2002.

[50] Tsuji Y, Kawaguchi T, Tanaka T. Discrete particle simulation of two-dimensional fluidized bed[J]. Powder Technology, 1993, 77 (1) : 79-87.

[51] Deen N G, van Sint Annaland M, van der Hoef M A, et al. Review of discrete particle modeling of fluidized beds[J]. Chemical Engineering Science, 2007, 62 (1-2) : 28-44.

[52] Gidaspow D. Multiphase Flow and Fluidization: Continuum and Kinetic Theory Descriptions[M]. Boston: Academic Press, 1994.

[53] Kuipers J, van Duin K, van Beckum F, et al. A numerical model of gas-fluidized beds[J]. Chemical Engineering Science, 1992, 47(8): 1913-1924.

[54] Gidaspow D. Multiphase Flow and Fluidization: Continuum and Kinetic Theory Descriptions[M]. Boston: Academic Press, 1994.

[55] Gidaspow D. Hydrodynamics of fiuidizatlon and heat transfer: Supercomputer modeling[J]. Applied Mechanics Reviews, 1986, 39(1): 1-23.

[56] Tsuo Y P, Gidaspow D. Computation of flow patterns in circulating fluidized beds[J]. AIChE Journal, 1990, 36(6): 885-896.

[57] Anderson K, Sundaresan S, Jackson R. Instabilities and the formation of bubbles in fluidized beds[J]. Journal of Fluid Mechanics, 1995, 303: 327-366.

[58] Sun B, Gidaspow D. Computation of circulating fluidized-bed riser flow for the fluidization Ⅷ benchmark test[J]. Industrial & Engineering Chemistry Research, 1999, 38(3): 787-792.

[59] Ahmadi G, Ma D. A thermodynamical formulation for dispersed multiphase turbulent flows—1: Basic theory[J]. International Journal of Multiphase Flow, 1990, 16(2): 323-340.

[60] Ding J, Gidaspow D. A bubbling fluidization model using kinetic theory of granular flow[J]. AIChE Journal, 1990, 36(4): 523-538.

[61] Gidaspow D, Bezburuah R, Ding J. Hydrodynamics of circulating fluidized beds: Kinetic theory approach[R]. Illinois Inst. of Tech., Chicago, IL (United States). Dept. of Chemical Engineering, 1991.

[62] Jenkins J T, Savage S B. A theory for the rapid flow of identical, smooth, nearly elastic, spherical particles[J]. Journal of Fluid Mechanics, 1983, 130: 187-202.

[63] Chapman S, Cowling T G. The Mathematical Theory of Non-Uniform Gases: An Account of the Kinetic Theory of Viscosity, Thermal Conduction and Diffusion in Gases[M]. Cambridge: Cambridge University Press, 1970.

[64] Wang J, van der Hoef M, Kuipers J. CFD study of the minimum bubbling velocity of Geldart A particles in gas-fluidized beds[J]. Chemical Engineering Science, 2010, 65(12): 3772-3785.

[65] Ropelato K, Meier H F, Cremasco M A. CFD study of gas-solid behavior in downer reactors: An Eulerian-Eulerian approach[J]. Powder Technology, 2005, 154(2): 179-184.

[66] Kuipers J, van Duin K, van Beckum F, et al. A numerical model of gas-fluidized beds[J]. Chemical Engineering Science, 1992, 47(8): 1913-1924.

[67] Bokkers G A. Multi-level modelling of the hydrodynamics in gas phase polymerisation reactors[D]. Enschede: University of Twente, 2005.

[68] Delnoij E, Kuipers J A M, van Swaaij W P M. Computational fluid dynamics applied to gas-liquid contactors[J]. Chemical Engineering Science, 1997, 52(21-22): 3623-3638.

[69] Trapp J A, Mortensen G A. A discrete particle model for bubble-slug two-phase flows[J]. Journal of Computational Physics, 1993, 107(2): 367-377.

[70] Lapin A, Lübbert A. Numerical simulation of the dynamics of two-phase gas-liquid flows in bubble columns[J]. Chemical Engineering Science, 1994, 49(21): 3661-3674.

[71] Darmana D, Henket R L B, Deen N G, et al. Detailed modelling of hydrodynamics, mass transfer and chemical reactions in a bubble column using a discrete bubble model: Chemisorption of CO_2 into NaOH solution, numerical and experimental study[J]. Chemical Engineering Science, 2007, 62(9): 2556-2575.

[72] Darmana D, Deen N G, Kuipers J A M. Detailed modeling of hydrodynamics, mass transfer and chemical reactions in a bubble column using a discrete bubble model[J]. Chemical Engineering Science, 2005, 60(12): 3383-3404.

[73] Sun M, Li B, Li L. Multiscale simulation of bubble behavior in aluminum reduction cell using a combined discrete-bubble-model-volume-of-fluid-magnetohydrodynamical method[J]. Industrial & Engineering Chemistry Research, 2019, 58 (8) : 3407-3419.

[74] Bokkers G A, Laverman J A, van Sint Annaland M, et al. Modelling of large-scale dense gas-solid bubbling fluidised beds using a novel discrete bubble model[J]. Chemical Engineering Science, 2006, 61 (17) : 5590-5602.

[75] Kobayashi N, Yamazaki R, Mori S. A study on the behavior of bubbles and solids in bubbling fluidized beds[J]. Powder Technology, 2000, 113 (3) : 327-344.

[76] Zhou Z Y, Zou R P, Pinson D, et al. Dynamic simulation of the packing of ellipsoidal particles[J]. Industrial & Engineering Chemistry Research, 2011, 50 (16) : 9787-9798.

[77] Zhou Z Y, Zou R P, Pinson D, et al. Angle of repose and stress distribution of sandpiles formed with ellipsoidal particles[J]. Granular Matter, 2014, 16 (5) : 695-709.

[78] Wadell H. The coefficient of resistance as a function of Reynolds number for solids of various shapes[J]. Journal of the Franklin Institute, 1934, 217 (4) : 459-490.

[79] Krueger B, Wirtz S, Scherer V. Measurement of drag coefficients of non-spherical particles with a camera-based method[J]. Powder Technology, 2015, 278: 157-170.

[80] Dioguardi F, Mele D. A new shape dependent drag correlation formula for non-spherical rough particles. Experiments and results[J]. Powder Technology, 2015, 277: 222-230.

[81] Zastawny M, Mallouppas G, Zhao F, et al. Derivation of drag and lift force and torque coefficients for non-spherical particles in flows[J]. International Journal of Multiphase Flow, 2012, 39: 227-239.

[82] Leith D. Drag on nonspherical objects[J]. Aerosol Science and Technology, 1987, 6 (2) : 153-161.

[83] Hölzer A, Sommerfeld M. New simple correlation formula for the drag coefficient of non-spherical particles[J]. Powder Technology, 2008, 184 (3) : 361-365.

[84] Lu G, Third J R, Müller C R. Discrete element models for non-spherical particle systems: From theoretical developments to applications[J]. Chemical Engineering Science, 2015, 127 (4) : 425-465.

[85] Zhong W Q, Zhang Y, Jin B S, et al. Discrete element method simulation of cylinder-shaped particle flow in a gas-solid fluidized bed[J]. Chemical Engineering & Technology, 2009, 32 (3) : 386-391.

[86] Kruggel-Emden H, Rickelt S, Wirtz S, et al. A study on the validity of the multi-sphere discrete element method[J]. Powder Technology, 2008, 188 (2) : 153-165.

[87] Oschmann T, Hold J, Kruggel-Emden H. Numerical investigation of mixing and orientation of non-spherical particles in a model type fluidized bed[J]. Powder Technology, 2014, 258: 304-323.

[88] Ferellec J, Mcdowell G. Modelling realistic shape and particle inertia in DEM[J]. Géotechnique, 2010, 60 (3) : 227-232.

[89] Kodam M, Bharadwaj R, Curtis J, et al. Cylindrical object contact detection for use in discrete element method simulations. Part I—Contact detection algorithms[J]. Chemical Engineering Science, 2010, 65 (22) : 5852-5862.

[90] Peters J F, Hopkins M A, Kala R, et al. A poly-ellipsoid particle for non-spherical discrete element method[J]. Engineering Computations, 2009, 26 (6) : 645-657.

[91] Vorobiev O. Simple Common Plane contact algorithm[J]. International Journal for Numerical Methods in Engineering, 2012, 90 (2) : 243-268.

[92] Wachs A, Girolami L, Vinay G, et al. Grains3D, a flexible DEM approach for particles of arbitrary convex shape—Part I: Numerical model and validations[J]. Powder Technology, 2012, 224: 374-389.

[93] Höhner D, Wirtz S, Kruggel-Emden H, et al. Comparison of the multi-sphere and polyhedral approach to simulate

non-spherical particles within the discrete element method: Influence on temporal force evolution for multiple contacts[J]. Powder Technology, 2011, 208(3): 643-656.

[94] Hilton J E, Mason L R, Cleary P W. Dynamics of gas-solid fluidised beds with non-spherical particle geometry[J]. Chemical Engineering Science, 2010, 65(5): 1584-1596.

[95] Boon C W, Houlsby G T, Utili S. A new contact detection algorithm for three-dimensional non-spherical particles[J]. Powder Technology, 2013, 248: 94-102.

[96] Xu W X, Chen H S, Lv Z. An overlapping detection algorithm for random sequential packing of elliptical particles[J]. Physica A: Statistical Mechanics and its Applications, 2011, 390(13): 2452-2467.

[97] Džiugys A, Peters B. An approach to simulate the motion of spherical and non-spherical fuel particles in combustion chambers[J]. Granular Matter, 2001, 3(4): 231-266.

[98] Jia X, Gan M, Williams R A, et al. Validation of a digital packing algorithm in predicting powder packing densities[J]. Powder Technology, 2007, 174(1-2): 10-13.

[99] Tang T, He Y, Ren A, et al. Investigation on wet particle flow behavior in a riser using LES-DEM coupling approach[J]. Powder Technology, 2016, 304: 164-176.

[100] Bacelos M S, Passos M L, Freire J T. Effect of interparticle forces on the conical spouted bed behavior of wet particles with size distribution[J]. Powder Technology, 2007, 174(3): 114-126.

[101] Antonyuk S, Heinrich S, Deen N, et al. Influence of liquid layers on energy absorption during particle impact[J]. Particuology, 2009, 7(4): 245-259.

[102] He Y, Peng W, Tang T, et al. DEM numerical simulation of wet cohesive particles in a spout fluid bed[J]. Advanced Powder Technology, 2016, 27(1): 93-104.

[103] Mikami T, Kamiya H, Horio M. Numerical simulation of cohesive powder behavior in a fluidized bed[J]. Chemical Engineering Science, 1998, 53(10): 1927-1940.

[104] 李志, 夏国涛, 肖国先, 等. 料仓中湿颗粒流动规律的数值仿真与试验研究[J]. 海南大学学报: 自然科学版, 2004, 22(1): 23-27.

[105] Fisher R. On the capillary forces in an ideal soil; correction of formulae given by WB Haines[J]. The Journal of Agricultural Science, 1926, 16(3): 492-505.

[106] Anand A, Curtis J S, Wassgren C R, et al. Predicting discharge dynamics of wet cohesive particles from a rectangular hopper using the discrete element method(DEM)[J]. Chemical Engineering Science, 2009, 64(24): 5268-5275.

[107] Lian G, Thornton C, Adams M J. A theoretical study of the liquid bridge forces between two rigid spherical bodies[J]. Journal of Colloid and Interface Science, 1993, 161(1): 138-147.

[108] Armstrong L, Gu S, Luo K. Study of wall-to-bed heat transfer in a bubbling fluidised bed using the kinetic theory of granular flow[J]. International Journal of Heat and Mass Transfer, 2010, 53(21): 4949-4959.

[109] Taghipour F, Ellis N, Wong C. Experimental and computational study of gas-solid fluidized bed hydrodynamics[J]. Chemical Engineering Science, 2005, 60(24): 6857-6867.

[110] Lindborg H, Lysberg M, Jakobsen H A. Practical validation of the two-fluid model applied to dense gas-solid flows in fluidized beds[J]. Chemical Engineering Science, 2007, 62(21): 5854-5869.

第 2 章　气固两相流动数学模型

2.1　引　　言

在当前主要的气固两相流动数值模拟研究中，应用最多的是直接数值模拟方法、欧拉-拉格朗日方法和欧拉-欧拉方法。本书中主要应用欧拉-拉格朗日方法进行非球形和湿颗粒系统内颗粒流动行为的研究，因此本章将详细介绍欧拉-拉格朗日方法中的离散单元模型。离散单元模型一般可以分为硬球方法与软球方法两种[1]，二者的主要区别在于对碰撞的处理上，前者为事件驱动的二元瞬时碰撞模型，后者为时间驱动的多元碰撞模型。

2.2　气固两相流动数学模型

2.2.1　离散硬球模型

离散颗粒硬球模型具有以下假设[2]：在流场中任何颗粒之间的相互作用均以二元的形式进行，所有碰撞均是瞬时的，发生在两个颗粒接触的点上；颗粒为标准的球形；在发生两次碰撞之间，颗粒进行自由运动。下面将详细介绍离散颗粒硬球模型的相关理论。

1. 碰撞模型

在碰撞模型中假设颗粒间的相互作用力是瞬时的,因此在碰撞发生时所有其他作用力的影响都是微不足道的。最初二元碰撞模型由 Wang 和 Mason[3]于 1992 年提出，本书将应用 Foerster 等[4]的改进模型。模型推导中采用的坐标系如图 2-1 所示。

假设两个球形颗粒 a 和 b，二者具有位置向量 $\boldsymbol{r}_a$ 和 $\boldsymbol{r}_b$。那么法向单位向量可以定义为

$$\boldsymbol{n}_{ab} = \frac{\boldsymbol{r}_a - \boldsymbol{r}_b}{\left|\boldsymbol{r}_a - \boldsymbol{r}_b\right|} \tag{2-1}$$

可以看出法向单位向量的方向是从颗粒 b 的中心指向颗粒 a 的中心。在碰撞前，颗粒 a 和 b 分别具有各自球形半径 R_a 和 R_b，质量 m_a 和 m_b，平移速度向量 $\boldsymbol{v}_a$ 和 $\boldsymbol{v}_b$，以及旋转速度向量 $\boldsymbol{\omega}_a$ 和 $\boldsymbol{\omega}_b$(旋转方向定义逆时针为正，顺时针为负)。为了易于理解，下标“0”表示颗粒在碰撞之前的速度。

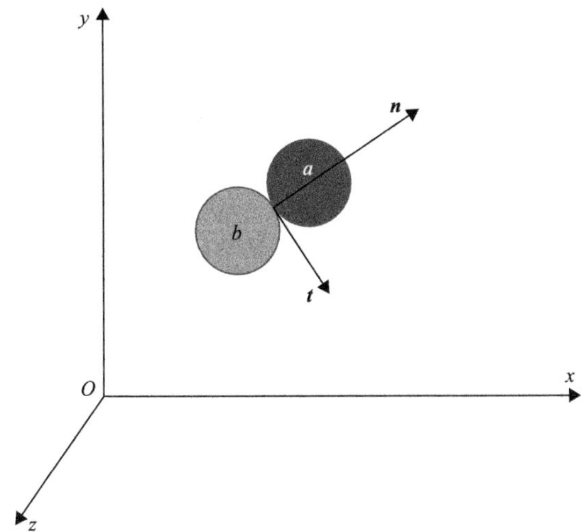

图 2-1　模型推导中采用的坐标系示意图

在碰撞之前，由牛顿第二定律和牛顿第三定律，可以写出以下方程：

$$m_a(\boldsymbol{v}_a-\boldsymbol{v}_{a,0})=\boldsymbol{J} \tag{2-2}$$

$$m_b(\boldsymbol{v}_b-\boldsymbol{v}_{b,0})=-\boldsymbol{J} \tag{2-3}$$

$$I_a(\boldsymbol{\omega}_a-\boldsymbol{\omega}_{a,0})=-(R_a\boldsymbol{n})\times\boldsymbol{J} \tag{2-4}$$

$$I_b(\boldsymbol{\omega}_b-\boldsymbol{\omega}_{b,0})=R_b\boldsymbol{n}\times(-\boldsymbol{J}) \tag{2-5}$$

其中，转动惯量 I 定义为

$$I=\frac{2}{5}mR^2 \tag{2-6}$$

根据式(2-2)～式(2-5)可以得出

$$m_a(\boldsymbol{v}_a-\boldsymbol{v}_{a,0})=-m_b(\boldsymbol{v}_b-\boldsymbol{v}_{b,0})=\boldsymbol{J} \tag{2-7}$$

$$\frac{I_a}{R_a}(\boldsymbol{\omega}_a-\boldsymbol{\omega}_{a,0})=\frac{I_b}{R_b}(\boldsymbol{\omega}_b-\boldsymbol{\omega}_{b,0})=-\boldsymbol{n}\times\boldsymbol{J} \tag{2-8}$$

以上各式瞬时冲量 $\boldsymbol{J}$ 定义为

$$\boldsymbol{J}=\int_{t=0}^{t=t_{\mathrm{c}}}\boldsymbol{F}_{ab}\mathrm{d}t \tag{2-9}$$

式中，t_c 为颗粒碰撞时的接触时间。

由式(2-7)和式(2-8)可知，一旦碰撞冲量 $\boldsymbol{J}$ 为已知量，则可以计算碰撞后颗粒的平移速度和旋转速度，而如果在式(2-9)中颗粒间的相互作用力 $\boldsymbol{F}_{ab}$ 可以写作已知参数的函数，则冲量 $\boldsymbol{J}$ 可以直接计算得到。为了计算得到碰撞颗粒之间的作用力，许多学者已经进行了相关研究，并且得到了根据颗粒的相关物性参数推断碰撞力的公式[5,6]。但是在气固两相流动中，颗粒之间碰撞的次数在百万以上(一般为 10^6～10^9)，因此碰撞模型需要尽可能地简化，也需要引入相关的本构关系。

在进行本构关系推导之前，在碰撞点上的颗粒相对速度定义如下：

$$\boldsymbol{v}_{ab}=\boldsymbol{v}_{a,\mathrm{c}}-\boldsymbol{v}_{b,\mathrm{c}} \tag{2-10}$$

$$\boldsymbol{v}_{ab}=(\boldsymbol{v}_a-\boldsymbol{\omega}_a\times R_a\boldsymbol{n})-(\boldsymbol{v}_b+\boldsymbol{\omega}_b\times R_b\boldsymbol{n}) \tag{2-11}$$

式中，下标 c 代表碰撞点。

由式(2-10)和式(2-11)可得

$$\boldsymbol{v}_{ab}=(\boldsymbol{v}_a-\boldsymbol{v}_b)-(R_a\boldsymbol{\omega}_a+R_b\boldsymbol{\omega}_b)\times\boldsymbol{n} \tag{2-12}$$

通过相对速度的定义式，根据式(2-1)中碰撞法向单位向量的定义方法，可以定义切向单位向量：

$$\boldsymbol{t}=\frac{\boldsymbol{v}_{ab,0}-\boldsymbol{n}(\boldsymbol{v}_{ab,0}\cdot\boldsymbol{n})}{\left|\boldsymbol{v}_{ab,0}-\boldsymbol{n}(\boldsymbol{v}_{ab,0}\cdot\boldsymbol{n})\right|} \tag{2-13}$$

应用 $(\boldsymbol{n}\times\boldsymbol{J})\times\boldsymbol{n}=\boldsymbol{J}-\boldsymbol{n}(\boldsymbol{J}\cdot\boldsymbol{n})$，可以对式(2-7)和式(2-8)进行简化，代入式(2-12)可以得到以下方程：

$$\boldsymbol{v}_{ab}-\boldsymbol{v}_{ab,0}=B_1\boldsymbol{J}-(B_1-B_2)\boldsymbol{n}(\boldsymbol{J}\cdot\boldsymbol{n}) \tag{2-14}$$

式中

$$B_1=\frac{7}{2}\left(\frac{1}{m_a}+\frac{1}{m_b}\right) \tag{2-15}$$

$$B_2=\frac{1}{m_a}+\frac{1}{m_b} \tag{2-16}$$

此时需要封闭方程组，构建本构关系，并通过这些本构关系将三个参数输入模型中。第一个参数是法向弹性恢复系数 e(0≤e≤1)：

$$\boldsymbol{v}_{ab} \cdot \boldsymbol{n} = -e(\boldsymbol{v}_{ab,0} \cdot \boldsymbol{n}) \tag{2-17}$$

以上定义对于非球形颗粒可能导致能量不守恒，但是对于球形颗粒可以保证能量守恒[7]。第二个需要引入的参数是摩擦系数 μ(μ≥0)：

$$|\boldsymbol{n} \times \boldsymbol{J}| = -\mu(\boldsymbol{n} \cdot \boldsymbol{J}) \tag{2-18}$$

第三个引入的参数是切向弹性恢复系数 β_0(0≤β_0≤1)：

$$\boldsymbol{n} \times \boldsymbol{v}_{ab} = -\beta_0(\boldsymbol{n} \times \boldsymbol{v}_{ab,0}) \tag{2-19}$$

注意式(2-19)中的关系并不影响与法向平行的部分，而与法向正交的部分将会受到参数$-\beta_0$的影响。虽然这些参数都会受到颗粒大小以及颗粒速度的影响，但是为了便于计算，忽略了上述因素的影响。唯一例外的是法向弹性恢复系数 e，当碰撞的法向速度小于一定的数值时(一般为 10^{-4}m/s)，e 设定为 1。

通过式(2-14)和式(2-17)可以推导出法向碰撞冲量的关系式：

$$J_{\rm n} = -(1+e)\frac{\boldsymbol{v}_{ab,0} \cdot \boldsymbol{n}}{B_2} \tag{2-20}$$

对于碰撞冲量的切向分量，其计算方法可以分为两种不同的类型。一种类型是当碰撞时颗粒相对速度的切向分量相比于摩擦系数和切向弹性恢复系数足够大时，在碰撞的过程中，两个颗粒会一直发生滑动，即存在滑移碰撞(sliding)。而不发生滑动的碰撞为无滑移碰撞(sticking)。当切向弹性恢复系数 β_0=0 时，在无滑移碰撞中颗粒相对速度的切向分量等于 0。而当 β_0＞0 时，在碰撞中会产生反向的切向颗粒相对速度。对于不同碰撞的定义如下：

$$\mu < \frac{(1+\beta_0)\boldsymbol{v}_{ab,0} \cdot \boldsymbol{t}}{J_{\rm n} B_1}, \quad \text{滑移碰撞} \tag{2-21}$$

$$\mu \geqslant \frac{(1+\beta_0)\boldsymbol{v}_{ab,0} \cdot \boldsymbol{t}}{J_{\rm n} B_1}, \quad \text{无滑移碰撞} \tag{2-22}$$

对于无滑移碰撞，切向碰撞冲量定义为

$$J_{\mathrm{t}} = -(1+\beta_0)\frac{\left|\boldsymbol{n}\times\boldsymbol{v}_{ab,0}\right|}{B_1} = -(1+\beta_0)\frac{\boldsymbol{v}_{ab,0}\cdot\boldsymbol{t}}{B_1} \tag{2-23}$$

对于有滑移碰撞，切向碰撞冲量定义为

$$J_{\mathrm{t}} = -\mu J_{\mathrm{n}} \tag{2-24}$$

那么，碰撞冲量可以最终写为

$$\boldsymbol{J} = J_{\mathrm{n}}\boldsymbol{n} + J_{\mathrm{t}}\boldsymbol{t} \tag{2-25}$$

这样，碰撞后的颗粒速度就可以通过式(2-7)和式(2-8)计算。

对于颗粒与壁面之间的碰撞，将颗粒 b 看作壁面，其质量被认为是无限大的，这样就可以令所有 $1/m_b$ 项等于 0，同样令碰撞前和碰撞后的壁面速度等于 0。

对于碰撞过程中的能量耗散，可以通过下式计算：

$$E_{\mathrm{dsp,tot}} = \int \boldsymbol{v}_{ab,\mathrm{n}}\mathrm{d}J_{\mathrm{n}} + \int \boldsymbol{v}_{ab,\mathrm{t}}\mathrm{d}J_{\mathrm{t}} \tag{2-26}$$

能量耗散在法向的分量可以定义为

$$E_{\mathrm{dsp,n}} = \frac{\boldsymbol{v}_{ab,\mathrm{n},0}^2}{2B_2}(1-e^2) \tag{2-27}$$

对于切向的能量耗散，同样根据碰撞是否存在滑移分为两类。如果碰撞是无滑移碰撞，可以定义切向能量耗散为

$$E_{\mathrm{dsp,t}} = \frac{\boldsymbol{v}_{ab,\mathrm{t},0}^2}{2B_2}(1-\beta_0^2) \tag{2-28}$$

如果碰撞为有滑移碰撞，切向能量耗散为

$$E_{\mathrm{dsp,t}} = -\mu J_{\mathrm{n}}\left(\boldsymbol{v}_{ab,0}\cdot\mathrm{t} - \frac{1}{2}\mu B_1 J_{\mathrm{n}}\right) \tag{2-29}$$

总的能量耗散就等于法向能量耗散与切向能量耗散之和：

$$E_{\mathrm{dsp,tot}} = E_{\mathrm{dsp,n}} + E_{\mathrm{dsp,t}} \tag{2-30}$$

2. 碰撞顺序

在离散硬球模型的模拟中，需要固定的时间步长来计算外力在颗粒上的作用。

在一个时间步长中，颗粒的速度会因为碰撞而产生变化，就需要一定的算法实现对一系列碰撞的顺序进行确定。本书使用的程序是参照硬球分子动力学模型的方法进行颗粒碰撞顺序的预测。由于在一个计算时间步长中会发生多次的碰撞，因此需要根据所有颗粒间的碰撞发生时间选择首先碰撞的颗粒对，颗粒之间发生碰撞的时间可以通过颗粒的位置以及碰撞前的速度进行计算。

参照图 2-2，当两个颗粒 a 和 b 将要发生碰撞时，发生碰撞时颗粒中心的距离等于两个颗粒的半径之和。这样就可以通过方程来计算两个颗粒间发生碰撞所需要的最小时间 t_{ab}：

$$t_{ab} = \frac{-\boldsymbol{r}_{ab} \cdot \boldsymbol{v}_{ab} - \sqrt{(\boldsymbol{r}_{ab} \cdot \boldsymbol{v}_{ab})^2 - \boldsymbol{v}_{ab}^2 \left[\boldsymbol{r}_{ab}^2 - (R_a + R_b)^2 \right]}}{\boldsymbol{v}_{ab}^2} \tag{2-31}$$

式中，$\boldsymbol{r}_{ab} = \boldsymbol{r}_a - \boldsymbol{r}_b$；$\boldsymbol{v}_{ab} = \boldsymbol{v}_a - \boldsymbol{v}_b$。需要注意的是，如果 $\boldsymbol{r}_{ab} \cdot \boldsymbol{v}_{ab} > 0$ 则两个颗粒不会碰撞，而是相互远离。

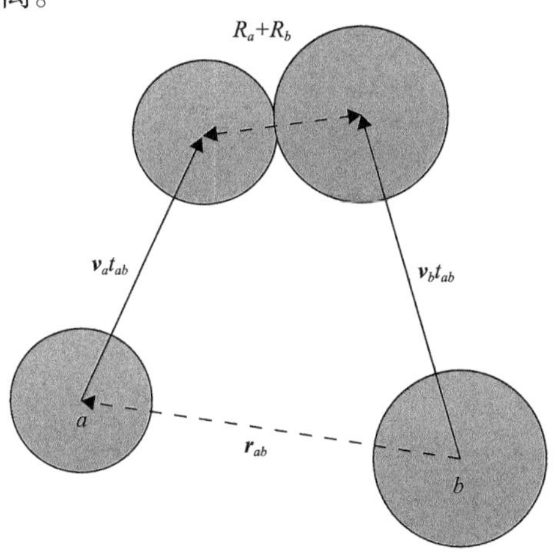

图 2-2　颗粒碰撞时间计算示意图

当颗粒与壁面进行碰撞时，碰撞时间的计算仅与颗粒和壁面之间的距离和颗粒的运动速度有关：

$$t_{a,\text{wall}} = \frac{\left(\left|\boldsymbol{x}_{\text{wall}}\right| + R_a\right) - \left|\boldsymbol{r}_{x,a}\right|}{\boldsymbol{v}_{x,a}} \tag{2-32}$$

所以，在进行颗粒碰撞的模拟时，需要先计算出颗粒碰撞的时间列表，包括所有碰撞颗粒对的信息以及碰撞时间，这样就可以找到最先发生碰撞的颗粒对和碰撞时间，模拟程序计算流程见图 2-3，acctim 为计算时间步长中的累计碰撞时间。

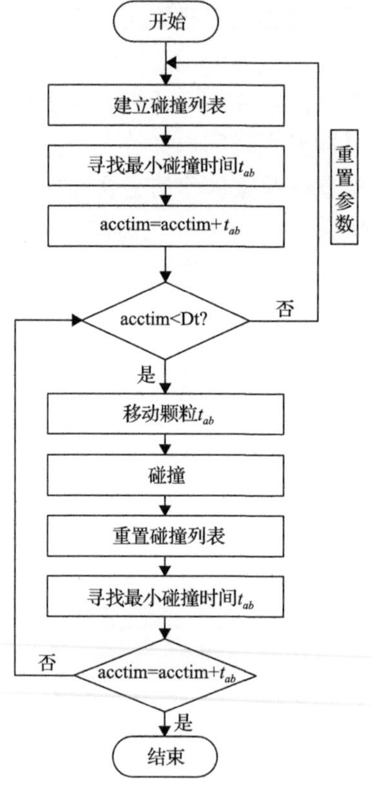

图 2-3　模拟程序计算流程

2.2.2　离散软球模型

当颗粒与颗粒或颗粒与壁面直接接触时，颗粒将发生弹性变形并且颗粒间存在一个微小的重叠量，此时在碰撞颗粒的接触点处将产生一个阻碍颗粒运动的接触力。在 DEM 软球模型中，如图 2-4[8]中虚线框所示的线性弹簧-阻尼器模块[9,10]被应用于计算颗粒与颗粒或颗粒与壁面碰撞时的接触力 $\boldsymbol{F}_{\mathrm{c}}$。接触力 $\boldsymbol{F}_{\mathrm{c}}$ 与碰撞颗粒间的重叠量和它们的相对速度相关。当两颗粒 a 和 b 接触时(即有相互重叠)，它们中心之间的距离将小于其半径的总和：

$$\left|\boldsymbol{r}_b-\boldsymbol{r}_a\right|<R_a+R_b \tag{2-33}$$

作用于颗粒上的接触力是一种排斥力，可分为法向分量(F_{n})和切向分量(F_{t})。评估这些接触力分量的大小时首先定义一个法向单位向量 $\boldsymbol{n}_{ab}$，其方向从颗粒 a 的质量中心指向颗粒 b 的质量中心(图 2-5[8])。法向单位向量 $\boldsymbol{n}_{ab}$ 的计算式为

$$\boldsymbol{n}_{ab}=\frac{\boldsymbol{r}_b-\boldsymbol{r}_a}{\left|\boldsymbol{r}_b-\boldsymbol{r}_a\right|} \tag{2-34}$$

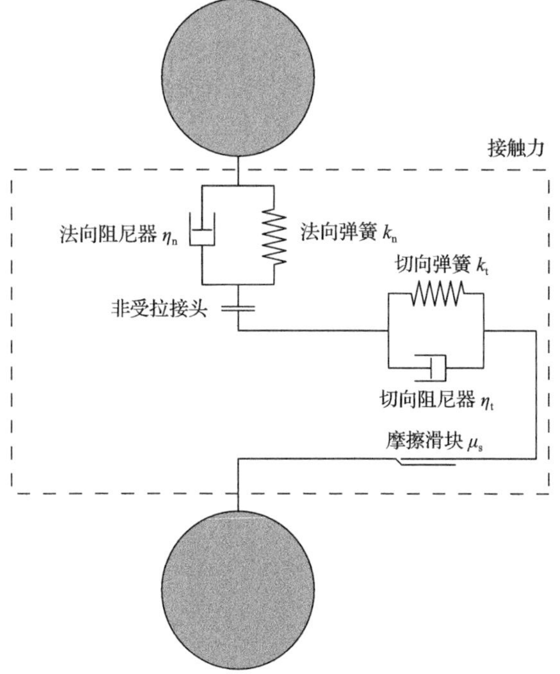

图 2-4　软球模型颗粒碰撞示意图[8]

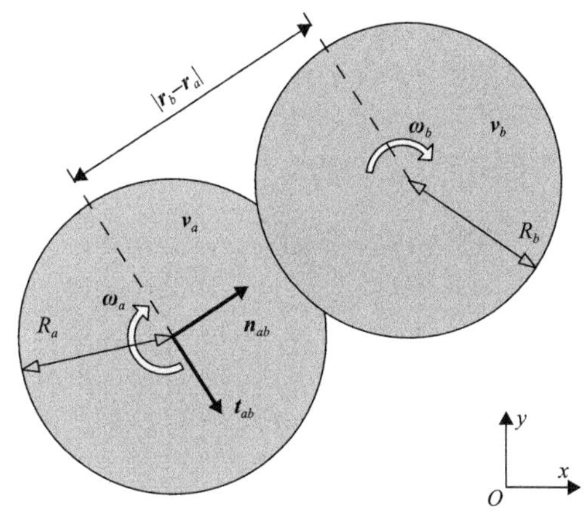

图 2-5　软球模型坐标系统[8]

当两个颗粒接触时，颗粒间将产生阻碍颗粒运动的相互作用力并且伴有重叠现象，这种相互作用力的大小决定于碰撞颗粒的相对速度以及颗粒间的重叠量。其中，颗粒 a 相对于颗粒 b 的相对速度为

$$\boldsymbol{v}_{ab}=(\boldsymbol{v}_a-\boldsymbol{v}_b)+(R_a\boldsymbol{\omega}_a+R_b\boldsymbol{\omega}_b)\times\boldsymbol{n}_{ab} \tag{2-35}$$

相对速度在法向上的分量为

$$\boldsymbol{v}_{ab,\mathrm{n}}=(\boldsymbol{v}_{ab}\cdot\boldsymbol{n}_{ab})\boldsymbol{n}_{ab} \tag{2-36}$$

因此，颗粒 a 相对于颗粒 b 的切向相对速度(滑移速度)表示如下：

$$\boldsymbol{v}_{ab,\mathrm{t}}=\boldsymbol{v}_{ab}-\boldsymbol{v}_{ab,\mathrm{n}} \tag{2-37}$$

其中，切向单位向量总是指向滑移速度的方向：

$$\boldsymbol{t}_{ab}=\frac{\boldsymbol{v}_{ab,\mathrm{t}}}{\left|\boldsymbol{v}_{ab,\mathrm{t}}\right|} \tag{2-38}$$

颗粒间法线方向的弹性变形(重叠量)可以从两颗粒的半径之和与颗粒间距离的差距得出：

$$\delta_{\mathrm{n}}=(R_a+R_b)-\left|\boldsymbol{r}_a-\boldsymbol{r}_b\right| \tag{2-39}$$

颗粒开始接触后的切向位移则可以通过对相对速度进行积分后得到：

$$\delta_{\mathrm{t}}=\int_{t_0}^{t}\boldsymbol{v}_{ab,\mathrm{t}}\mathrm{d}t \tag{2-40}$$

在线性弹簧-阻尼器模型中，弹性变形(能量守恒)由与颗粒位置相关并服从胡克定律的弹簧模型描述，而衰减效应(能量耗散)由与颗粒运动速度相关的阻尼模型来考虑。由此可得，总接触力 $\boldsymbol{F}_{\mathrm{c}}$ 的法向分量 $\boldsymbol{F}_{\mathrm{n}}$ 和切向分量 $\boldsymbol{F}_{\mathrm{t}}$ 分别表示为

$$\boldsymbol{F}_{\mathrm{n}}=-k_{\mathrm{n}}\boldsymbol{\delta}_{\mathrm{n}}-\eta_{\mathrm{n}}\boldsymbol{v}_{\mathrm{r,n}} \tag{2-41}$$

$$\boldsymbol{F}_{\mathrm{t}}=\begin{cases}-k_{\mathrm{t}}\boldsymbol{\delta}_{\mathrm{t}}-\eta_{\mathrm{t}}\boldsymbol{v}_{\mathrm{r,t}}, & \left|\boldsymbol{F}_{\mathrm{t}}\right|\leqslant\mu_{\mathrm{s}}\left|\boldsymbol{F}_{\mathrm{n}}\right|\\ -\mu\left|\boldsymbol{F}_{\mathrm{n}}\right|\dfrac{\boldsymbol{v}_{\mathrm{r,t}}}{\left|\boldsymbol{v}_{\mathrm{r,t}}\right|}, & \left|\boldsymbol{F}_{\mathrm{t}}\right|>\mu_{\mathrm{s}}\left|\boldsymbol{F}_{\mathrm{n}}\right|\end{cases} \tag{2-42}$$

2.2.3　气相模型

1. 流体动力学方程

在 DEM 中，气相被当作连续相来进行处理，其流体动力学计算遵循 Anderson 和 Jackson[11]提出的局部平均 Navier-Stokes 偏微分方程组的数值求解。偏微分方程组中的局部平均变量来自相对应的点变量，而计算平均变量时的区域相比于颗粒尺寸大但相对于整个系统特征尺寸的区域小。所得的气相质量和动量方程

如下所示：

$$\frac{\partial}{\partial t}(\varepsilon_{\mathrm{g}}\rho_{\mathrm{g}})+\nabla\cdot(\varepsilon_{\mathrm{g}}\rho_{\mathrm{g}}\boldsymbol{u}_{\mathrm{g}})=0 \tag{2-43}$$

$$\frac{\partial}{\partial t}(\varepsilon_{\mathrm{g}}\rho_{\mathrm{g}}\boldsymbol{u}_{\mathrm{g}})+\nabla\cdot(\varepsilon_{\mathrm{g}}\rho_{\mathrm{g}}\boldsymbol{u}_{\mathrm{g}}\boldsymbol{u}_{\mathrm{g}})=-\varepsilon_{\mathrm{g}}\nabla p-\nabla\cdot(\varepsilon_{\mathrm{g}}\boldsymbol{\tau}_{\mathrm{g}})-\boldsymbol{F}_{\mathrm{gp}}+\varepsilon_{\mathrm{g}}\rho_{\mathrm{g}}\boldsymbol{g} \tag{2-44}$$

式中，$\boldsymbol{F}_{\mathrm{gp}}$为气相与颗粒相间的动量交换率。

如果气体为牛顿流体，则黏性压力张量$\boldsymbol{\tau}_{\mathrm{g}}$为

$$\boldsymbol{\tau}_{\mathrm{g}}=\frac{2}{3}\mu_{\mathrm{g}}(\nabla\cdot\boldsymbol{u}_{\mathrm{g}})\boldsymbol{I}-\mu_{\mathrm{g}}\left[(\nabla\boldsymbol{u}_{\mathrm{g}})+(\nabla\boldsymbol{u}_{\mathrm{g}})^{\mathrm{T}}\right] \tag{2-45}$$

式中，单位张量$\boldsymbol{I}$为

$$\boldsymbol{I}=\begin{bmatrix}1&0&0\\0&1&0\\0&0&1\end{bmatrix} \tag{2-46}$$

2. 大涡模拟方法

大涡模拟(large eddy simulation，LES)方法的基本思想是：通过数学上的过滤方法，将湍流运动分解为大尺度运动和小尺度运动，采用不同的计算方法。对于大尺度涡进行直接的数值求解，对于小尺度涡建立数学模型进行求解[12]。这种方法的计算精度比雷诺时均方法高，而其计算资源的需求又远小于直接数值模拟，还可以通过调节不同的过滤尺度，满足不同的需求。

在大涡模拟方法中存在不同的亚格子(sub-grid scale，SGS)模型，在本研究中，将使用经典的 Smagorinsky 模型[12]，并对其进行一定的改进，考察其对稠密气固两相流动中颗粒行为的影响。

Smagorinsky 模型是通过局部各向同性湍流理论，参照分子输运的概念，由可解尺度向亚格子尺度建立湍动能与亚格子耗散的局部平衡。涡黏形式的亚格子雷诺应力可表示为

$$\boldsymbol{\tau}_{ij}=(\overline{u}_i\overline{u}_j-\overline{u_iu_j})=2(C_{\mathrm{s}}\varDelta)^2\overline{S}_{ij}(2\overline{S}_{ij}\overline{S}_{ij})^{1/2}-\frac{1}{3}\overline{\tau}_{kk}\delta_{ij} \tag{2-47}$$

式中，$\varDelta$为过滤尺度；C_{s}为 Smagorinsky 常量。对于 Smagorinsky 常量，可以利用湍流的能谱计算：

$$\varepsilon=2\left\langle\upsilon_t\overline{S}_{ij}\overline{S}_{ij}\right\rangle=2(C_{\mathrm{s}}\varDelta)^2\left\langle 2(\overline{S}_{ij}\overline{S}_{ij})^{3/2}\right\rangle \tag{2-48}$$

式中，υ_t 为亚格子涡黏系数，$\upsilon_t=(C_s\Delta)^2(\bar{S}_{ij}\bar{S}_{ij})^{1/2}$。

Lilly[13]应用 –5/3 湍动能谱，假定 $\left\langle(\bar{S}_{ij}\bar{S}_{ij})^{3/2}\right\rangle=\left\langle(\bar{S}_{ij}\bar{S}_{ij})\right\rangle^{3/2}$，得到了 Smagorinsky 常量的计算式：

$$C_s=\frac{1}{\pi}\left(\frac{2}{3C_k}\right)^{3/4} \tag{2-49}$$

式中，C_k 为 Kolmogorov 常量，其数值为 1.436，可以求得 $C_s\approx0.18$。

实际上，流场中的 Smagorinsky 常量并不是一个全局量。Yoshizawa[14]在其研究中提出，由于它与亚格子模型中的特征长度密切相关，而特征长度的大小直接受到壁面效应和亚格子模型中大涡间的对流作用的影响。因此，Smagorinsky 常量在流场中并不是一个常量，而是在不同位置、不同时间具有不同数值的变量。Smagorinsky 常量受到很多因素的影响，如雷诺数、入口条件、亚格子模型中的能量产生和耗散机理及网格划分等。而在其中起着主导作用的是能量产生和耗散机理。基于能量过程可以推导得到[14]

$$\frac{C_s}{C_{s0}}=1+C_A S^{-2}\frac{DS}{Dt} \tag{2-50}$$

式中，$C_{s0}\approx0.16$；$C_A\approx0.64$；源相 $S=\left[\frac{1}{2}\left(\frac{\partial\bar{u}^a}{\partial x^b}+\frac{\partial\bar{u}^b}{\partial x^a}\right)^2\right]^{\frac{1}{2}}$，可计算出在流场中不同位置 Smagorinsky 常量的大小，上标 a、b 代表空间分量。

2.2.4　气固相互作用

作为相间动量传递的主要方式，气体和颗粒间的曳力作用将离散颗粒的运动和连续流体的流动耦合在一起。通过计算作用于模拟单元中的所有离散颗粒曳力的总和得到的相间动量交换速率 $\boldsymbol{F}_{gp}$，是相间阻力系数和气体与颗粒之间的相对速度乘积的函数[15]：

$$\boldsymbol{F}_{gp}=\frac{1}{V_{cell}}\sum_{n=1}^{N_p}\frac{V_p^n\beta}{1-\varepsilon_g}(\boldsymbol{u}_g-\boldsymbol{v}_p^n) \tag{2-51}$$

式中，V_{cell} 为模拟单元体积；N_p 为模拟单元内的颗粒总数目。

准确的相间动量交换系数 β 对于充分描述和预测流体床内颗粒系统的运动至关重要。但是，直接从理论计算得出相间曳力是十分困难的，曳力计算式大多数是从实验结合理论分析所得到的半经验式。基于 Ergun[16]方程与 Wen 和 Yu[17]曳力模型，Gidaspow 等[18,19]提出以下模型来计算小空隙率和大空隙率下气固两相流系统的曳力：

$$\beta_{\text{Gidaspow}} = \begin{cases} \dfrac{150(1-\varepsilon_{\text{g}})^2 \mu_{\text{g}}}{\varepsilon_{\text{g}} d_{\text{p}}^2} + 1.75 \dfrac{\rho_{\text{g}}(1-\varepsilon_{\text{g}})}{d_{\text{p}}} \left| \boldsymbol{u}_{\text{g}} - \boldsymbol{v}_{\text{p}} \right|, & \varepsilon_{\text{g}} \leqslant 0.8 \\ \dfrac{3}{4} C_{\text{D}} \dfrac{\rho_{\text{g}}(1-\varepsilon_{\text{g}})\varepsilon_{\text{g}}^{-1.65}}{d_{\text{p}}} \left| \boldsymbol{u}_{\text{g}} - \boldsymbol{v}_{\text{p}} \right|, & \varepsilon_{\text{g}} > 0.8 \end{cases} \tag{2-52}$$

式中，d_{p} 为颗粒直径。

曳力系数 C_{D} 是颗粒雷诺数的表达式：

$$C_{\text{D}} = \begin{cases} \dfrac{24}{Re}(1 + 0.15 Re^{0.687}), & Re < 1000 \\ 0.44, & Re \geqslant 1000 \end{cases} \tag{2-53}$$

Gidaspow 曳力模型在空隙率 ε_{g}=0.8 时存在阶梯变化，这从数值计算的观点来说是不可接受的，Lu 等[20]针对这一问题进行了修正。另外，Bokkers 等[21]的研究表明流化床中 Ergun 方程与 Wen 和 Yu 曳力模型不能准确地描述气泡的形状和颗粒的降落，而基于 LBM 模拟所得的 Koch-Hill 曳力模型[22]可以得到更好的结果。Koch-Hill 曳力模型如下所示：

$$\beta_{\text{Koch-Hill}} = \frac{18 \mu_{\text{g}} \varepsilon_{\text{g}}^2 \varepsilon_{\text{p}}}{d_{\text{p}}^2} \left[F_0(\varepsilon_{\text{p}}) + \frac{1}{2} F_3(\varepsilon_{\text{p}}) Re \right] \tag{2-54}$$

$$F_0(\varepsilon_{\text{p}}) = \begin{cases} \dfrac{1 + 3\sqrt{\dfrac{\varepsilon_{\text{p}}}{2}} + \dfrac{135}{64} \varepsilon_{\text{p}} \ln \varepsilon_{\text{p}} + 16.14 \varepsilon_{\text{p}}}{1 + 0.681 \varepsilon_{\text{p}} - 8.48 \varepsilon_{\text{p}}^2 + 8.16 \varepsilon_{\text{p}}^3}, & \varepsilon_{\text{p}} < 0.4 \\ \dfrac{10 \varepsilon_{\text{p}}}{\varepsilon_{\text{g}}^3}, & \varepsilon_{\text{p}} \geqslant 0.4 \end{cases} \tag{2-55}$$

$$F_3(\varepsilon_{\text{p}}) = 0.0673 + 0.212 \varepsilon_{\text{p}} + \frac{0.0232}{\varepsilon_{\text{g}}^5} \tag{2-56}$$

式中，ε_{p} 为颗粒体积分数，$\varepsilon_{\text{g}}+\varepsilon_{\text{p}}=1$。

在所有曳力模型中，颗粒雷诺数的定义为

$$Re = \frac{\rho_g \varepsilon_g d_p \left| \boldsymbol{u}_g - \boldsymbol{v}_p \right|}{\mu_g} \tag{2-57}$$

Beetstra 等的曳力模型为[23-25]

$$\beta = A \frac{\mu_g}{d_p^2} \frac{(1-\varepsilon_g)^2}{\varepsilon_g} + B \frac{\mu_g}{d_p^2} (1-\varepsilon_g) Re \tag{2-58}$$

$$A = 180 + \frac{18\varepsilon_g^{\ 4}}{1-\varepsilon_g} \left(1 + 1.5\sqrt{1-\varepsilon_g} \right) \tag{2-59}$$

$$B = \frac{0.31\left[\varepsilon_g^{-1} + 3(1-\varepsilon_g)\varepsilon_g + 8.4 Re^{-0.343} \right]}{1 + 10^{3(1-\varepsilon_g)} Re^{2\varepsilon_g - 2.5}} \tag{2-60}$$

2.3 本 章 小 结

在针对稠密气固两相流动的数值模拟研究中，LBM 方法、TFM 方法和 DEM 方法经常被用于研究不同尺度的流化床内颗粒流体动力学特性。本章对 DEM 方法的通用模型进行了简述，基于球形颗粒及干颗粒假设，对其中颗粒相模型、气固相互作用和气相模型进行了概述。对其中的控制方程、本构方程及重要模型进行了介绍。

DEM 的两种主要方法分别为软球模型和硬球模型，作为事件驱动和时间驱动方法，尽管二者在控制方程上基本相同，但是在对碰撞过程和计算流程的处理上区别较大。本章对二者的计算进行了详细的介绍，同时对其中气固耦合部分也进行了描述。

参 考 文 献

[1] Hoomans B P B. Granular dynamics of gas-solid two-phase flows[D]. Enschede: University of Twente, 2000: 242.

[2] Hoomans B P B, Kuipers J A M, Briels W J, et al. Discrete particle simulation of bubble and slug formation in a two-dimensional gas-fluidised bed: A hard-sphere approach[J]. Chemical Engineering Science, 1996, 51(1): 99-118.

[3] Wang Y, Mason M T. Two-Dimensional rigid-body collisions with friction[J]. Journal of Applied Mechanics, 1992, 59(3): 635-642.

[4] Foerster S F, Louge M Y, Chang H, et al. Measurements of the collision properties of small spheres[J]. Physics of Fluids, 1994, 6(3): 1108-1115.

[5] Thornton C. Coefficient of restitution for collinear collisions of elastic-perfectly plastic spheres[J]. Journal of Applied Mechanics, 1997, 64(2): 383-386.

[6] Walton O R. Numerical simulation of inclined chute flows of monodisperse, inelastic, frictional spheres[J]. Mechanics of Materials, 1993, 16(1-2): 239-247.

[7] Stronge W J. Rigid body collisions with friction[J]. Proceedings of the Royal Society of London. Series A: Mathematical and Physical Sciences, 1990, 431(1881): 169-181.

[8] He Y, Peng W, Tang T, et al. DEM numerical simulation of wet cohesive particles in a spout fluid bed[J]. Advanced Powder Technology, 2016, 27(1): 93-104.

[9] Tsuji Y, Kawaguchi T, Tanaka T. Discrete particle simulation of two-dimensional fluidized bed[J]. Powder Technology, 1993, 77(1): 79-87.

[10] Kawaguchi T, Tanaka T, Tsuji Y. Numerical simulation of two-dimensional fluidized beds using the discrete element method(comparison between the two- and three-dimensional models)[J]. Powder Technology, 1998, 96(2): 129-138.

[11] Anderson T B, Jackson R. Fluid mechanical description of fluidized beds: Equations of motion[J]. Industrial & Engineering Chemistry Fundamentals, 1967, 6(4): 527-539.

[12] Smagorinsky J. General circulation experiments with the primitive equations[J]. Monthly Weather Review, 1963, 91(3): 99-164.

[13] Lilly D K. A proposed modification of the Germano subgrid-scale closure method[J]. Physics of Fluids A: Fluid Dynamics, 1992, 4(3): 633-635.

[14] Yoshizawa A. Subgrid-scale modeling with a variable length scale[J]. Physics of Fluids A: Fluid Dynamics, 1989, 1(7): 1293-1295.

[15] Gidaspow D. Multiphase Flow and Fluidization: Continuum and Kinetic Theory Descriptions[M]. Boston: Academic Press, 1994: 467.

[16] Ergun S. Fluid flow through packed columns[J]. Chemical Engineering Progress, 1952, 48: 89-94.

[17] Wen C Y, Yu Y H. Mechanics of fluidization[J]. Chemical Engineering Progress Symposium Series, 1966, 62: 12.

[18] Gidaspow D. Multiphase Flow and Fluidization: Continuum and Kinetic Theory Descriptions[M]. Boston: Academic Press, 1994.

[19] Ding J, Gidaspow D. A bubbling fluidization model using kinetic theory of granular flow[J]. AIChE Journal, 1990, 36(4): 523-538.

[20] Lu H L, He Y R, Gidaspow D, et al. Size segregation of binary mixture of solids in bubbling fluidized beds[J]. Powder Technology, 2003, 134(1-2): 86-97.

[21] Bokkers G, van Sint Annaland M, Kuipers J. Mixing and segregation in a bidisperse gas-solid fluidised bed: A numerical and experimental study[J]. Powder Technology, 2004, 140(3): 176-186.

[22] Koch D L, Hill R J. Inertial effects in suspension and porous-media flows[J]. Annual Review of Fluid Mechanics, 2001, 33(1): 619-647.

[23] Beetstra R, van der Hoef M A, Kuipers J A M. Drag force of intermediate Reynolds number flow past mono- and bidisperse arrays of spheres[J]. AIChE Journal, 2007, 53(2): 489-501.

[24] Beetstra R, van der Hoef M A, Kuipers J A M. Numerical study of segregation using a new drag force correlation for polydisperse systems derived from lattice-Boltzmann simulations[J]. Chemical Engineering Science, 2007, 62(1-2): 246-255.

[25] Beetstra R. Drag force in random arrays of mono- and bidisperse spheres[D]. Enschede: University of Twente, 2005.

第 3 章　非球形颗粒数学模型

3.1　引　　言

目前对于流化床系统的研究大多基于球形颗粒的假设。然而，随着研究的深入，学者们发现非球形颗粒的各向异性特性在系统中起着重要的作用。非球形颗粒极大地改变了颗粒的运动特性，导致非球形颗粒系统的流体动力学行为与球形颗粒差别很大[1]。而直接使用实验方法测量流化床内非球形颗粒的微观作用机理存在较大的技术难度，因此数值模拟方法成为研究非球形颗粒系统的主要方法。

离散颗粒模型可以分为软球模型和硬球模型。软球模型是一种时间驱动的模型，可采用弹簧、阻尼和滑块的结构模拟颗粒的碰撞。但是软球模型会错过系统中的一些碰撞，相对而言硬球模型可以更为精确地捕捉每一次碰撞过程。非球形颗粒气固两相流动的离散颗粒软球模型的研究已经开展，但是对硬球模型的研究文献报道相对较少[1]。因此，本章将通过理论分析充分考虑非球形颗粒的特点，建立非球形颗粒的离散颗粒硬球模型。

3.2　非球形颗粒离散颗粒硬球模型

3.2.1　非球形颗粒特征分析

建立非球形颗粒的离散颗粒硬球模型时，首先需要确定的是颗粒的几何构建方式。基于离散颗粒硬球模型的非球形颗粒几何构建需要满足以下要求：颗粒之间不允许出现重叠部分；颗粒碰撞搜寻算法需准确预测下一个即将发生的碰撞信息，包括碰撞的时间和位置等。

因此，非球形颗粒系统离散颗粒硬球模型的建立需要考虑更多算法及物理设定上的限制，并且能够在较少的计算资源支持下，预测下一个即将发生的碰撞的精确信息。基于以上内容，本节将建立非球形颗粒的离散颗粒硬球模型。

1) 非球形颗粒几何建模

综合考虑各种因素，本研究选取了组合颗粒模型用于描述非球形颗粒的几何模型。组合颗粒模型在离散颗粒硬球模型的应用中具有很大的优势，能够极大地简化颗粒碰撞搜寻算法和碰撞模型[2-5]。组合颗粒模型是以多个球形的球元为基本单位，多个球元可以重叠，组成一个非球形颗粒。以胶囊形颗粒为例，如图 3-1[1]所示。

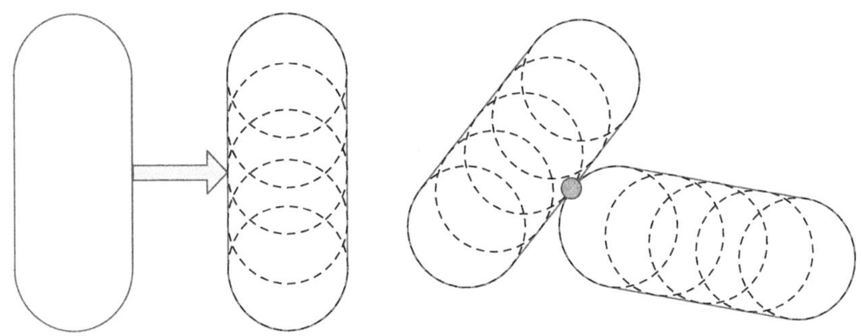

图 3-1　胶囊形颗粒的组合颗粒模型示意图[1]

在组合颗粒模型中，碰撞只能发生在两个小球元之间，因此颗粒碰撞搜寻只需要考虑球元之间的碰撞即可。对于颗粒碰撞模型，球元在碰撞时的法线方向和切线方向都很容易计算。因此，本研究将使用组合球元模型构建非球形颗粒。

2) 非球形颗粒运动学模型

由于非球形颗粒具有取向性，其运动学模型比球形颗粒复杂，但是仍旧可以使用最基本的物理定律进行描述。问题在于颗粒系统内存在大量的非球形颗粒，其运动学模型除了需要能够精确地描述其运动行为，还要尽可能地节省计算资源。

通常非球形颗粒的旋转运动可以采用欧拉角来进行描述。但是欧拉角方法在计算中易产生错误，并且它不能涵盖颗粒所有的旋转运动[6]。因此学者们提出了不同的解决方法，如修正的欧拉角方法、笛卡儿坐标系运动方程和四元数方法等[1]。在本研究中，非球形颗粒的运动将使用四元数方法进行模拟。四元数方法具有计算效率高、节省计算资源和没有额外误差等优点，目前已经应用于非球形颗粒的数值模拟中[6,7]。

四元数是由四个元素组成的向量，可以写为

$$Q=[q_0,\boldsymbol{q}_1,\boldsymbol{q}_2,\boldsymbol{q}_3] \tag{3-1}$$

式中，q_0为标量；$\boldsymbol{q}_1$、$\boldsymbol{q}_2$、$\boldsymbol{q}_3$为向量；四元数和欧拉角α、ϕ、ψ之间的关系为

$$q_0=\cos\frac{1}{2}\alpha\cos\frac{1}{2}(\phi+\psi)$$

$$\boldsymbol{q}_1=\sin\frac{1}{2}\alpha\cos\frac{1}{2}(\phi-\psi)$$

$$\boldsymbol{q}_2 = \sin\frac{1}{2}\alpha\sin\frac{1}{2}(\phi-\psi)$$
$$\boldsymbol{q}_3 = \cos\frac{1}{2}\alpha\sin\frac{1}{2}(\phi+\psi) \tag{3-2}$$

式中，α 、ϕ 、ψ 分别代表绕 x 轴、y 轴和 z 轴的旋转角度。

三维旋转矩阵经常用于计算旋转运动，四元数和三维旋转矩阵之间的关系可以表示为[7]

$$\boldsymbol{Q} = \begin{vmatrix} q_0^2+q_1^2-q_2^2-q_3^2 & 2(q_1q_2+q_0q_3) & 2(q_1q_3-q_0q_2) \\ 2(q_1q_2-q_0q_3) & q_0^2-q_1^2+q_2^2-q_3^2 & 2(q_2q_3+q_0q_1) \\ 2(q_1q_3+q_0q_2) & 2(q_2q_3-q_0q_1) & q_0^2-q_1^2-q_2^2+q_3^2 \end{vmatrix} \tag{3-3}$$

3.2.2　非球形颗粒碰撞搜寻算法

硬球模型和软球模型的碰撞搜寻算法有着明显的区别。软球模型的碰撞搜寻算法试图确定颗粒是否存在重叠以及颗粒重叠的具体信息，但硬球模型需要确定下一次碰撞的详细信息，如碰撞时间和位置，并且在整个计算过程中不允许出现颗粒的重叠。作为一种事件驱动的方法，硬球模型中的颗粒碰撞搜寻算法更为复杂，并需要更多的计算资源。

1. 颗粒搜寻方法研究现状

离散颗粒硬球模型最初由 Hoomans 等[8]应用于气固两相颗粒系统的数值模拟研究中，在随后的二十多年内有了长足的发展[9]。对于硬球模型中的颗粒碰撞搜寻方法，目前主要有两种途径进行计算：几何方法和代数方法。

其中，几何方法较为简单，而且高效，在球形颗粒系统中有着极好的表现。基于勾股定理和简单的物理定律，几何方法很容易就能判断出两个颗粒是否会发生碰撞，并且同时得到碰撞的时间和位置。几何方法不仅可以应用于球形颗粒，也可用于一些规则形状的非球形颗粒，如圆柱形和胶囊形颗粒等。几何方法被广泛应用于硬球模型中。

相比之下，代数方法可以应用于任何形状的颗粒。对于球形颗粒，颗粒的运动方程如下：

$$(x_{\mathrm{c}}, y_{\mathrm{c}}, z_{\mathrm{c}}) = f(t) \tag{3-4}$$

式中，x_{c}、y_{c}、z_{c} 为球形颗粒球心坐标；t 为时间。

代数方法可以表示为

$$\sqrt{(x_{c1}-x_{c2})^2+(y_{c1}-y_{c2})^2+(z_{c1}-z_{c2})^2}=r_1+r_2 \tag{3-5}$$

式中，下标 1 和 2 代表颗粒 1、2。代数方法通过求解非球形颗粒表面的代数方程判断颗粒的碰撞情况。

由以上分析可以看出，几何方法由于效率高并且算法简单，是颗粒碰撞方法的首选，但它也有局限性。对于复杂形状的颗粒，很难找到一个简单几何关系用于判断碰撞。因此，代数方法更适合用于非球形颗粒搜寻。

2. 非球形颗粒的几何代数两步搜寻方法

鉴于很难由几何关系推导出一个简单的解析式进行颗粒碰撞搜寻，而直接应用代数方法计算量过大，因此非球形颗粒的碰撞搜寻方法一直是研究的重点和难点之一。为了解决这个问题，本节以胶囊形颗粒为例，提出了一种几何代数两步搜寻方法进行非球形颗粒的碰撞搜寻。

1) 几何判断

在离散颗粒硬球模型中，需要应用颗粒碰撞搜寻算法得到颗粒的碰撞序列，而计算效率的高低会直接影响整个数值模拟的速度。为了减少计算量，学者们提出了不同的研究方法，在硬球模型中最常用的方法是建立相邻颗粒列表减少碰撞颗粒搜寻的计算量[8]。但是对于非球形颗粒系统，由于代数方法的计算较为复杂，如何减少相邻颗粒列表是减少计算量的关键。因此在进行颗粒碰撞搜寻中，第一步将采用几何方法减少相邻颗粒列表内的颗粒数目。

图 3-2 是非球形颗粒碰撞搜寻几何判断示意图。由于胶囊形颗粒间不存在简单的几何关系来判断是否碰撞，本研究使用了胶囊形颗粒的外接圆来代表颗粒，

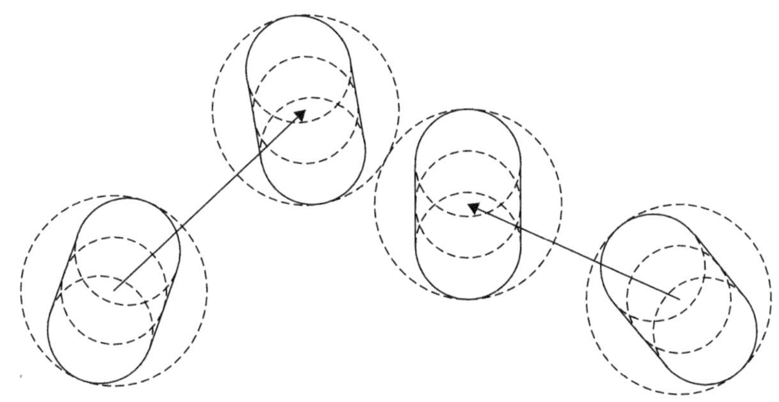

图 3-2　非球形颗粒碰撞搜寻几何判断示意图

通过勾股定理计算碰撞的详细信息[10]。通过这个方法，可大大减少相邻颗粒列表中的颗粒数目。

2) 代数碰撞搜寻

对于每个非球形颗粒，每个球元球心的运动方程如下：

$$
\begin{aligned}
f(t)_x &= x + v_x \times t + \omega_y \times r_z \times t - \omega_z \times r_y \times t \\
f(t)_y &= y + v_y \times t + \omega_z \times r_x \times t - \omega_x \times r_z \times t \\
f(t)_z &= z + v_z \times t + \omega_x \times r_y \times t - \omega_y \times r_x \times t
\end{aligned}
\tag{3-6}
$$

颗粒间碰撞的具体信息由下式计算：

$$
[f(t)_{xa} - f(t)_{xb}]^2 + [f(t)_{ya} - f(v)_{yb}]^2 + [f(t)_{za} - f(t)_{zb}]^2 = (r_a + r_b)^2 \tag{3-7}
$$

式中，下标 a 和 b 代表两个非球形颗粒。

3) 计算效率验证

通过前面的分析可以看出，在几何代数两步碰撞搜寻方法中，代数方法的计算量要远远大于几何方法，此方法的主要思路就是尽量减少代数方法的比重来提高计算效率。为了验证计算效率，选用 100 个颗粒进行模拟计算。数值模拟参数见表 3-1，胶囊形颗粒示意图如图 3-3 所示。

表 3-1　数值模拟参数

物理量	数值	单位
x、y、z 方向尺寸	10×10×100	mm×mm×mm
x、y、z 方向网格数	4×4×4	—
颗粒数目	100	—
密度	2600	kg/m^3
时间步长	1×10^{-5}	s

图 3-4 是经过第一步的几何碰撞搜寻后，同一个颗粒相邻颗粒列表内的颗粒数目。在离散颗粒硬球模型的数值模拟中，在每一次碰撞发生之后，由于颗粒位置发生了改变，因此所有的颗粒都需要重新进行碰撞搜寻，更新该颗粒的相邻颗粒列表。如果使用单纯的代数方法，将会产生很大的计算量。从图中可以看出，在该段时间内，该颗粒的相邻颗粒总数为 9，并且一直没有变化。而实线是在一个气相计算时间步长中采用几何代数两步碰撞搜寻方法实际进行代数计算的次数。可以看出，相邻颗粒列表中的颗粒数目大大减少了，而对于第一次碰撞的相邻颗粒数目表示为虚线。这表明在第一次碰撞的搜寻中，代数搜寻方法的实际计

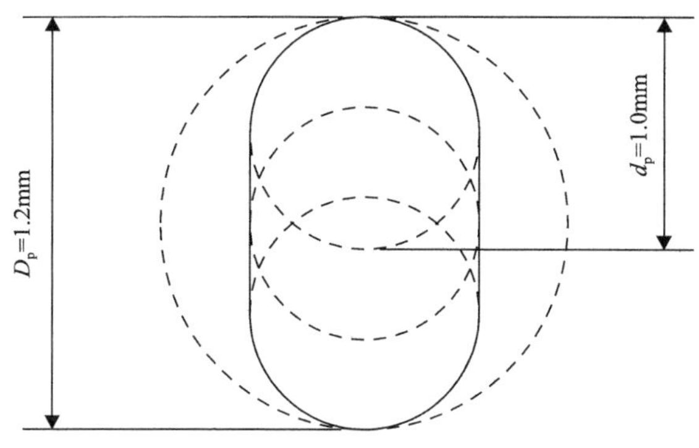

图 3-3　胶囊形颗粒示意图

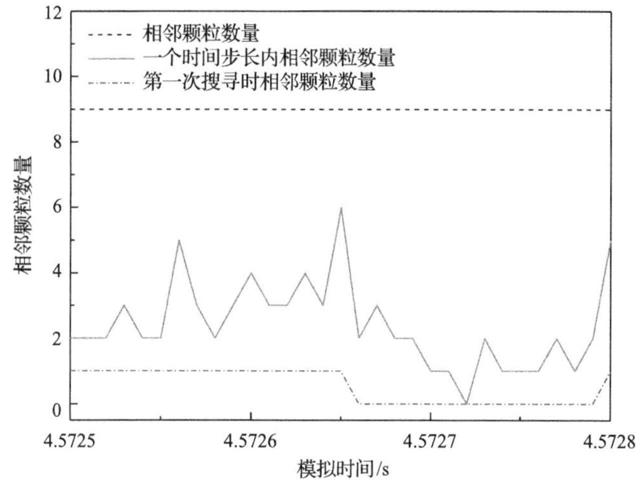

图 3-4　相邻颗粒列表内颗粒数目

算次数为 1 或者 0。可以看出，本方法大大降低了代数方法的使用频率。

3.2.3　非球形颗粒碰撞模型

颗粒碰撞搜寻结束后，就得到了下一次碰撞的位置和时间信息，然后就可以进行颗粒的碰撞。虽然刚体碰撞的研究已经开展了几个世纪，但是至今仍是一个研究难题[11]。通常人们会使用代数方法或积分方法进行求解，而对于本研究中这种存在摩擦的碰撞，考虑到计算效率，研究人员更倾向于使用代数方法[12]。其中一个典型方法就是使用弹性碰撞恢复系数进行计算，目前已被广泛应用于气固两相流动中的离散颗粒模型。对于球形颗粒，基于 Newton 假设[13]的弹性恢复系数模型可以保证计算的准确。但是对于非球形颗粒，该方法会导致能量不守恒[14]。因此，碰撞模型的建立是非球形颗粒气固两相数值模拟中的关键问题之一。

1. 弹性恢复系数方法

在刚体力学领域，弹性恢复系数一般有三种不同的理论模型：Newton 假设[13]，Poisson 假设[15]和 Stronge 假设[11]。结合 Coulomb 摩擦定律，颗粒的碰撞过程可以在保证计算准确的前提下大大简化。因此，对于三种理论模型的选择是至关重要的。而对于本研究，除了要保证计算的精确性，由于气固颗粒系统内存在大量的颗粒，其碰撞模型还需要具有较高的计算效率以节省计算资源。Newton 假设基于颗粒的法向速度，而 Poisson 假设是以颗粒碰撞过程中的法向力为基础[16]，Stronge 假设则是从颗粒碰撞时的能量耗散的角度提出的。从原理上来说，Stronge 假设更接近于颗粒碰撞的本质，即能量交换的过程。但是在有些研究中[17]，应用 Poisson 假设得到的结果要优于应用其他二者。因此，本书选用 Poisson 假设建立非球形颗粒的碰撞模型。

目前有多种方法可以处理 Poisson 假设下的刚体碰撞问题。为了满足计算效率的要求，本书使用了 Routh 图形法[18]进行求解，可以很好地处理结合 Coulomb 摩擦定律的 Poisson 假设弹性恢复系数模型。在 Wang 和 Mason[16]的工作中采用该方法计算了二维刚体有摩擦碰撞过程中的冲量，结果表明采用 Poisson 假设的恢复系数方法可以保证能量守恒，并且计算简单。但是由于在三维系统中缺少在冲量空间内的摩擦代数关系式，这个方法并不能直接扩展到三维系统。为了在三维非球形颗粒系统数值模拟中应用 Poisson-Routh(P-R)方法，本研究对 P-R 方法进行了一定的改进，并对系统进行了一定的假设。

2. 修正的 Poisson-Routh 方法

本书采用了组合颗粒模型，实际上颗粒间的碰撞是发生在两个球元之间的。此模型有一个明显的优点，即可以很容易计算出碰撞时冲量的法向和切向分量。冲量的法线方向是从一个球元的球心指向另一个球元的球心，而切线方向可以通过碰撞时颗粒的相对速度和法线方向计算获得(相对速度可以由颗粒碰撞搜寻算法获得)。因此可以看出，碰撞时产生的冲量只会影响到处于这个法向和切向向量决定的二维平面中的颗粒运动情况。因此这个三维的冲量空间可以被简化为一个二维的冲量空间，并且不会引入任何误差(一个向量可被分解为固定坐标系下的 x、y、z 三个方向，也可被分解为此向量所在的某平面内的法向和切向两个方向)。这样采用组合颗粒模型的非球形颗粒的碰撞就可以使用 P-R 模型进行计算。基于以上分析，对非球形颗粒的碰撞过程进行以下假设：①在组合颗粒模型中，颗粒间的碰撞只发生在两个球元之间，为瞬时、二元碰撞；②两个碰撞的非球形颗粒可以看作是投影在二维冲量空间内的刚体平板，而非球形颗粒的其他物理参数不变。

基于 Wang 和 Mason 的研究[16]，本书提出了一个改进的 P-R 模型[1]。非球形颗粒碰撞坐标系示意图如图 3-5 所示。两个碰撞的非球形颗粒投影到了冲量所在的二维空间，即 ***n-t*** 平面。

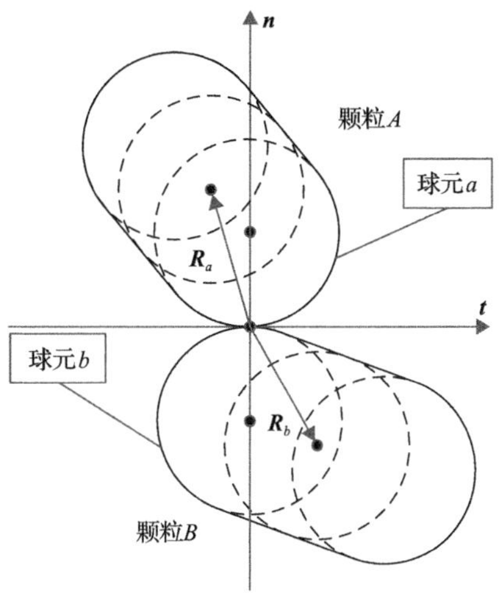

图 3-5　非球形颗粒碰撞坐标系示意图[1]

1) 运动方程

在颗粒碰撞中，法向碰撞冲量 J_{n} 和切向碰撞冲量 J_{t} 会直接影响颗粒的运动，颗粒的运动方程为

$$\begin{aligned} J_{\mathrm{n}} &= (v_{a,\mathrm{n}} - v_{a,\mathrm{n},0}) \times m_a = -(v_{b,\mathrm{n}} - v_{b,\mathrm{n},0}) \times m_b \\ J_{\mathrm{t}} &= (v_{a,\mathrm{t}} - v_{a,\mathrm{t},0}) \times m_a = -(v_{b,\mathrm{t}} - v_{b,\mathrm{t},0}) \times m_b \end{aligned} \tag{3-8}$$

式中，m 为颗粒的质量；下标 0 表示碰撞前的物理参数，没有下标 0 代表碰撞后的参数；下标 a 和 b 代表两个碰撞的非球形颗粒球元，A 和 B 代表整个非球形颗粒。非球形颗粒的旋转运动方程为

$$\begin{aligned} J_{\mathrm{t}} \cdot (\boldsymbol{R}_a \cdot \boldsymbol{n}) - J_{\mathrm{n}} (\boldsymbol{R}_a \cdot \boldsymbol{t}) &= I_A \cdot (\omega_A - \omega_{A,0}) \\ J_{\mathrm{n}} \cdot (\boldsymbol{R}_b \cdot \boldsymbol{t}) - J_{\mathrm{t}} (\boldsymbol{R}_b \cdot \boldsymbol{n}) &= I_B \cdot (\omega_B - \omega_{B,0}) \end{aligned} \tag{3-9}$$

式中，I 为转动惯量；ω 为非球形颗粒在垂直于 ***n-t*** 平面上的旋转速度；$\boldsymbol{R}_a$ 和 $\boldsymbol{R}_b$ 分别为由碰撞点指向非球形颗粒中心的向量。

在非球形颗粒球元碰撞点上的颗粒速度可以表示为

$$\begin{aligned} v_{a,\mathrm{n}} &= v_{A,\mathrm{n}} - \omega_A \cdot (\boldsymbol{R}_a \cdot \boldsymbol{t}), \quad v_{a,\mathrm{t}} = v_{A,\mathrm{t}} + \omega_A \cdot (\boldsymbol{R}_a \cdot \boldsymbol{n}) \\ v_{b,\mathrm{n}} &= v_{B,\mathrm{n}} - \omega_B \cdot (\boldsymbol{R}_b \cdot \boldsymbol{t}), \quad v_{b,\mathrm{t}} = v_{B,\mathrm{t}} + \omega_B \cdot (\boldsymbol{R}_b \cdot \boldsymbol{n}) \end{aligned} \tag{3-10}$$

颗粒在碰撞点上的相对速度的切向分量被称为滑移速度 S，表示为

$$S = v_{a,\mathrm{t}} - v_{b,\mathrm{t}}, \quad S_0 = v_{a,\mathrm{t},0} - v_{b,\mathrm{t},0} \tag{3-11}$$

类似地，在碰撞点上的相对速度的法向分量称为压缩速度 C，表示为

$$C = v_{a,\mathrm{n}} - v_{b,\mathrm{n}}, \quad C_0 = v_{a,\mathrm{n},0} - v_{b,\mathrm{n},0} \tag{3-12}$$

由式(3-8)～式(3-12)，可得

$$\begin{aligned} S &= S_0 + B_1 J_\mathrm{t} - B_3 J_\mathrm{n} \\ C &= C_0 - B_3 J_\mathrm{t} + B_2 J_\mathrm{n} \end{aligned} \tag{3-13}$$

式中，B_1、B_2 和 B_3 为定义的常量。

$$\begin{aligned} B_1 &= \frac{1}{m_a} + \frac{1}{m_b} + \frac{(\boldsymbol{R}_a \cdot \boldsymbol{n})^2}{I_A} + \frac{(\boldsymbol{R}_b \cdot \boldsymbol{n})^2}{I_B} \\ B_2 &= \frac{1}{m_a} + \frac{1}{m_b} + \frac{(\boldsymbol{R}_a \cdot \boldsymbol{t})^2}{I_A} + \frac{(\boldsymbol{R}_b \cdot \boldsymbol{t})^2}{I_B} \\ B_3 &= \frac{(\boldsymbol{R}_a \cdot \boldsymbol{n})(\boldsymbol{R}_a \cdot \boldsymbol{t})}{I_A} + \frac{(\boldsymbol{R}_b \cdot \boldsymbol{n})(\boldsymbol{R}_b \cdot \boldsymbol{t})}{I_B} \end{aligned} \tag{3-14}$$

2) Poisson 弹性恢复系数假设

在使用恢复系数处理刚体碰撞的过程中，碰撞过程一般被分为两个过程：压缩过程和恢复过程。在 Poisson 假设中，当总法向冲量大小为 $(1+e)$ 倍的最大压缩冲量时碰撞结束[16,17]：

$$\frac{J_\mathrm{n}(\mathrm{final})}{J_\mathrm{n}(\mathrm{compression})} = 1 + e \tag{3-15}$$

当碰撞处于最大压缩状态时，在碰撞点的法向相对速度 C 应为零，所以在最大压缩状态下由式(3-13)可得

$$C_0 - B_3 J_\mathrm{t} + B_2 J_\mathrm{n} = 0 \tag{3-16}$$

式(3-15)和式(3-16)给出的关系式将应用于 Routh 的图解法中。

3) Coulomb 摩擦定律

Coulomb 摩擦定律给出了法向摩擦力 F_n 与切向摩擦力 F_t 之间的关系[16]：

$$|F_\mathrm{t}| \leqslant \mu F_\mathrm{n} \tag{3-17}$$

Coulomb 摩擦定律包含两种不同的情况：滑移摩擦和无滑移摩擦，分别表示为

$$\begin{aligned} &\left|\mathrm{d}J_{\mathrm{t}}\right| < \mu \mathrm{d}J_{\mathrm{n}}, \text{ 无滑移状态} \\ &\left|\mathrm{d}J_{\mathrm{t}}\right| = \mu \mathrm{d}J_{\mathrm{n}}, \text{ 滑移状态} \end{aligned} \tag{3-18}$$

当摩擦为滑移摩擦时，冲量符合以下关系式：

$$J_{\mathrm{t}} = -\mu s J_{\mathrm{n}} \tag{3-19}$$

式中，s 为初始滑移速度 S_0 的符号，其值为 1 或–1。

在无滑移摩擦工况中，当碰撞处于最大压缩时滑移速度 S 应为 0，由式(3-13)可得

$$S_0 + B_1 J_{\mathrm{t}} - B_3 J_{\mathrm{n}} = 0 \tag{3-20}$$

4) Poisson-Routh 方法

Routh 图解法[18]是一种利用图形方法简化碰撞过程的求解方法，可以推导得到不同碰撞情况下的解析式，计算效率高。Routh 图解法是在一个二维冲量空间内，绘制法向冲量和切向冲量之间的关系，最终求得碰撞的总冲量。在考虑不同变量符号的情况下，得到不同工况下的解析解。在二维冲量空间中，存在最大压缩线(line of maximum compression，式(3-16))、无滑移线(line of sticking，式(3-20))和摩擦限制线(line of limiting friction，式(3-19))。

图 3-6 给出了 $B_3<0$ 且 $S_0<0$ 时的冲量空间示意图。O 点处代表碰撞的开始。随后，法向冲量 J_{n} 和切向冲量 J_{t} 将沿着摩擦限制线增大。如果摩擦限制线与最大压缩线于 A 点相交，则法向冲量 J_{n} 和切向冲量 J_{t} 将沿 OA 增长，直至抵达无滑移摩擦线，随后将沿着无滑移摩擦线增大直至碰撞结束，即满足式(3-15)。如果摩擦限制线与最大压缩线于 C 点相交，则冲量的增长曲线为 O-B-Q。

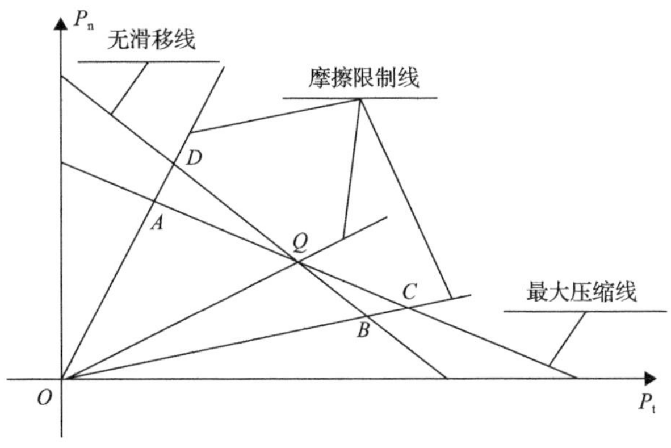

图 3-6　$B_3<0$ 且 $S_0<0$ 时的冲量空间示意图

Routh 的图解法可以将碰撞分为 5 种情况：滑移碰撞(sliding)、压缩过程的无

滑移碰撞(C-sticking)、恢复过程的无滑移碰撞(R-sticking)、压缩过程的反向滑移碰撞(C-reversed sliding)和恢复过程的反向滑移碰撞(R-reversed sliding)。各个工况下的数值解如下[16,19,20]。

(1)滑移碰撞。

$$
\begin{aligned}
J_{\mathrm{t}} &= -s\mu J_{\mathrm{n}} \\
J_{\mathrm{n}} &= -(1+\mathrm{e})\frac{C_0}{B_2 + s\mu B_3}
\end{aligned}
\tag{3-21}
$$

(2)压缩过程的无滑移碰撞。

$$
\begin{aligned}
J_{\mathrm{t}} &= \frac{B_3 J_{\mathrm{n}} - S_0}{B_1} \\
J_{\mathrm{n}} &= -(1+\mathrm{e})\frac{B_1 C_0 + B_3 S_0}{B_1 B_2 - B_3^2}
\end{aligned}
\tag{3-22}
$$

(3)恢复过程的无滑移碰撞。

$$
\begin{aligned}
J_{\mathrm{t}} &= \frac{B_3 J_{\mathrm{n}} - S_0}{B_1} \\
J_{\mathrm{n}} &= -(1+\mathrm{e})\frac{C_0}{B_2 + s\mu B_3}
\end{aligned}
\tag{3-23}
$$

(4)压缩过程的反向滑移碰撞。

$$
\begin{aligned}
J_{\mathrm{t}} &- s\mu\left(J_{\mathrm{n}} - \frac{2S_0}{B_3 + s\mu B_1}\right) \\
J_{\mathrm{n}} &= -\frac{1+\mathrm{e}}{B_2 - s\mu B_3}\left(C_0 + \frac{2s\mu B_3 S_0}{B_3 + s\mu B_1}\right)
\end{aligned}
\tag{3-24}
$$

(5)恢复过程的反向滑移碰撞。

$$
\begin{aligned}
J_{\mathrm{t}} &= s\mu\left(J_{\mathrm{n}} - \frac{2S_0}{B_3 + s\mu B_1}\right) \\
J_{\mathrm{n}} &= -(1+\mathrm{e})\frac{C_0}{B_2 + s\mu B_3}
\end{aligned}
\tag{3-25}
$$

式中

$$
s = \begin{cases} \dfrac{S_0}{|S_0|}, & S_0 \neq 0 \\ 1, & S_0 = 0 \end{cases}
\tag{3-26}
$$

3.2.4　流动控制方程

对气相的基本求解方法见 2.2.3 节，气固相间相互作用模型见 2.2.4 节。此外，本研究采用了大涡模拟方法求解气相湍流，见 2.2.3 节第 2 小节。

3.2.5　数值模拟计算流程

离散颗粒硬球模型计算流程如图 3-7[1,10,21]所示。

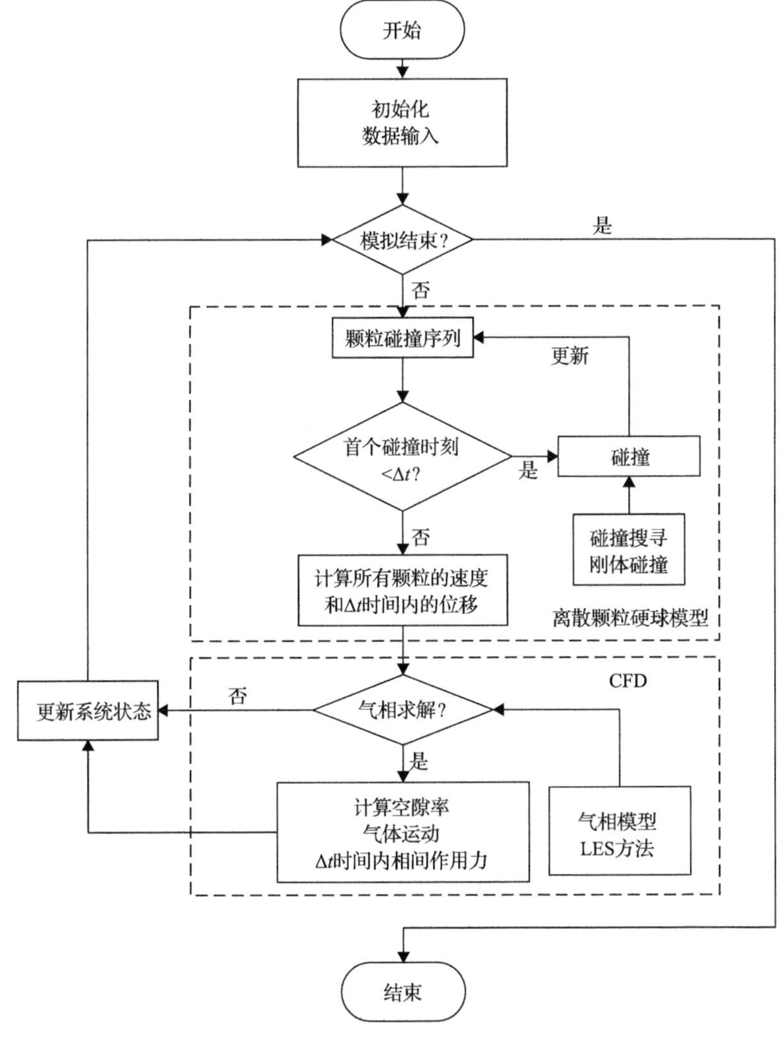

图 3-7　离散颗粒硬球模型计算流程

模拟中主要包括以下几个步骤。

(1) 初始化：读入初始条件、边界条件，求解初始颗粒、气体参数分布。

(2) 计算颗粒碰撞序列，获得首先进行碰撞的信息。

(3) 判断碰撞是否在本步长内进行。如果是，进行碰撞，更新碰撞序列，直至不在本步长内进行，进行下一步；如果不是，直接进行下一步。

(4) 更新本步长结束时所有颗粒的位置和速度。

(5) 颗粒的位置和速度结合其他必要的数据传递给 CFD 求解器。

(6) 求解网格内气固两相体积分数等参数，计算曳力等气固相间动量交换项。

(7) 求解气相参数如气体流速和压强等。

(8) 从步骤 (2) 重复进行计算直至计算过程结束。

3.3 模型验证

本节对建立的非球形颗粒离散颗粒硬球模型进行验证[1]。根据文献[22]中的非球形颗粒鼓泡流化床实验及自搭喷动床实验台测量数据，进行了相同条件下的数值模拟研究，考察颗粒流动行为的变化规律。

3.3.1 鼓泡流化床

Müller 等[22]的实验研究中所用颗粒是一种肾形 (kidney-shaped) 颗粒，并不是球形颗粒，因此他们的实验工况可以用于验证本书提出的数值模拟模型，并进行非球形颗粒流动行为分析。为了对比颗粒形状对鼓泡流化床内颗粒流动行为的影响，本研究分别使用球形颗粒和非球形颗粒进行了数值模拟研究。非球形颗粒几何构成如图 3-8 所示，其长轴为 1.2mm，短轴为 1.0mm，由两个直径为 1.0mm 的球元构成。在非球形颗粒的数值模拟研究中，垂直方向为 z 方向，水平方向为 x 方向，厚度方向为 y 方向，如图 3-9 所示。

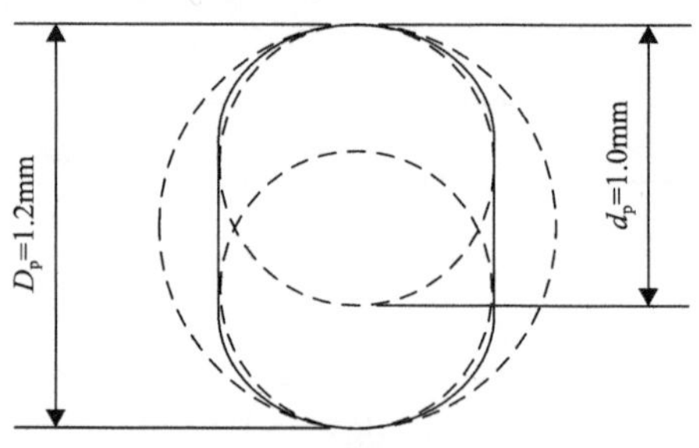

图 3-8　非球形颗粒几何构成

图 3-10 是鼓泡流化床非球形颗粒空间瞬时分布，空气入口气速为 0.9m/s。如图所示，气泡于床层底部生成，随后在床层中部生长、上升，最后逐渐到达床层

表面破裂。可以看出，气泡的边界并不清晰。而且在气泡中心，气体并没有完全占据整个区域，仍然存在少量颗粒，并在整个模拟过程中反复出现，促进了气固之间和颗粒间的动量与能量交换。在非球形颗粒鼓泡流化床中，床内的颗粒扬析现象更为显著，很难找到明显的床层表面界线，这是由于剧烈的颗粒间相互作用导致的。

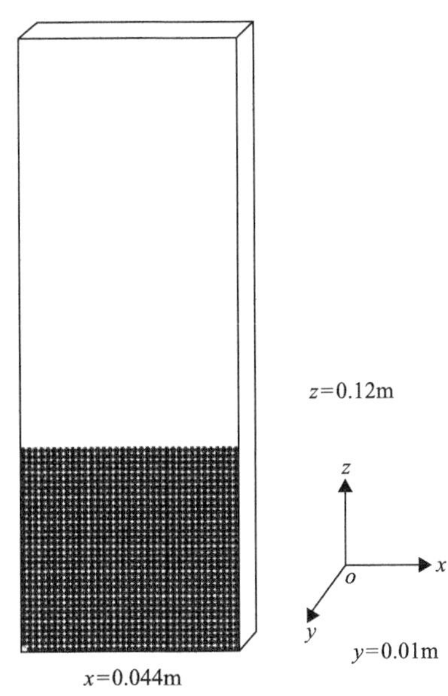

图 3-9　鼓泡流化床示意图

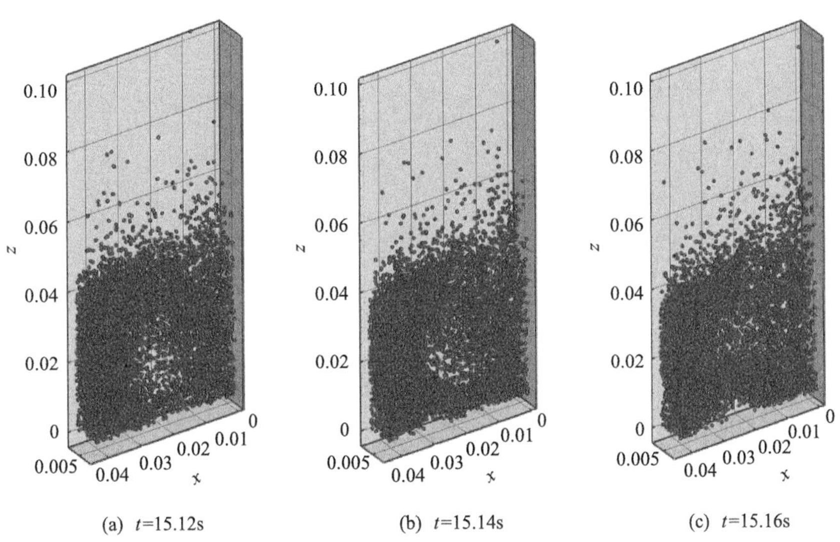

图 3-10　鼓泡流化床非球形颗粒空间瞬时分布

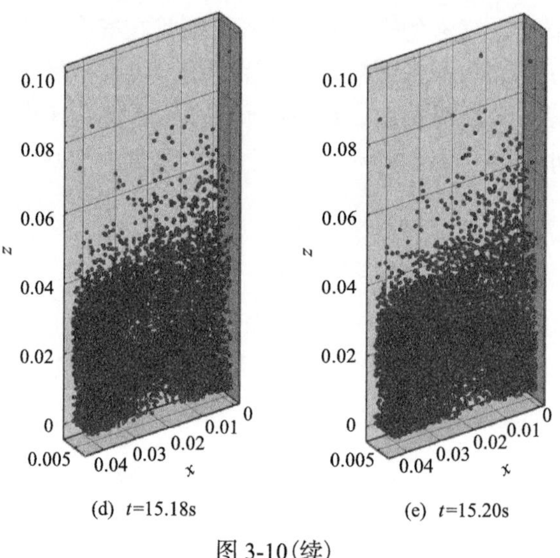

(d) t=15.18s　　(e) t=15.20s

图 3-10(续)

图 3-11 中分别给出了颗粒垂直速度 v_z 的时间平均分布。模拟中应用了 Gidaspow 等的曳力模型，弹性恢复系数取为 0.97。由图可见，颗粒速度分布体现了典型的鼓泡流化床颗粒运动情况，在流化床的中心处颗粒速度最大，向两侧边壁其数值逐渐减小。对比球形颗粒和非球形颗粒工况，可以看出非球形颗粒速度分布小于球形颗粒的分布，这是由于非球形颗粒的碰撞会造成更大的能量损失。而且非球形颗粒鼓泡流化床内颗粒速度的分布与实验结果吻合得更好。因此，本书所建立的非球形颗粒离散颗粒硬球模型可以更好地预测非球形颗粒在鼓泡流化床内的颗粒运动行为。

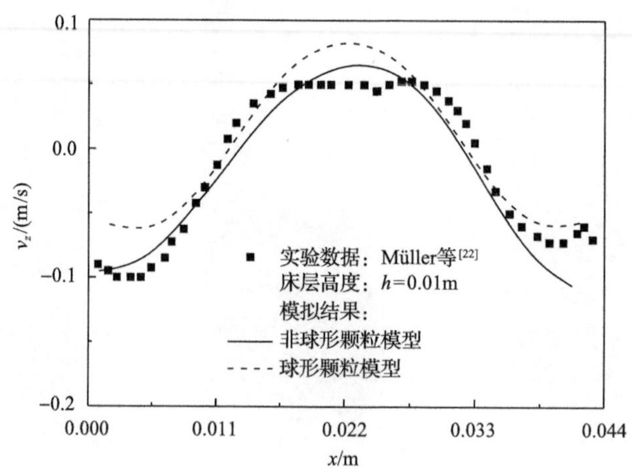

图 3-11　颗粒垂直速度的时间平均分布 (u_g=0.9m/s)

但是，对比实验和模拟结果可以发现，采用本书模型获得的结果在两侧壁面处低估了颗粒速度。其原因可能有两方面：一方面，模拟中使用的非球形颗粒和实验所用的肾状颗粒还是有所区别的，进而影响边壁处的碰撞而导致不同的颗粒速度分布；另一方面是由于计算中对壁面效应的考虑不够，且不同的气相计算差分格式也会影响边壁处的气相场进而改变颗粒速度的分布。但是总体来看，数值模拟结果与实验数据吻合较好，能够得到较准确的颗粒流动行为。

在离散颗粒硬球模型中，模拟参数对数值模拟结果有很大的影响。图 3-12 给出了不同曳力模型下颗粒的垂直速度分布。由图可见其速度分布具有相同的趋势，并且 Gidaspow 曳力模型得到的颗粒速度要大于 Koch-Hill 曳力模型的结果。总的来看，Gidaspow 曳力模型的速度分布与实验结果符合得更好。

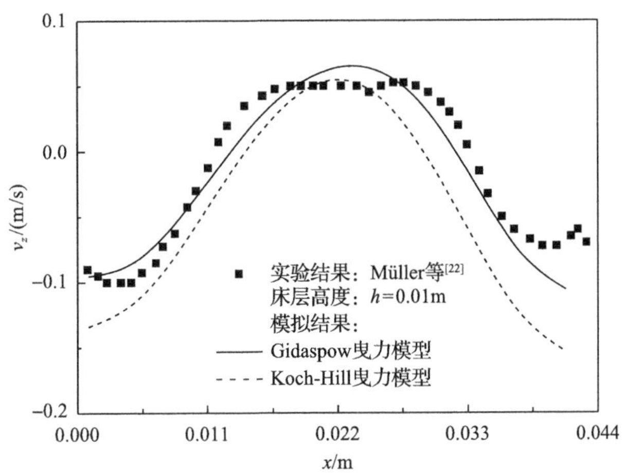

图 3-12　不同曳力模型下颗粒的垂直速度分布（u_g=0.9m/s）

3.3.2　喷动床

在对气固两相流动的研究中，实验方法一直是重要的研究手段之一。PIV 技术是一种无侵扰性的测量技术，在不干扰流场的前提下，可以得到流场内的二维固相速度分布图，测量结果准确。

为进一步验证模型，搭建基于 PIV 系统的喷动床实验测量平台，对非球形颗粒的流态化行为进行实验研究，获得非球形颗粒的速度分布，分析喷动床内非球形颗粒的流态化特性。最后，通过将数值模拟结果与实验结果对比，验证非球形颗粒 DEM 硬球模型。

1) 颗粒特性测量

本实验主要进行喷动床内非球形颗粒流态化行为研究，经过筛选，选择了形状和尺寸较为均一的绿豆颗粒进行实验，如图 3-13 所示。

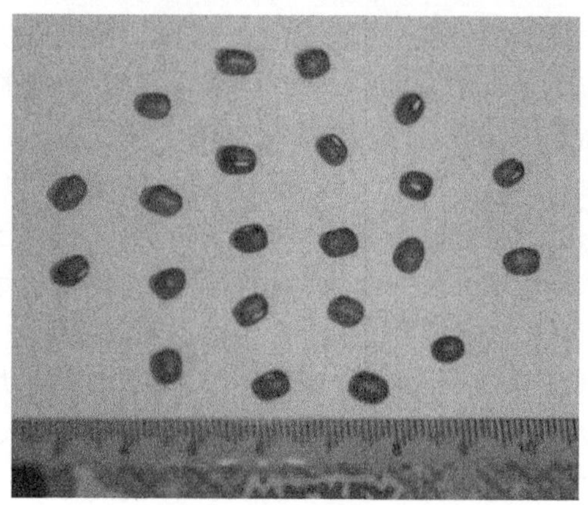

图 3-13　颗粒形状测量

图 3-13 中随机取出 22 粒实验用绿豆进行了拍照，配合图像处理软件，去除阴影，并采用黑白方法处理，以图中的标尺为基础进行了颗粒大小的统计，经过平均计算，得到的颗粒形状如图 3-14 所示。颗粒近似呈圆头圆柱形，其长轴为 4.6mm，短轴为 3.0mm。基于测量结果，绿豆可以应用图中的方法进行模拟，绿豆颗粒由两个球元组成，球元直径为 3.0mm。

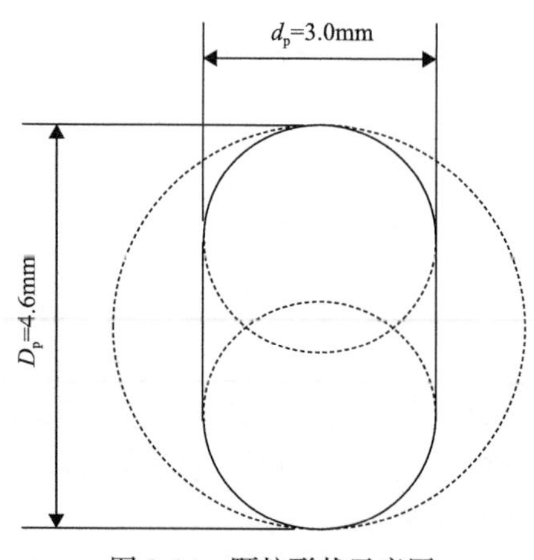

图 3-14　颗粒形状示意图

此外，随机取出三组各 50 个绿豆颗粒，进行了质量与体积测量，结果如表 3-2 所示。根据测量结果，可以计算得到颗粒密度为 1412.4kg/m^3。

表 3-2　颗粒质量与体积测量结果

参数	第一次测量	第二次测量	第三次测量	单位
颗粒质量	3.11	3.20	3.15	g
颗粒体积	2.22	2.25	2.23	mL

2）实验及模拟条件

喷动床是一种较为复杂的气固两相颗粒系统，一般用于流化 Geldart D 类等不易流化的大颗粒。根据操作参数的不同，喷动床会呈现不同的流态化行为。针对喷动床的研究从 20 世纪中期就已经开始了，对其中的流型的研究也已开展了多年，学者们提出了不同的方法进行流型的归类和特征分析。在研究的初期，通常以喷动床内的流化状态进行区分。由于喷动床在运行时床内中部颗粒以喷泉状运动，存在固定的气体通道，因此这也成为判断喷动床内流化状态的依据[23]。

图 3-15 是以床内气体通道和流态化行为为依据划分的喷动床流型示意图[24]。由图可见每一种床型内颗粒的流态化行为都有很大的不同，并且特征非常明显。但是，在实际的喷动床工况中，由于喷动床的尺寸和内部颗粒的不同，其中的流型会与图中的有所区别。

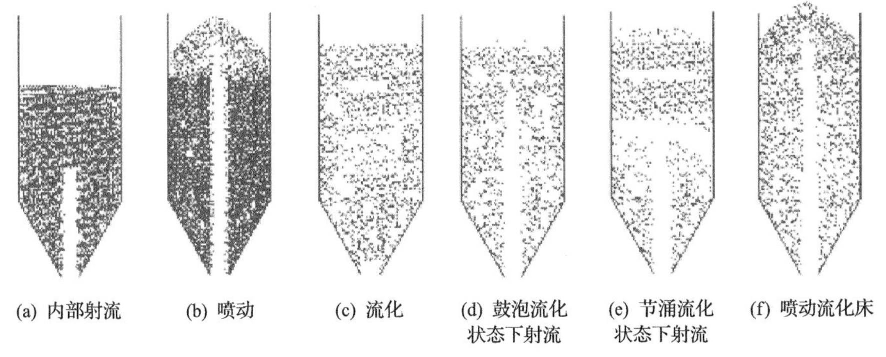

(a) 内部射流　(b) 喷动　(c) 流化　(d) 鼓泡流化状态下射流　(e) 节涌流化状态下射流　(f) 喷动流化床

图 3-15　不同的喷动床流型示意图[24]

此外，在喷动床中常可以观测到流动不稳定现象，如图 3-16 所示。Dogan 等[25]在研究中指出，流动不稳定现象一般会在较高的喷口气速或较深的喷动床内

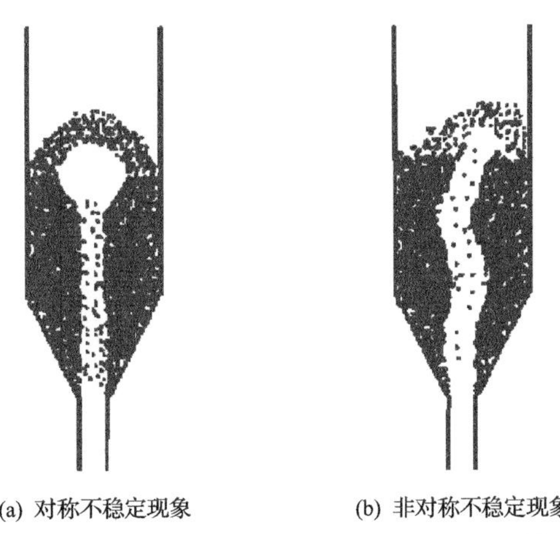

(a) 对称不稳定现象　(b) 非对称不稳定现象

图 3-16　喷动床内的两种流动不稳定现象[25]

出现，并不是在所有的喷动床中都会观察到这种现象。流动不稳定现象有两种主要的表现形式，一种是对称式，如图 3-16(a)所示，另一种是非对称式，如图 3-16(b)所示。对于这种流动不稳定现象学术界仍存在一定的争论，有些学者并没有观测到这种现象[26]。本节中也将尝试对这种现象进行研究。

近年来，随着学术研究的不断深入，学者们发现仅以表面所见的流态化特性及气体通道的形式进行喷动床的分类无法完全区分喷动床的类型，因此信号处理的方法逐渐应用于喷动床分类的研究中。Link 等[27]采用功率谱分析的方法对喷动床进行了完整的流型划分。在他们的研究中，结合瞬时压降测量和瞬时图像捕捉的方法，通过压降信号处理的结果并结合图像捕捉技术，得到喷动床内流动状态，进而确定流型。该方法基于喷动床内的压力波动特性，并通过功率谱计算，得到了压力波动的内在规律，对喷动床流型进行了分类，获得了合理的结果。

由以上的分析可知，喷动床内存在许多不同的流化状态，因此在对流化床进行实验时要特别注意喷动床的操作参数。为了更全面地研究喷动床内的颗粒行为，本研究将进行三种不同工况下喷动床的实验。

为了验证数值模拟模型，本章还进行了相同实验操作参数下的数值模拟研究。模型尺寸为 120mm×16mm×350mm，颗粒为椭圆形，长轴 4.6mm，短轴 3.0mm，与实验中的绿豆相仿，颗粒密度为 1412.4kg/m^3。数值模拟共进行了 15s，取后 10s 数据进行平均，研究喷动床中颗粒的动力学特性。参照实验中的设置，模拟中出口压力为大气压，入口气速与实验相同，气固曳力模型应用 Gidaspow 模型。详细的模拟参数见表 3-3。

表 3-3　模拟中所用的参数

物理量	数值	单位
	流化床	
x、y、z 方向尺寸	120×16×350	mm×mm×mm
x、y、z 方向网格数	12×3×30	—
	颗粒	
颗粒数	3100，1500	—
颗粒外接圆直径	4.6	mm
颗粒密度	1412.4	kg/m^3
弹性恢复系数	0.87	—
颗粒/颗粒滑动摩擦系数	0.1	—
颗粒/壁面滑动摩擦系数	0.1	—

续表

物理量	数值	单位
	气体	
气体黏度	1.8×10^{-5}	Pa·s
温度	293.15	K

实验中挑选质量基本相同的绿豆作为非球形颗粒进行喷动床内非球形颗粒流动特性实验研究。待非球形颗粒系统运行稳定后，拍摄 30s 并进行数据处理。采样频率为 120Hz。

3) 模型验证与颗粒流动行为

为了研究喷动床内的颗粒运动情况，本节采用了平均质量为 94.62g 的绿豆进行了实验测量，颗粒总数为 1500，初始床层高度为 6cm。表 3-4 为实验中的气体流量测量结果。实验中流量在小范围内波动，因此采用多次测量取平均的方法进行流量测定。经过平均计算，可以得到喷口流量约为 $12.14m^3/h$，折合气体速度为 10.54m/s。

表 3-4　气体流量测量结果

流量测量	流量	单位
1	12.15	m^3/h
2	12.35	m^3/h
3	12.13	m^3/h
4	12.03	m^3/h
5	11.82	m^3/h
6	12.35	m^3/h

图 3-17 为喷动床内颗粒瞬时位置分布图，从图中可以看出，在床内中部存在明显的气体通道，颗粒大部分堆积在床内两侧，只有在中部的颗粒随着喷口的气体呈喷泉状的运动形式，这是典型的喷动床内的颗粒运动方式，并且没有出现流动不稳定现象。

图 3-18 是喷动床内颗粒运动的瞬时实验测量图，右侧为测量到的对应颗粒速度向量。可以看出，床内颗粒速度较大的位置在颗粒气体通道内及其周围，并且在此瞬时，颗粒的运动并不是完全对称的，而是倾向于左侧运动。从图中可以看出明显的喷泉状运动。颗粒在中部随着气流以较大的速度移动到床层表面，并分散到床层表面两侧，缓慢下降至床内底部。

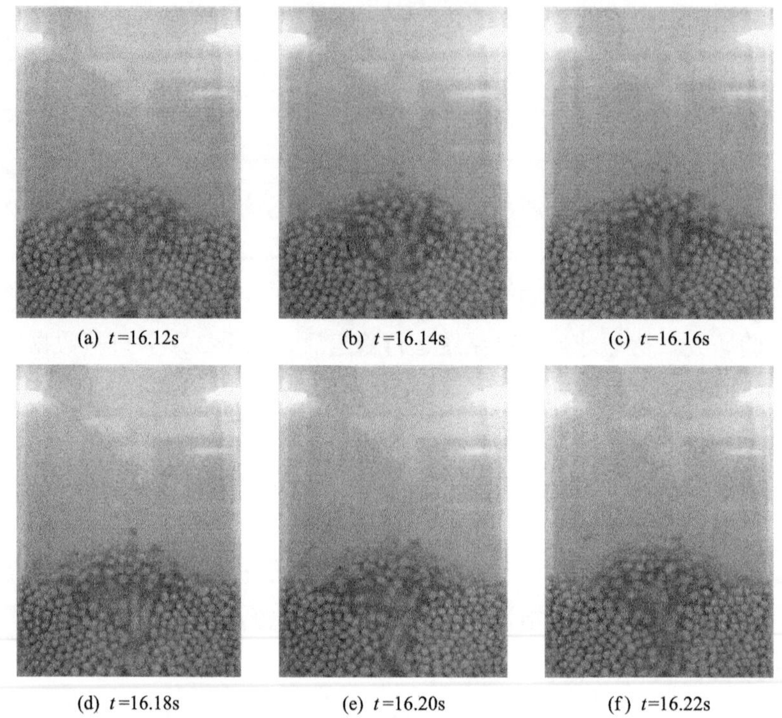

(a) t=16.12s (b) t=16.14s (c) t=16.16s

(d) t=16.18s (e) t=16.20s (f) t=16.22s

图 3-17 喷动床内颗粒瞬时位置分布图(时间间隔 0.02s，u_{jet}=10.54m/s)

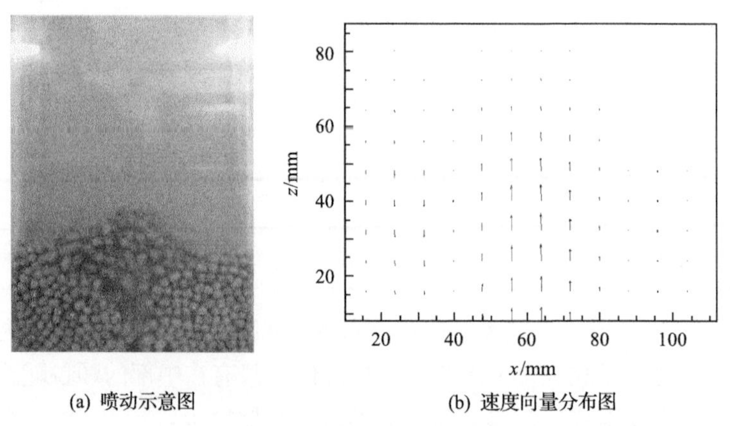

(a) 喷动示意图 (b) 速度向量分布图

图 3-18 喷动床内颗粒运动的瞬时实验测量图(u_{jet}=10.54m/s)

颗粒速度是喷动床内颗粒的基本信息，反映了颗粒的运动状态。图 3-19 是喷动床内颗粒速度分布，选取的床层高度为 0.03m 处。

由于在进行实验测量和数值模拟时得到的均为瞬时颗粒速度分布情况，但是瞬时参数不能够进行定量对比，所以需要对得到的实验数据和模拟结果进行时间平均。模拟结果使用 5～15s 内的 1000 个数据点进行平均。对于实验数据，采用

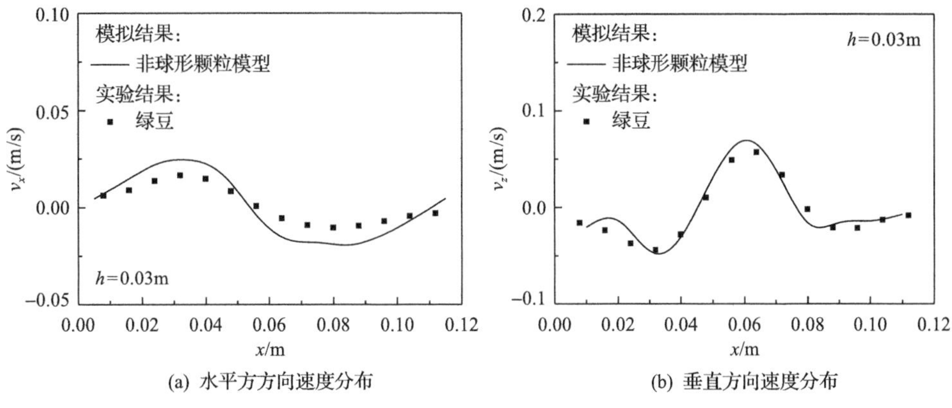

(a) 水平方方向速度分布　(b) 垂直方向速度分布

图 3-19　喷动床内颗粒速度分布(u_{jet}=10.54m/s)

20s 内采集的数据进行平均。分别采用流动稳定后 10～30s、30～50s、50～70s 内三个时间段的测量结果进行平均。对床内高度为 0.03m，水平方向 0.004m、0.008m 和 0.012m 三个点处的速度进行了三次测量，计算后得到其速度值的标准差分别为 0.0021、0.0016 和 0.0025，数值较小，说明测量误差较小。

可以看出，应用建立的非球形颗粒离散颗粒硬球模型得到的数值模拟结果与实验结果吻合较好。x 方向上，数值模拟和实验中的颗粒均向床内中部运动，速度分布较为对称。而对于 z 方向，颗粒在床中部向上运动，而在两侧缓慢下降。数值模拟中的颗粒速度略大于实验结果，这是因为在本实验中，颗粒不是透明的，因此只能使用高速相机捕捉靠近前壁面处的颗粒，由于壁面对颗粒的运动存在一定的阻碍作用，因此实验得到的颗粒速度偏小。总的来看，数值模拟结果与实验数据吻合较好。

当前对颗粒脉动运动的各向异性特性的研究中，颗粒温度的概念逐渐成为衡量颗粒各向异性特征的重要研究参数之一[1]。1978 年，Ogawa[28]首次提出了颗粒温度(granular temperature)的概念，用于表征颗粒运动的无序程度，在小尺度上反映出颗粒脉动的剧烈程度。颗粒温度包括平移粒子颗粒温度和旋转粒子颗粒温度两种。以平移粒子颗粒温度为例，颗粒温度的定义是基于流场中颗粒速度脉动的二阶矩：

$$\langle C_i C_j \rangle = \frac{1}{n}\sum_{k=1}^{n}\left[v_{\mathrm{p},ik}(x,t) - c_i(x,t)\right]\left[v_{\mathrm{p},jk}(x,t) - c_j(x,t)\right] \tag{3-27}$$

式中，n 为体积单元内颗粒数目；i、j、k 代表坐标系 x、y、z 方向；$v_{\mathrm{p}}(x,t)$ 为 x 方向 t 时刻瞬时平移速度，平均平移速度项 C_i 定义为

$$c_i(x,t)=\frac{1}{n}\sum_{k=1}^{n}v_{\mathrm{p},ik}(x,t) \tag{3-28}$$

所以，平移粒子颗粒温度定义为

$$\theta_{\mathrm{p,tran}}(x,t)=\frac{1}{3}\langle C_{xx}C_{xx}\rangle(x,t)+\frac{1}{3}\langle C_{yy}C_{yy}\rangle(x,t)+\frac{1}{3}\langle C_{zz}C_{zz}\rangle(x,t) \tag{3-29}$$

同理，将颗粒平移速度全部换成颗粒旋转速度，就可以得到旋转粒子颗粒温度 $\theta_{\mathrm{p,rot}}(x,t)$ 的定义式。

由颗粒温度可以引申出气泡颗粒温度[29,30]的概念。气泡颗粒温度是指气泡脉动的湍动能。气泡颗粒温度的定义是基于气泡速度脉动的二阶矩[29]：

$$\overline{V_i'V_j'}(x)=\frac{1}{m}\sum_{k=1}^{m}\left[v_{\mathrm{p},ik}(x,t)-\bar{V}_i(x)\right]\left[v_{\mathrm{p},jk}(x,t)-\bar{V}_j(x)\right] \tag{3-30}$$

式中，m 为时间样本的个数。平均速度 $\bar{V}_i(x)$ 定义为

$$\bar{V}_i(x)=\frac{1}{m}\sum_{k=1}^{m}v_{\mathrm{p},ik}(x,t) \tag{3-31}$$

结合式(3-30)和式(3-31)，可得气泡颗粒温度 $\theta_{\mathrm{b}}(x)$ 计算式：

$$\theta_{\mathrm{b}}(x)=\frac{1}{3}\overline{V_x'V_x'}+\frac{1}{3}\overline{V_y'V_y'}+\frac{1}{3}\overline{V_z'V_z'} \tag{3-32}$$

为了进一步验证数值模拟模型，图 3-20 给出了喷动床内气泡颗粒温度分布。对比数值模拟结果和实验数据可以看出，二者符合较好，呈现相同的变化规律。

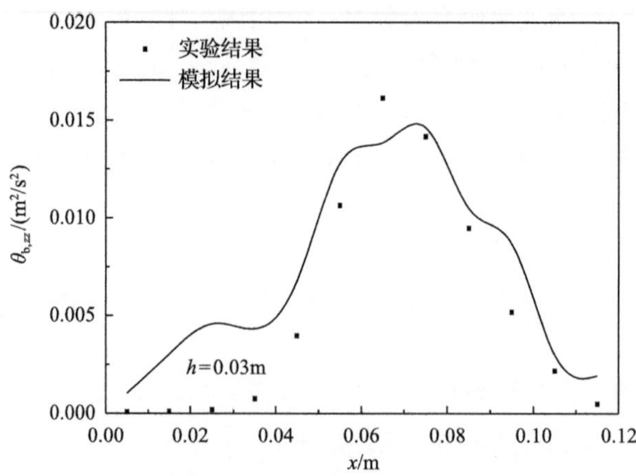

图 3-20　喷动床内气泡颗粒温度分布(u_{jet}=10.0m/s)

由以上结果可以得出，建立的非球形颗粒离散颗粒硬球模型可以对喷动床内的颗粒行为进行较为准确的描述。

4) 喷动床流动不稳定行为

上述内容提到，喷动床内存在一定的流动不稳定情况，但是学术界对此并未达成一致。本节针对这一现象进行了研究。由于喷动床内的流动不稳定情况多出现在喷口气速较大或床层较深的工况中，因此本节工况使用的颗粒较多，称重后得到其总质量为 196.922g，颗粒的总数目约为 3100。基于建立的非球形颗粒喷动床实验台研究非球形颗粒(绿豆)的流态化行为。实验中首先进行了气体流量的测量，对两个工况的气体流量测量结果如表 3-5 所示。经过平均计算，气体喷口速度为 10.0m/s。

表 3-5　气体流量测量结果

流量测量	流量	单位
1	11.185	m^3/h
2	11.406	m^3/h
3	11.565	m^3/h
4	11.328	m^3/h
5	11.760	m^3/h
6	11.912	m^3/h

图 3-21 为喷口速度为 10.0m/s 时喷动床内的瞬时颗粒位置分布示意图，可以看出在喷口上方有明显的气体通道，空隙率较大，而在床内靠近边壁处颗粒堆积

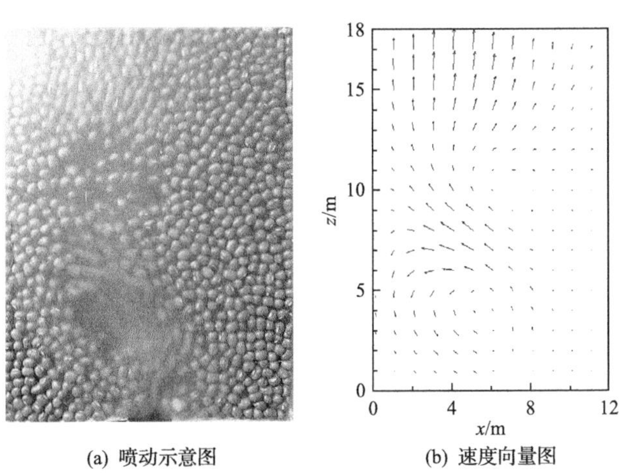

(a) 喷动示意图　(b) 速度向量图

图 3-21　喷动床内的瞬时颗粒位置分布示意图(u_{jet}=10.0m/s)

较为密集，从颗粒的运动向量图中可以看出，在喷动床中部颗粒主要向上运动，而在两侧处颗粒有较小的向下运动的趋势。

为了进一步研究喷动床内的流动不稳定情况，图 3-22 给出了由高速摄像机拍摄的颗粒瞬时位置示意图，每幅图的时间间隔为 0.02s。由图可见气体通道具有明显的不对称特性，呈现“S”形，如图 3-23 所示。这与 Zhong 等[24]和 Dogan 等[25]的研究结果相吻合，说明了在本实验工况中，喷动床的流动不稳定状态是存在的，支持了有关喷动床不稳定状态存在的研究结论。

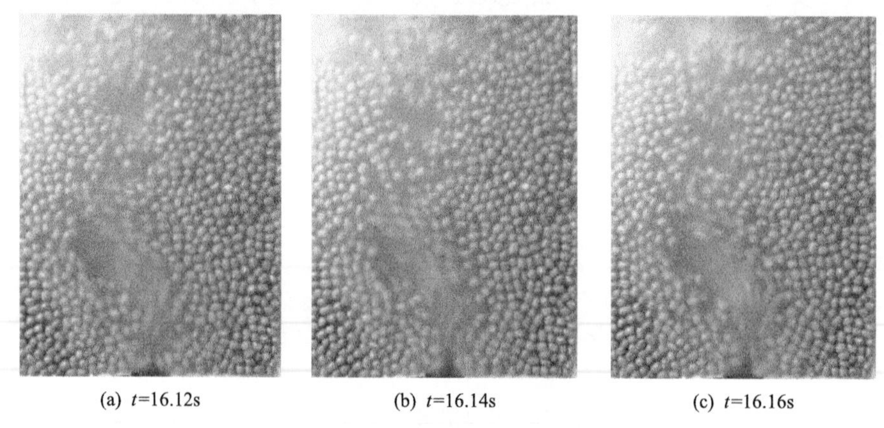

(a) t=16.12s (b) t=16.14s (c) t=16.16s

图 3-22 喷动床内颗粒瞬时位置示意图(时间间隔 0.02s，u_{jet}=10.0m/s)

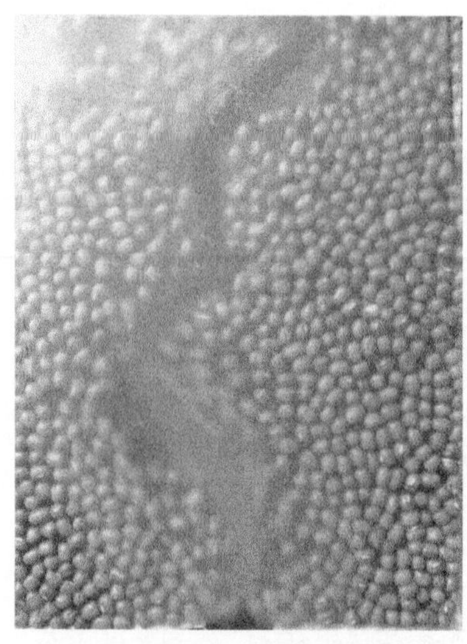

图 3-23 喷动床内气体通道示意图(u_{jet}=10.0m/s)

为了验证得到的流动不稳定现象，本节进行了另一组相同物料高度但是不同喷口速度的实验，实验中的气体流量测量值如表 3-6 所示。经过平均计算，喷口速度为 12.0m/s。

表 3-6　另一组气体流量测量结果

流量测量	流量	单位
1	14.001	m^3/h
2	13.638	m^3/h
3	13.750	m^3/h
4	14.089	m^3/h
5	13.990	m^3/h
6	13.673	m^3/h
7	14.403	m^3/h

喷动床内的颗粒位置示意图如图 3-24 所示，每幅图之间的时间差为 0.02s。可以看出，在喷口速度为 12.0m/s 的工况中，气体通道更为明显。

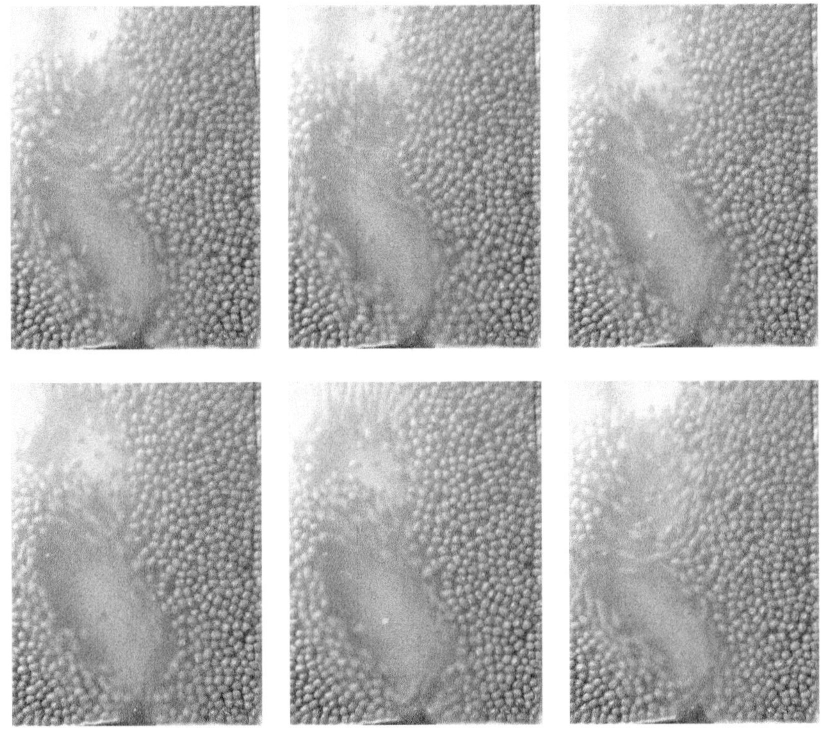

图 3-24　喷动床内的颗粒位置示意图(时间间隔 0.02s，u_{jet}=12.0m/s)

同样可见，喷动床内的气体通道呈现一种不对称的不稳定形态，如图 3-25 所示。这也验证了喷口速度为 10.0m/s 所得到的存在不稳定现象的结论。

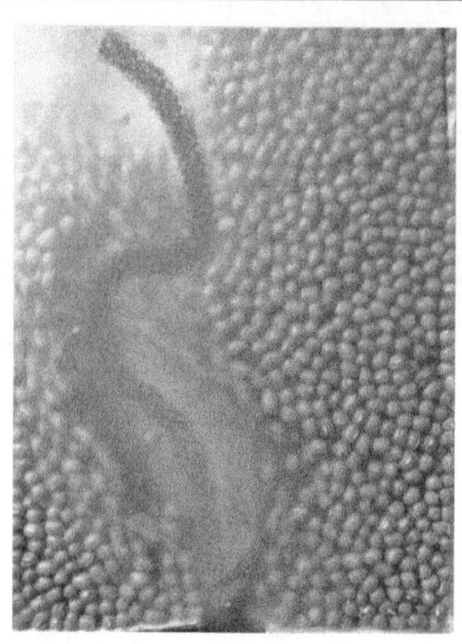

图 3-25　喷动床内气体通道示意图(u_{jet}=12.0m/s)

5)颗粒速度分布

颗粒的速度是喷动床内颗粒的基本特性之一，反映了颗粒在床内的基本运动情况。为了研究喷动床内非球形颗粒的运动特性，同时验证建立的数值模拟模型，图 3-26 为喷口速度为 10.0m/s 时床层高度为 30mm 处的喷动床内颗粒水平速度和垂直速度分布，通过对比实验数据和数值模拟得到的时均结果，验证数学模型的正确性。对于实验数据，采用后 20s 内采集的数据进行平均。模拟结果使用 5～15s 内的数据进行平均。

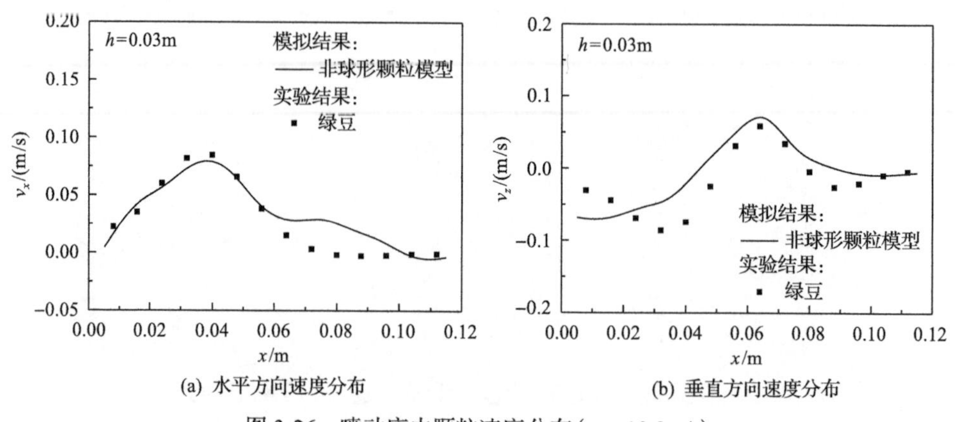

图 3-26　喷动床内颗粒速度分布(u_{jet}=10.0m/s)

由图可见，使用建立的非球形颗粒离散颗粒硬球模型得到的数值模拟结果与实验结果吻合较好。在水平方向，可以看出床内颗粒的运动并不是对称的，在床内左侧颗粒的速度较大，实验和模拟结果均体现了这一点。数值模拟结果和实验结果呈现了相同的趋势，模拟数值仅在床内中部右侧位置略大于实验结果。在垂直方向，实验与数值模拟得到的颗粒速度分布趋势基本相同，区别在于床内的中部，数值模拟得到的颗粒速度略大于实验结果，这是由于在本实验中，颗粒不是透明的，因此只能使用高速相机捕捉靠近前壁面处的颗粒，由于壁面对颗粒的运动存在一定的阻碍作用，因此实验得到的颗粒速度基本偏小。总的来看，本书建立的非球形颗粒离散颗粒硬球模型可以很好地对喷动床内非球形颗粒流动行为实验进行重现，这在一定程度上验证了数值模型的正确性。

颗粒旋转运动在气固两相颗粒系统中起着重要的作用，尤其对于非球形颗粒系统，其旋转作用对颗粒的碰撞过程有着重要的影响。图 3-27 为模拟得到的喷口气速为 10.0m/s 时喷动床内颗粒旋转速度分布。由图可见颗粒旋转速度的分布与颗粒速度的分布有较大的不同。旋转速度的最大值出现在喷动床内两侧靠近边壁处，在床内的中部颗粒的旋转速度较小，这说明在床内中部喷口能够直接影响的位置，虽然颗粒的平移速度较大，但是颗粒的旋转运动并不剧烈，这是因为在此处颗粒主要受高速气体的影响而运动，颗粒间的碰撞较小，旋转也较弱。在床内两侧边壁处颗粒的旋转速度较小，这是因为在两侧固含率较大，运动空间较小。

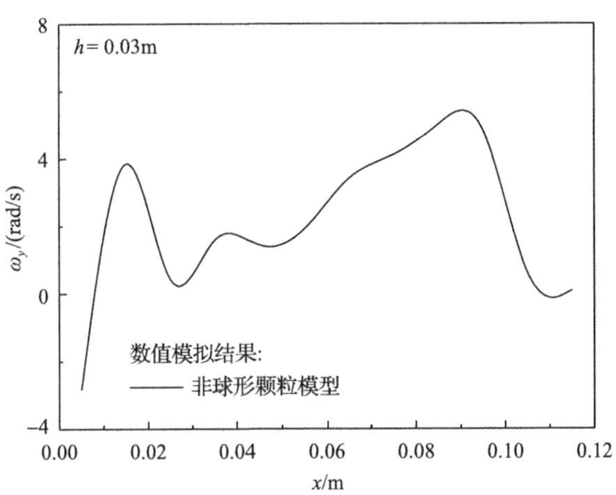

图 3-27　喷动床内颗粒旋转速度分布 (u_{jet}=10.0m/s)

6) 粒子颗粒温度分布

粒子颗粒温度是气固两相流动中的另一个重要参数，代表颗粒速度脉动的强弱。为了研究喷动床内颗粒的微观脉动运动情况，图 3-28 为喷动床内粒子颗粒温度分布。由图可见，在水平方向和垂直方向上的粒子颗粒温度分布趋势相似，但是略有不同。在垂直方向上，粒子颗粒温度的数值略大于水平方向。在两个方向上粒子颗粒温度的分布均为向上的凹形，垂直方向上粒子颗粒温度在靠近边壁处略有降低，而水平方向则没有这种情况。

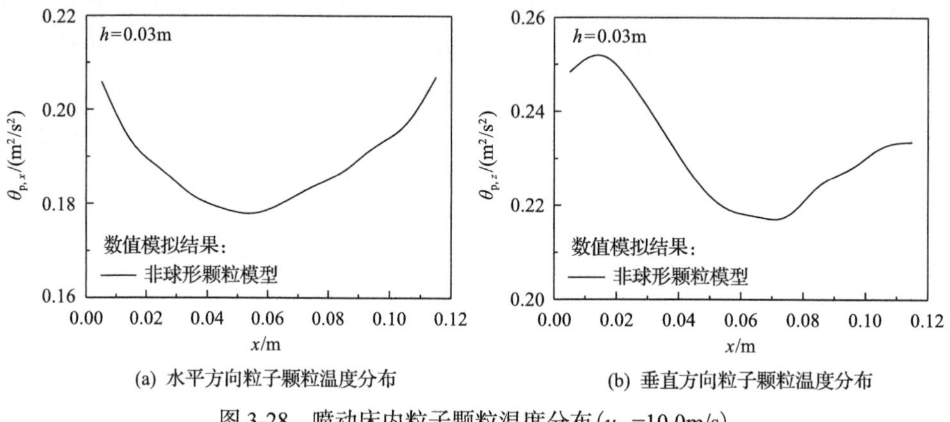

(a) 水平方向粒子颗粒温度分布 (b) 垂直方向粒子颗粒温度分布

图 3-28 喷动床内粒子颗粒温度分布(u_{jet}=10.0m/s)

3.4 本 章 小 结

本章建立了非球形颗粒的 DEM 硬球模型。基于组合颗粒模型，采用四元数理论描述非球形颗粒的运动过程。随后，提出了几何代数两步搜寻方法，减少了非球形颗粒搜寻算法的计算需求，并保证了计算精度。碰撞模型以 Routh 的图解法为基础，基于组合颗粒模型的特点，成功地将二维的 R-P 模型应用于现有的三维碰撞中，建立了高效的数学模型，实现了离散颗粒硬球模型在非球形颗粒稠密气固两相流动中的应用，并完成了非球形颗粒的离散颗粒硬球模型的计算结构设计和程序编写。

随后，应用建立的非球形颗粒离散硬球模型进行了鼓泡流化床内的颗粒行为和流态化特性研究，结果显示使用非球形颗粒模型得到的模拟结果与 Müller 等的实验结果吻合更好，优于使用球形颗粒假设获得的结果。

最后，针对喷动床内非球形颗粒流动特性进行了 PIV 实验测量，并应用建立的非球形颗粒离散硬球模型进行了喷动床内非球形颗粒流态化行为的研究。研究结果表明，非球形颗粒喷动床内呈现出典型的喷泉状流动，非球形颗粒喷动床在喷口上方产生明显的气体通道，大部分颗粒堆积在床内两侧靠近边壁处，缓慢向下运动。在相同条件下，建立的非球形颗粒离散颗粒硬球模型得到的模拟结果与实验吻合较好，验证了数值模拟模型。实验中当床层高度较大时出现了喷动床内流动的不稳定现象，并且在数值模拟中得到了近似的分布趋势，支持了有关喷动床不稳定状态存在的研究结论。

参 考 文 献

[1] Wang T, He Y, Tang T, et al. Numerical investigation on particle behavior in a bubbling fluidized bed with non-spherical particles using discrete hard sphere method[J]. Powder Technology, 2016, 301: 927-939.

[2] Zhong W Q, Zhang Y, Jin B S, et al. Discrete element method simulation of cylinder-shaped particle flow in a gas-solid fluidized bed[J]. Chemical Engineering & Technology, 2009, 32(3): 386-391.

[3] Kruggel-Emden H, Rickelt S, Wirtz S, et al. A study on the validity of the multi-sphere discrete element method[J]. Powder Technology, 2008, 188(2): 153-165.

[4] Oschmann T, Hold J, Kruggel-Emden H. Numerical investigation of mixing and orientation of non-spherical particles in a model type fluidized bed[J]. Powder Technology, 2014, 258: 304-323.

[5] Ferellec J, Mcdowell G. Modelling realistic shape and particle inertia in DEM[J]. Géotechnique, 2010, 60(3): 227-232.

[6] Džiugys A, Peters B. An approach to simulate the motion of spherical and non-spherical fuel particles in combustion chambers[J]. Granular Matter, 2001, 3(4): 231-266.

[7] van Wachem B, Zastawny M, Zhao F, et al. Modelling of gas-solid turbulent channel flow with non-spherical particles with large Stokes numbers[J]. International Journal of Multiphase Flow, 2015, 68: 80-92.

[8] Hoomans B P B, Kuipers J A M, Briels W J, et al. Discrete particle simulation of bubble and slug formation in a two-dimensional gas-fluidised bed: A hard-sphere approach[J]. Chemical Engineering Science, 1996, 51(1): 99-118.

[9] Deen N G, van Sint Annaland M, van der Hoef M A, et al. Review of discrete particle modeling of fluidized beds[J]. Chemical Engineering Science, 2007, 62(1-2): 28-44.

[10] Hoomans B P B. Granular dynamics of gas-solid two-phase flows[D]. Enschede: University of Twente, 2000: 242.

[11] Stronge W J. Impact Mechanics[M]. Cambridge: Cambridge University Press, 2004.

[12] Bhatt V, Koechling J. Three-dimensional frictional rigid-body impact[J]. Journal of Applied Mechanics, 1995, 62(4): 893-898.

[13] Newton I. Philosophiae Naturalis Principia Mathematica (1822) [M]. New York: Kessinger Publishing, LLC, 2008.

[14] Stronge W J. Rigid body collisions with friction[J]. Proceedings of the Royal Society of London. Series A: Mathematical and Physical Sciences, 1990, 431(1881): 169-181.

[15] Poisson S. Mechanics[M]. London: Longmans, 1817.

[16] Wang Y, Mason M T. Two-dimensional rigid-body collisions with friction[J]. Journal of Applied Mechanics, 1992, 59(3-4): 635-642.

[17] Djerassi S. On the applicability of newton's, Poisson's and Stronge's collision hypotheses[C]. ASME 2008 9th Biennial Conference on Engineering Systems Design and Analysis, Haifa, 2008: 531-542.

[18] Routh E J. The Elementary Part of a Treatise on the Dynamics of a System of Rigid Bodies: Being Part I of a Treatise on the Whole Subject: With Numerous Examples[M]. New York: Dover, 1960.

[19] Wang Y. Dynamic analysis and simulation of mechanical systems with intermittent constraints[D]. Pittsburgh: Carnegie Mellon University, 1989.

[20] Han I, Gilmore B. Impact analysis for multiple-body systems with friction and sliding contact[J]. Flexible Assembly Systems, 1989: 99-108.

[21] He Y, Wang T, Deen N, et al. Discrete particle modeling of granular temperature distribution in a bubbling fluidized bed[J]. Particuology, 2012, 10(4): 428-437.

[22] Müller C R, Holland D J, Sederman A J, et al. Granular temperature: Comparison of magnetic resonance measurements with discrete element model simulations[J]. Powder Technology, 2008, 184(2): 241-253.

[23] 郭慕孙, 李洪钟. 流态化手册[M]. 北京: 化学工业出版社, 2008.

[24] Zhong W, Zhang M, Jin B, et al. Flow pattern and transition of rectangular spout-fluid bed[J]. Chemical Engineering and Processing: Process Intensification, 2006, 45(9): 734-746.

[25] Dogan O M, Freitas L A P, Lim C J, et al. Hydrodynamics and stability of slot-rectangular spouted beds. Part I: Thin bed[J]. Chemical Engineering Communications, 2000, 181(1): 225-242.

[26] Passos M L, Mujumdar A S, Raghavan V S G. Prediction of the maximum spoutable bed height in two-dimensional spouted beds[J]. Powder Technology, 1993, 74(2): 97-105.

[27] Link J M, Cuypers L A, Deen N G, et al. Flow regimes in a spout-fluid bed: A combined experimental and simulation study[J]. Chemical Engineering Science, 2005, 60(13): 3425-3442.

[28] Ogawa S. Multi-temperature theory of granular materials[C]//Proceedings of the US-Japan Seminar on Continuum Mechanical and Statistical Approaches in the Mechanics of Granular Materials, Sendai , 1978: 208-217.

[29] Jung J, Gidaspow D, Gamwo I K. Measurement of two kinds of granular temperatures, stresses, and dispersion in bubbling beds[J]. Industrial & Engineering Chemistry Research, 2005, 44(5): 1329-1341.

[30] Jung J, Gidaspow D, Gamwo I K. Bubble computation, granular temperatures, and Reynolds stresses[J]. Chemical Engineering Communications, 2006, 193(8): 946-975.

第 4 章 湿颗粒数学模型

4.1 引 言

迄今为止，流化床相关理论和技术主要是针对干颗粒系统，研究者对其运动规律和流动特征已经有了比较全面的认识。然而，当颗粒系统中存在一定量的液体时，湿颗粒间填隙液体的存在将极大地改变颗粒的表面特性，导致湿颗粒系统的流体动力学行为和运动特性与干颗粒系统差别很大。而直接测量流化床内湿颗粒的微观作用机理和宏观流化现象存在很大的技术难度，因此目前缺乏对湿颗粒系统进行准确实验研究的手段。

随着计算机技术和计算方法的发展，数值模拟已成为稠密气固两相流流体动力学研究的一种重要手段。对于湿颗粒系统而言，DEM 可以通过加入附加的计算模块很方便地将由于颗粒间填隙液体的存在而引入的液桥力包括进去，而模型中采用牛顿第二定律直接求解颗粒运动的方法也可以直观地考察液桥力对颗粒系统运动行为的影响，从而使得对湿颗粒系统进行定量研究成为可能。因此，本章将通过理论分析充分考虑颗粒间的液桥力作用，建立湿颗粒 DEM 软球碰撞模型。

4.2 湿颗粒离散颗粒软球模型建立

在 DEM 中，气固两相流是由连续的气体和离散的颗粒组成的。因此，在进行气固两相流的 DEM 数值模拟研究时，首先需要考虑三个方面的建模工作：离散颗粒的动力学方程、气体相的控制方程以及气固相间的耦合作用。其中，离散颗粒的运动轨迹是由牛顿第二定律决定的，这些轨迹的时间演化将给出整个颗粒系统的全局性描述。

对于湿颗粒系统而言，当湿颗粒与壁面或湿颗粒与湿颗粒之间足够靠近时，由于填隙液体的存在，颗粒/壁面间或颗粒/颗粒间将形成液桥。颗粒间填隙液体所产生的作用力可以使用液桥力的概念来进行表示，液桥力 $\boldsymbol{F}_{\mathrm{lb}}$ 由两部分组成：静态毛细力 $\boldsymbol{F}_{\mathrm{cp}}$ 和动态黏性力 $\boldsymbol{F}_{\mathrm{v}}$。最终，湿颗粒的平移运动由压力梯度力、曳力、重力、接触力和液桥力控制[1]：

$$m_{\mathrm{p}}\frac{\mathrm{d}^2\boldsymbol{r}}{\mathrm{d}t^2}=-V_{\mathrm{p}}\nabla p+\frac{V_{\mathrm{p}}\beta}{1-\varepsilon_{\mathrm{g}}}(\boldsymbol{u}_{\mathrm{g}}-\boldsymbol{v}_{\mathrm{p}})+m_{\mathrm{p}}\boldsymbol{g}+\boldsymbol{F}_{\mathrm{c}}+\boldsymbol{F}_{\mathrm{lb}} \tag{4-1}$$

式中，$\boldsymbol{F}_{\mathrm{c}}$ 为接触力；$\boldsymbol{F}_{\mathrm{lb}}$ 为液桥力。

在转矩作用下，颗粒的旋转速度 $\boldsymbol{\omega}_{\mathrm{p}}$ 满足

$$I_{\mathrm{p}}\frac{\mathrm{d}\boldsymbol{\omega}_{\mathrm{p}}}{\mathrm{d}t}=\boldsymbol{T}_{\mathrm{p}} \tag{4-2}$$

式中，$\boldsymbol{T}_{\mathrm{p}}$ 为转矩，同时包含由接触力和液桥力产生的切向分量产生的转矩。

4.2.1 湿颗粒间液桥力

填隙液体对湿颗粒的作用与颗粒表面液体含量密切相关，摆动型液桥适用于湿颗粒团聚中表面液体量较低的状态[2]，鉴于很多气固流态化系统属于低液体量湿颗粒系统，因而本研究中选用了摆动型液桥模型。

1) 毛细力

针对摆动型液桥，研究者提出了两种不同情况下颗粒间液桥力的计算方法，即热力学平衡状态和热力学非平衡状态[2]。热力学平衡状态是指周围环境中的蒸汽或其他挥发性液体在颗粒表面凝结形成覆盖液体后，当颗粒相互靠近时，覆盖液体在颗粒间将形成液桥。此时，液桥具有固定的曲率半径，可通过求解不饱和蒸汽压的 Kelvin 方程[3]得到。早期的理论及实验研究主要关注热力学平衡状态下液桥力的计算[4-6]。而热力学非平衡状态主要涉及非挥发性液体所形成的液桥，由于非挥发性液体不存在蒸发和凝结过程，因此湿颗粒间的液桥具有固定的体积。目前，有关于热力学非平衡状态下液桥的研究较少，本节也针对非挥发性液体所形成的具有固定体积的液桥开展研究。

固定体积的液桥产生的静态毛细力可以应用总能量理论[7]来进行计算。在三维坐标下，假设湿颗粒与壁面和湿颗粒与湿颗粒之间的液桥为轴对称结构，因此切向的毛细力相互抵消。当湿颗粒与壁面间形成液桥后，经推导后得到的法向毛细力可表示为

$$F_{\mathrm{cp,n}}=-\frac{\mathrm{d}W_{\mathrm{tot}}}{\mathrm{d}H}=-\frac{4\pi\gamma R\cos\theta}{H/d+1}-2\pi\gamma R\sin\varphi\sin(\varphi+\theta) \tag{4-3}$$

式中，W_{tot} 为总界面能；H 为湿颗粒/壁面间的分离距离；γ 为表面张力系数；d 为浸没高度；φ 为半填充角；θ 为接触角。

类似于湿颗粒/壁面间的相互作用，湿颗粒/湿颗粒间的法向毛细力 $F_{\mathrm{cp,n}}$ 如下所示：

$$F_{\mathrm{cp,n}}=-\frac{2\pi\gamma R\cos\theta}{H/2d+1}-2\pi\gamma R\sin\varphi\sin(\varphi+\theta) \tag{4-4}$$

根据 Lambert 等[8]和 Liu 等[9]的工作，虽然式(4-4)对相对较高的液桥体积下的毛细力存在高估的问题，但在低液桥体积下对实验测量数据的预测令人满意，适合于本书的低液桥体积的研究工况。

当颗粒与颗粒或颗粒与壁面发生直接碰撞时，将出现重叠现象(弹性变形)。此时，根据上述理论，颗粒间的距离 H 为一个不符合实际物理过程的负值。事实上，由于在接触点处存在弹性变形(变形量非常小)，液体仍存在于颗粒表面粗糙度产生的间隙内，即距离 H 仍然是正值。因此，在此认为，在持续碰撞过程中，最小距离 H 保持恒定，为 1×10^{-5}m(相当于颗粒表面粗糙度的大小)。此时，颗粒碰撞出现重叠时，法向毛细力将保持为固定值。

2) 黏性力

除了静态的毛细力，动态地挤压和拉伸颗粒间的液体将对颗粒的运动产生黏滞阻碍作用。随着相对碰撞速度的增加，这种黏滞效应相对于毛细力将变得更为显著[10]。在一般情况下，摆动型液桥由于液体的黏度而引起的动态黏滞效应可以概括为两种方式：黏度影响气-液界面的形状，这是所谓的非润滑区；黏度决定了内部区域的液桥强度，即所谓的润滑区。考虑摆动型液桥时，与黏度相关的动态强度影响气-液界面的形状，由于颗粒的间隙很小，气-液界面形状的影响可以忽略，因此在这里只应用润滑理论来考虑液桥的动态黏滞效应。

通过使用润滑近似方法，Adams 等[11,12]采用双弹性球体的弹性流体动力学碰撞模型来开发摆动型液桥黏性力的解析解。Lian 等[13]采用类 Hertzian 形轮廓开发了一种简化的封闭解决方案，以考虑可变形的实心球体的弹性流体动力学碰撞。本节应用 Adams 等[11,12]的方法，当由摆动型液桥分开的两弹性颗粒沿中心线相互碰撞时，两个变形颗粒之间的分离距离 $H(r)$ 为

$$H(r)=H_{\mathrm{s}}+\frac{r^2}{2R}+w(r) \tag{4-5}$$

式中，H_{s} 为未变形表面之间的距离；w 为两颗粒的弹性变形量沿径向之和。

根据润滑理论[14]，径向压力分布为

$$\frac{\partial p(r)}{\partial r}=\frac{12\mu_{\mathrm{lb}}}{rH^3(r)}\int \dot{H}(r)r\mathrm{d}r \tag{4-6}$$

两颗粒之间的黏性力可由径向压力分布的积分得到

$$F_{\mathrm{v,n}}=\int p(r)2\pi r\mathrm{d}r \tag{4-7}$$

对于颗粒相对较硬或弹性变形量 w 较小的情况，动态黏性力的封闭形式可以

近似推导为

$$F_{\mathrm{v,n}} = 6\pi\mu_{\mathrm{lb}}Rv_{\mathrm{r,n}}\frac{R}{H} \tag{4-8}$$

Lian 等[15]基于 Goldman 等[16]的工作，提出了切向方向上的黏性力的表达式为

$$F_{\mathrm{v,t}} = 6\pi\mu_{\mathrm{lb}}Rv_{\mathrm{r,t}}\left(\frac{8}{15}\ln\frac{R}{H}+0.9588\right) \tag{4-9}$$

由式(4-8)和式(4-9)可知，当颗粒之间的距离非常小时($H\to0$)，法向和切向黏性力将趋近于无穷大，这不符合实际的物理过程。因此，在离散单元模型中，与考虑毛细管力时的处理方法相同，颗粒间的最小距离 H 保持为 1×10^{-5}m(颗粒表面粗糙度)以使黏性力的大小为有限值。另外，对湿颗粒和壁面碰撞时的相互作用的描述采用与上述过程相类似的处理方法。

总的液桥力 $\boldsymbol{F}_{\mathrm{lb}}$ 是毛细力 $\boldsymbol{F}_{\mathrm{cp}}$ 和黏性力 $\boldsymbol{F}_{\mathrm{v}}$ 的叠加，毛细力和黏性力分别是一种吸引力和排斥力。当颗粒之间的液体以离散的液桥存在时，静态毛细力 $\boldsymbol{F}_{\mathrm{cp}}$ 通常占主导地位；相反，当液体黏度很高或颗粒之间的相对速度很大时，动态黏性力 F_{v} 将变得很显著[12]。在实际的颗粒系统中，动态黏性力可以超出静态毛细力一个数量级[10]。湿颗粒间液桥的主要运动形式由界面张力数 Ca 来决定：

$$Ca = \frac{\mu_{\mathrm{lb}}v_{\mathrm{r}}}{\gamma} \tag{4-10}$$

如前所述，当 Ca 很小或表面张力系数很大时，静态毛细力占主导地位；而当液体的黏度很高或颗粒之间的相对速度大于某一临界值时，动态黏性力将成为主导作用力。

在考虑液桥力计算时，另外一个非常重要的物理量是液桥的临界断裂距离 H_{cr}。当湿颗粒间的距离大于临界断裂距离 H_{cr} 时，颗粒间的液桥将发生断裂，液桥力将不复存在；而当颗粒间的距离小于临界断裂距离 H_{cr} 时，认为湿颗粒间的液桥始终存在。Lian 等[17]发现临界断裂距离 H_{cr} 与液桥体积之间的关系为

$$H_{\mathrm{cr}} = R(0.5\theta+1)\sqrt[3]{\hat{V}_{\mathrm{lb}}} \tag{4-11}$$

式中，$\hat{V}_{\mathrm{lb}}$ 为无量纲液桥体积：

$$\hat{V}_{\mathrm{lb}} = \frac{V_{\mathrm{lb}}}{R^3} \tag{4-12}$$

3) 湿颗粒碰撞模型

如图 4-1，在湿颗粒系统中，颗粒间液桥力的大小与湿颗粒间的距离是密切相

关的，可以分为三个作用区间[1]。当湿颗粒/湿颗粒或湿颗粒/壁面相互作用时，随着湿颗粒间距离的不同，对湿颗粒间的液桥做出如下假设：

(1) 在初始时刻，湿颗粒系统内的总液体量被均匀地分布到所有颗粒表面上，这使得每个颗粒均被相同厚度的液体层包裹，而湿颗粒表面上的液体体积相当于六个液桥的体积(在三维坐标系中连接颗粒的半液桥数最多十二个)。

(2) 如图 4-1 中 AB 区域所示，当湿颗粒与湿颗粒直接接触并存在弹性变形(微小重叠)时，液桥力和接触力将同时作用在湿颗粒上。

(3) 如图 4-1 中 BC 区域所示，在湿颗粒与湿颗粒相互靠近或远离过程中，当湿颗粒间无直接接触但分离距离小于液桥的临界断裂距离 H_{cr} 时，湿颗粒间将形成稳定的液桥。此时，湿颗粒只受到液桥力的作用，而接触力为零。

(4) 如图 4-1 中 CD 区域所示，当颗粒的间距超过给定的液桥体积下的临界断裂距离 H_{cr} 时，液桥将发生断裂而液体将重新返回到颗粒的表面上。由于颗粒具有相同的属性，因此液体在不同颗粒之间的传输忽略不计。这意味着，在整个模拟过程中，每个湿颗粒总是携带与初始状态下相同的液体量。

(5) 湿颗粒和壁面之间的相互作用类似于上述过程，而形成的液桥仅来源于湿颗粒本身所携带的液体。当液桥发生断裂时，液体只返回到颗粒表面上，而壁面则仍然保持干燥。

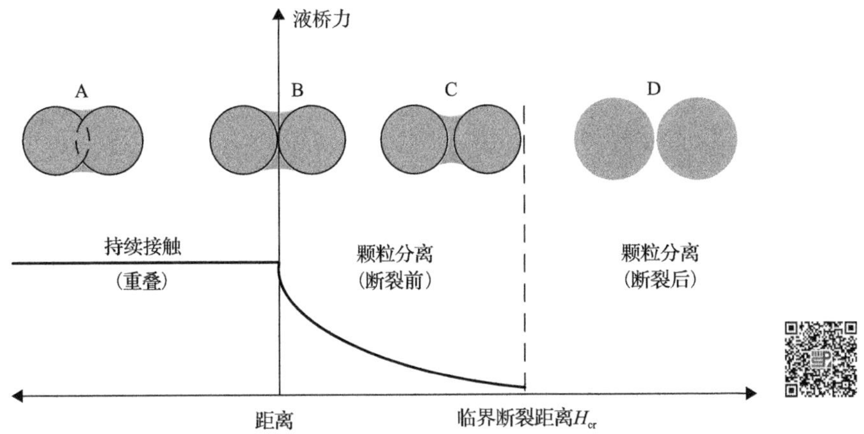

图 4-1　随分离距离变化的液桥力(颗粒为橙色，液体为蓝色)[1](彩图扫二维码)

在建立湿颗粒的离散单元模型时，一个额外的模块被添加到传统的 DEM 软球碰撞模型中，并将上述有关湿颗粒碰撞的假设包括进去。这个额外的模块包括法向的毛细力、切向的黏性力和法向的黏性力。

4.2.2　颗粒间碰撞力

基于软球模型颗粒间碰撞力求解见 2.2.2 节。

4.2.3 颗粒运动积分格式

在进行颗粒系统的气固两相流数值模拟时，不同于事件驱动的硬球模型，软球模型采用固定的时间步长Δt来考虑颗粒间的相互影响。在一个时间步长Δt内，气体的压力场、速度场等参数得到更新。但是，由于颗粒间的液桥力和接触力一般比外部作用力至少大一个数量级，因此在考虑所有颗粒的运动时需要单独引入一个额外的时间尺度，即在每个考虑外部作用力的时间步长Δt内，采用一个小的时间步长 $\mathrm{d}t$（通常为 $0.1\Delta t$）来考虑接触力和液桥力的作用并求解颗粒的运动方程。而颗粒的运动速度是根据式(4-1)和式(4-2)所得的加速度并应用一阶显式积分格式进行更新的：

$$\boldsymbol{v}_{\mathrm{p}}=\boldsymbol{v}_{\mathrm{p},0}+\dot{\boldsymbol{v}}_{\mathrm{p},0}\cdot\mathrm{d}t \tag{4-13}$$

$$\boldsymbol{\omega}_{\mathrm{p}}=\boldsymbol{\omega}_{\mathrm{p},0}+\dot{\boldsymbol{\omega}}_{\mathrm{p},0}\cdot\mathrm{d}t \tag{4-14}$$

因此，根据新的运动速度，颗粒位置向量可由一阶显式积分方法得到：

$$\boldsymbol{r}=\boldsymbol{r}_0+\boldsymbol{v}_{\mathrm{p}}\cdot\mathrm{d}t \tag{4-15}$$

4.2.4 流动控制方程

对气相的基本求解方法见 2.2.3 节，气固间的相互作用模型见 2.2.4 节。

4.2.5 数值模拟计算流程

在应用 DEM 进行气固两相流的数值模拟中，程序的整个计算流程如图 4-2 所示[1]，主要包括以下几个步骤。

(1)首先进行初始化，将所有颗粒置入网格中，产生小的扰动并使颗粒在重力作用下降落，此时不引入流化气体，最终得到颗粒初始位置。然后，引入最小流化条件得到颗粒位置、速度、压力场和气体流场。

(2)进行正常求解时，引入设定工况下的流化气体速度，DEM 求解器计算出所有颗粒的位置和速度。

(3)颗粒的位置和速度结合其他必要的数据传递给 CFD 解算器。

(4)确定每个颗粒所在的 CFD 计算网格，确定网格内颗粒的体积分数以及平均颗粒速度。

(5)基于颗粒体积分数，分别计算出气体作用于每个颗粒上的曳力，统计网格中所有离散颗粒的作用力后得到气固相间动量交换项。

(6)气相作用在每个颗粒的力被传递到DEM解算器用于下一个时间步长的计算。

(7)基于当地的颗粒体积分数和动量交换，应用 CFD 求解器计算出气体的流速。

(8)从步骤(2)重复进行计算直至计算过程结束。

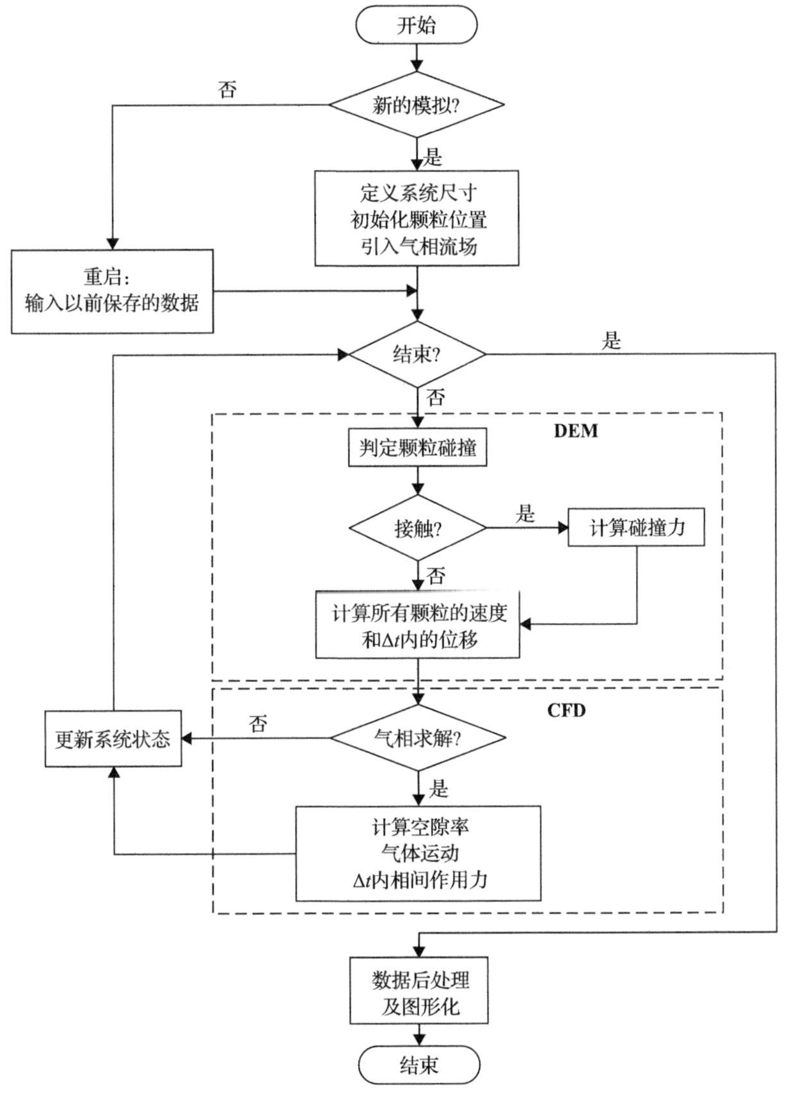

图 4-2　CFD-DEM 计算流程[1]

4.3　模 型 验 证

本节的主要目的是利用 PIV 测量技术对流化床内湿颗粒的流态化行为进行实

验研究，通过捕捉床内颗粒在不同时刻的位置信息，处理后得到颗粒的速度场等数据。最后，对实验数据与数值模拟结果进行对比研究，验证所建立的湿颗粒 DEM 软球模型的正确性和在气固两相流中的适用性。

4.3.1　实验系统简介

研究采用的拟二维湿颗粒流化床实验系统由风机、流量调节阀、流量计和流化床主体组成，结构示意图如图 4-3 所示[1]。流化床的主腔体由厚为 15mm 的树脂玻璃组成，内部流化区域的尺寸分别为宽 120mm、深 16mm 和高 350mm。Orpe 和 Khakhar[18]推荐床深应为颗粒直径的 5 倍以上，以保证前后壁面效应可以忽略不计。实验中所用颗粒的直径为 2.5mm，即床深为 6.4 倍颗粒粒径，不仅满足 Orpe 和 Khakhar 提出的 5 倍临界值，而且可以有效防止前后壁面间形成固定的湿颗粒链桥（从前壁面延伸到后壁面的稳固的湿颗粒聚团结构），保证湿颗粒的正常流化。另外，流化气体是通过主腔体底部的多孔布风板后进入流化床内部的，而布风板下部的梯形风室内填充满直径为 4mm 的大粒径玻璃珠，结合多孔布风板以保证底部的流化气体为均匀布风。

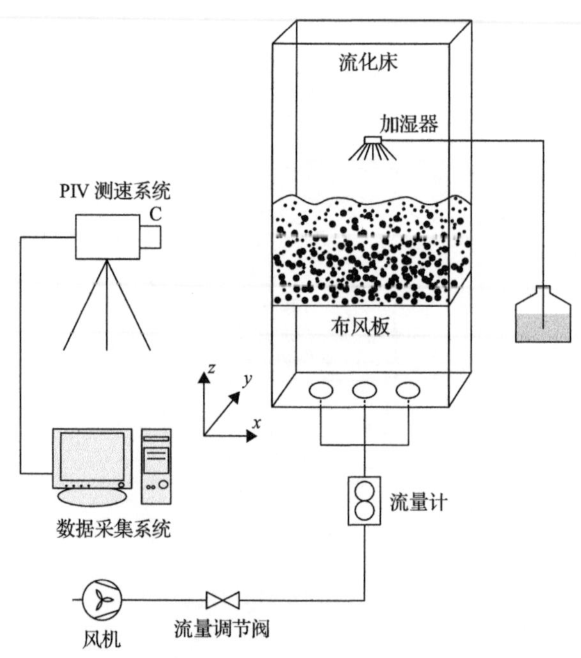

图 4-3　湿颗粒流化床实验系统结构示意图[1]

实验中，首先由高压风机提供湿颗粒流化所需的流化气体，在流量调节阀控制下获得所需的设计流量，其大小由流量计直接显示。在实验准备阶段，将定量的液体均匀混入干颗粒系统，然后将混合好的湿颗粒填充进流化床内。实验开始时，流化气体通过风室和多孔的布风板后，进入流化床内并保持相应工况下湿颗粒良好地流化。流化床前端为透明的树脂玻璃，在大功率探照灯的照射下，一方面，可以直观地观察床内气泡形态、颗粒团聚和颗粒黏附等现象；另一方面，利用高速相机记录流化床内不同时刻颗粒的空间位置，以便于进一步对其位置图片进行分析和处理，得到颗粒的速度场等信息，便于后期进行定量分析和研究。

为保证实验的顺利进行和结果的可靠性，有几个关键点需要注意：①应严格控制环境温度和实验持续时间，保证各个工况下湿颗粒系统的液体量基本不变；②高速相机拍摄的图像质量很大程度上取决于流化床的照明情况，因此，必须在流化床的前部使用强光照明，并且照明角度应小于 45°以减少灯光在树脂玻璃上的反射对图像质量降低的影响；③应尽量减少周围杂光的干扰，一方面，在流化床背部布置深色背景，以吸收其他物体多余的反射光，另一方面，将整个实验设备放置在一个黑暗的房间里以避免其他杂光光源的干扰。

4.3.2　实验及模拟工况设置

在进行流化床内颗粒系统的 PIV 可视化测量时，实验台所处的环境温度为室温。流化床内的颗粒全部为球形玻璃珠，床内填充颗粒的总质量为 320g。实验测量时，不同时刻颗粒分布由高速相机进行记录，相机采用的是单帧单曝光模式，其图像采集频率为 120Hz，曝光时间为 8.3ms，每帧图像由 465×620 个有效像素点组成。待非球形颗粒系统运行稳定后，拍摄 10s 进行数据处理。各工况下的操作参数汇总在表 4-1 中。

表 4-1　实验工况设置

参数	工况 Ⅰ	工况 Ⅱ	单位
表观气速	2.41	2.41	m/s
相对液体量	0.55%	0.91%	—

在实验测量结束后，本章对相应实验工况下湿颗粒系统的流体动力学特性进行了数值模拟。数值模拟中计算区域的尺寸与实验系统一致，其宽×深×高为 120mm×16mm×350mm。模拟计算所用的玻璃珠颗粒的总数目 15965，所有颗粒均为球形并具有几乎相同的粒径，其平均直径为 2.5mm，颗粒密度为 2450kg/m^3。数值模拟的工况与实验中所用工况保持一致。所有数值模拟都进行了 15s，各物理量的时间平均结果由最后 10s 得出。模拟中颗粒的碰撞参数和物理属性在表 4-2 中给出。流化床内颗粒的流化气体为空气，并且在床底部入口采取均匀布风的方式，出口则采用压力出口边界条件。对于气相而言，壁面处选取无滑移边界条件。

气固相间作用由 2.2.4 节中的 Koch-Hill 曳力模型进行描述。

表 4-2 模拟中所用的参数

物理量	数值	单位
	流化床	
x、y、z 方向尺寸	120×16×350	mm×mm×mm
x、y、z 方向网格数	15×3×35	—
	颗粒	
颗粒数	15965	—
颗粒直径	2.5	mm
颗粒密度	2450	kg/m^3
弹性恢复系数	0.97	—
颗粒/颗粒滑动摩擦系数	0.1	—
颗粒/壁面滑动摩擦系数	0.3	—
法向弹簧刚度	800.0	N/m
切向弹簧刚度	229.0	N/m
	气体	
气体黏度	1.8×10^{-5}	Pa·s
温度	293.15	K

4.3.3 填隙液体物性测量

湿颗粒间填隙液体的物性对于颗粒系统的流态化特性影响是非常大的，直接决定数值模拟结果的正确性。本实验中所用的填隙液体为硅油，硅油是一种非挥发性的物质，这很好地符合 4.2 节中有关湿颗粒间液桥的假设，可以用来验证离散单元模型的正确性。硅油影响颗粒系统流态化的两个主要的物理参数是其黏度和表面张力，这两种物性将采用相应的实验仪器进行测量。

1. 黏度测量

本章实验中所用硅油的黏度是由 Kinexus Pro 旋转流变仪测量得到的。在室温下，不同剪切速率下硅油的流变曲线如图 4-4 所示。从图中可以看出，当剪切力很小时，硅油的黏度迅速降低，这是因为在测量起始阶段时突然给硅油一个很小的剪切力，造成了起始阶段流场的不稳定。随着剪切力的逐渐增大，黏度趋于稳定，其受剪切力的影响不大，因此硅油表现出牛顿流体的性质。经过统计后，得到硅油黏度的平均值为 3.98×10^{-3}Pa·s，这将作为数值模拟中填隙液体的黏度值。

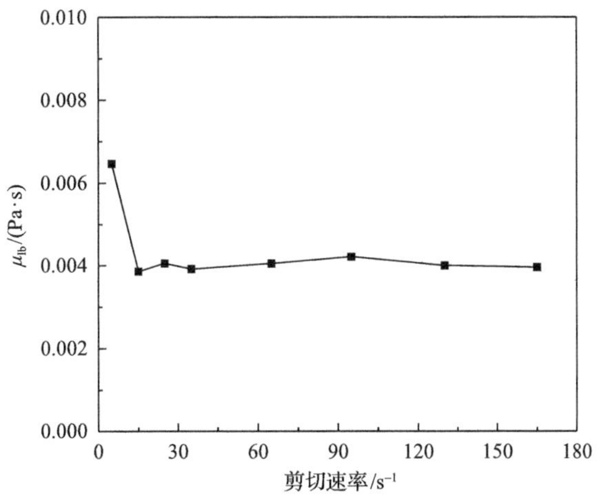

图 4-4　不同剪切速率下硅油的流变曲线

2. 表面张力测量

硅油表面张力的测量使用的是由上海衡平仪器仪表有限公司生产的 BZY-1 型全自动表面张力仪。实验中所用硅油测得的三组表面张力的值如表 4-3 所示，其平均值为 19.40mN/m，这将作为数值模拟中填隙液体的表面张力值。

表 4-3　液体表面张力测量值

	测量次序			平均值
	1	2	3	
测量值/(mN/m)	19.44	19.37	19.39	19.40

4.3.4　床内湿颗粒流化行为

图 4-5 和图 4-6 分别给出了由高速相机拍摄到的工况Ⅰ和工况Ⅱ下流化床内湿颗粒的流态化行为，相应工况下由数值模拟获得的不同时刻下颗粒的空间位置也显示在实验图像的下方。对比两组图像可以看到，DEM 数值模拟预测的颗粒和气泡的运动与实验中观察到的现象符合较好：在流化床底部，首先形成单个大气泡，气泡向上运动并通过中间的稠密颗粒层时促进了颗粒与颗粒以及颗粒与气体之间的动量交换，并且气泡的尺寸在上升过程中逐渐增大。另外，在床内湿颗粒的流化过程中，湿颗粒不再以单个离散颗粒的形式存在，而是在气泡内部以及其上方的区域内可以明显地观察到大量的湿颗粒聚团。图 4-5 和图 4-6 中显示湿颗粒在液体的桥接作用下形成了类似“支链状”的聚团。气泡周围的这些“支链状”的聚团伸入气泡内部，使得气泡的形状呈现出不规则的多边形，且其边界也不圆

滑。最后，可以看到在前壁面上黏附有湿颗粒聚团，并且在床角和侧墙壁处形成了去流化区，说明湿颗粒的运动速度大大降低。

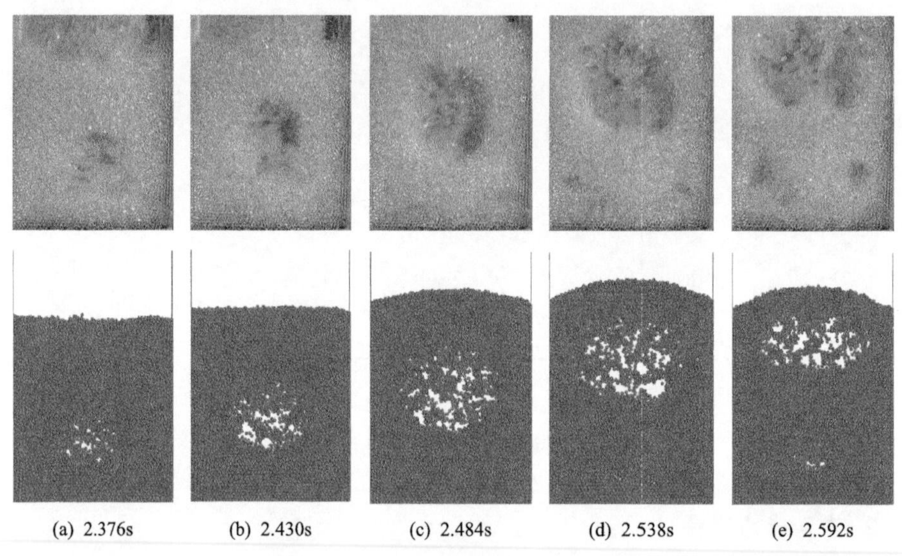

图 4-5　湿颗粒流态化行为(工况Ⅰ)

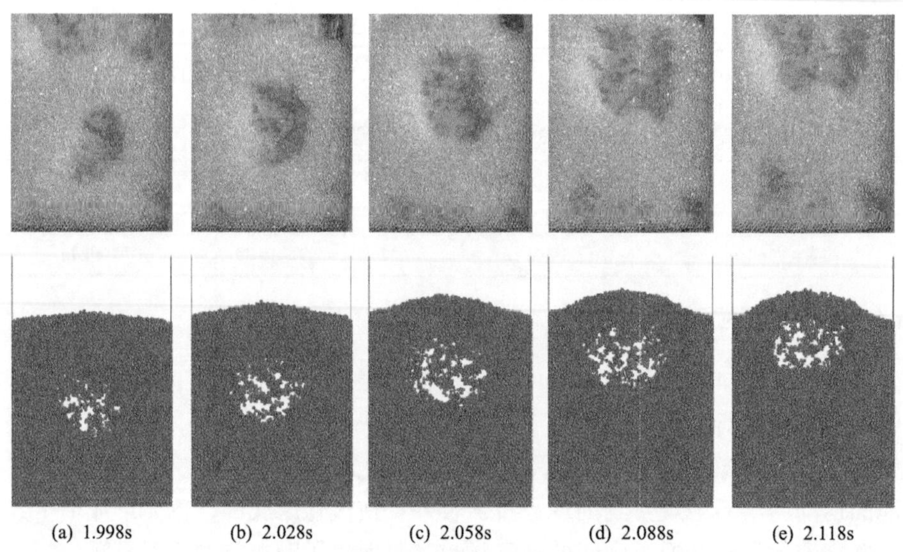

图 4-6　湿颗粒流态化行为(工况Ⅱ)

应用 PIV 技术实验测量获得工况Ⅰ和工况Ⅱ时间平均垂直方向颗粒速度在不同高度上的分布，如图 4-7 所示。在本章的实验中，工况Ⅰ和工况Ⅱ的流化速度相同，但工况Ⅰ的相对液体量比工况Ⅱ的小。对比工况Ⅰ和工况Ⅱ后，可以发现在相同的床层高度上，工况Ⅰ中颗粒的速度在流化床中心比工况Ⅱ大，而在壁面处的颗粒速度则比工况Ⅱ小。这是因为工况Ⅱ的相对液体量更大，填隙液体对颗粒的黏结作用更大，颗粒的流动被弱化。

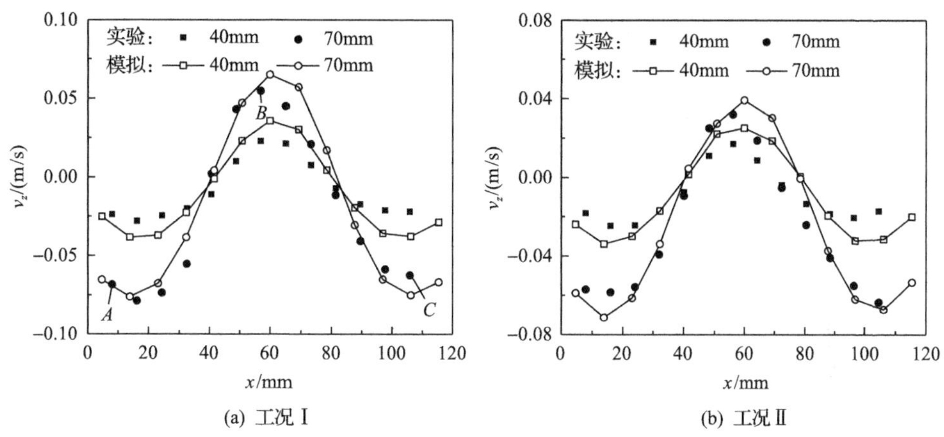

(a) 工况Ⅰ　(b) 工况Ⅱ

图 4-7　不同床层高度上的时间平均垂直颗粒速度

通过对实验后 10s 数据进行平均，并与相应工况下 DEM 数值模拟平均速度对比，可以发现 DEM 数值模拟结果与实验测量结果符合较好，这在一定程度上验证了本书中湿颗粒 DEM 模型的正确性。在床中心处，DEM 模拟得到的速度比实验值稍小，而在壁面处稍大，这是因为在 PIV 实验测量中，颗粒不是完全透明的，高速相机所能捕捉到的颗粒为靠近前壁面处的颗粒，而由于颗粒间填隙液体的存在，有部分颗粒黏附到前壁面上，阻碍了高速相机捕捉靠近床内侧(前后壁面间)颗粒的运动，因此实验得到的颗粒速度偏小。

此外，床内中心处的颗粒速度比两侧边壁处的颗粒速度大，这是因为气泡通过稠密颗粒相时主要经由中心向上运动。从图 4.7 中还可以看出，h =40mm 高度处的颗粒速度的绝对值较小，这是因为该处更接近底部布风板，气泡还没有形成，颗粒相更加稠密；而接近床层表面的 h =70mm 高度处，气泡尺寸已经增长到可与流化床尺寸相当的量级，气泡运动对颗粒速度的影响大大增强，速度绝对值增大。

两种工况下，不同床层高度上的平均气泡颗粒温度沿宽度方向的分布显示在图 4-8 中。从图中可以看出，随着床层高度的增加，工况Ⅰ和工况Ⅱ中垂直气泡颗粒温度在床高 70mm 处比 40mm 处高一倍左右。另外，垂直方向上的气泡颗粒温度沿横向的变化是非常剧烈的，中心处的颗粒温度比两侧边壁处的颗粒温度大得多，甚至能够相差一个数量级，这是因为气泡在中心处运动最剧烈，而壁面的存在限制了湿颗粒的运动，导致颗粒温度大大降低。比较不同的工况发现，在同一床层高度处，工况Ⅱ的气泡颗粒温度与工况Ⅰ的相差不大，这说明当相对液体量变化不大时，气泡颗粒温度的变化较小。

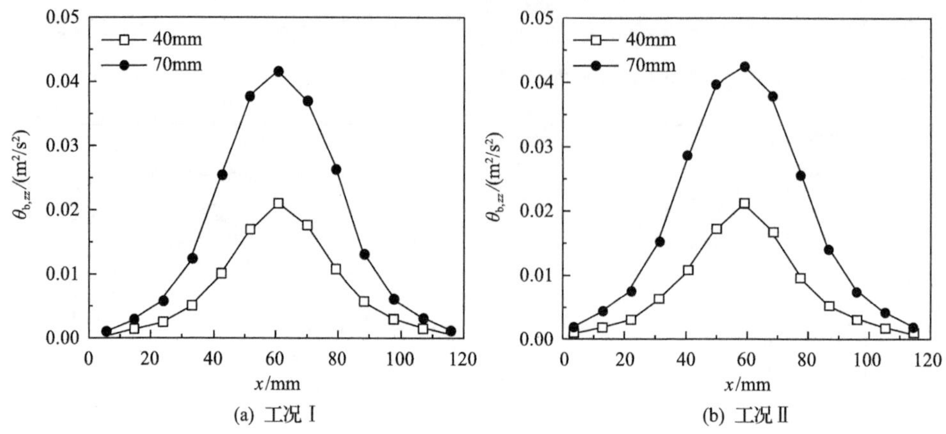

图 4-8　不同床层高度上的时间平均气泡颗粒温度

4.4　本 章 小 结

本章首先对 DEM 数值模拟中的气体相和颗粒相的动力学机理进行了阐述，然后，针对摆动型液桥，区分颗粒和颗粒以及颗粒和壁面相互作用时液桥力的不同形式，基于能量原理，从微观上建立了热力学非平衡状态下静态毛细力的计算式，并提出了动态黏性力的计算式。

随后，利用 PIV 测试技术对流化床内湿颗粒的流态化进行了研究，并应用湿颗粒 DEM 数值方法模拟了湿颗粒气固两相流动。结果表明，流化床内湿颗粒在液体的桥接作用下形成了类似“支链状”的聚团块，使得气泡的形状呈现出不规则的多边形。另外，可以观察到在前壁面黏附有湿颗粒聚团，并且在床角和侧墙壁处形成了去流化区。不同床层高度上的颗粒速度显示 DEM 数值模拟对 PIV 实验测量的预测结果比较准确，在一定程度上验证了本书中湿颗粒 DEM 模型的正确性。

参 考 文 献

[1] Wang T, He Y, Tang T, et al. Experimental and numerical study on a bubbling fluidized bed with wet particles[J]. AIChE Journal, 2016, 62(6): 1970-1985.

[2] Shi D. Advanced simulation of particle processing: The roles of cohesion, mass and heat transfer in gas-solid flows[D]. Pittsburgh: University of Pittsburgh, 2008.

[3] Fisher L R, Israelachvili J N. Direct experimental verification of the Kelvin equation for capillary condensation[J]. Nature, 1979, 277(5697): 548-549.

[4] Biggs S, Cain R G, Dagastine R R, et al. Direct measurements of the adhesion between a glass particle and a glass surface in a humid atmosphere[J]. Journal of Adhesion Science and Technology, 2002, 16(7): 869-885.

[5] Fisher R. On the capillary forces in an ideal soil; correction of formulae given by WB Haines[J]. The Journal of

Agricultural Science, 1926, 16(3): 492-505.

[6] Quon R, Ulman A, Vanderlick T. Impact of humidity on adhesion between rough surfaces[J]. Langmuir, 2000, 16(23): 8912-8916.

[7] Israelachvili J N. Intermolecular and Surface Forces[M]. New York: Academic Press, 2011.

[8] Lambert P, Chau A, Delchambre A, et al. Comparison between two capillary forces models[J]. Langmuir, 2008, 24(7): 3157-3163.

[9] Liu P, Yang R, Yu A. Dynamics of wet particles in rotating drums: Effect of liquid surface tension[J]. Physics of Fluids, 2011, 23(1): 013304.

[10] Ennis B J, Li J, Gabriel I T, et al. The influence of viscosity on the strength of an axially strained pendular liquid bridge[J]. Chemical Engineering Science, 1990, 45(10): 3071-3088.

[11] Adams M, Edmondson B. Forces between particles in continuous and discrete liquid media[J]. Tribology in Particulate Technology, 1987, 154: 172.

[12] Adams M, Perchard V. The cohesive forces between particles with interstitial liquid[J]. Institute of Chemical Engineering Symposium, 1985, 91: 147-160.

[13] Lian G, Adams M, Thornton C. Elastohydrodynamic collisions of solid spheres[J]. Journal of Fluid Mechanics, 1996, 311: 141-152.

[14] Bird R B, Stewart W E, Lightfoot E N. Transport Phenomena[M]. New York: John Wiley & Sons, 2007.

[15] Lian G, Thornton C, Adams M J. Discrete particle simulation of agglomerate impact coalescence[J]. Chemical Engineering Science, 1998, 53(19): 3381-3391.

[16] Goldman A J, Cox R G, Brenner H. Slow viscous motion of a sphere parallel to a plane wall—I Motion through a quiescent fluid[J]. Chemical Engineering Science, 1967, 22(4): 637-651.

[17] Lian G, Thornton C, Adams M J. A theoretical study of the liquid bridge forces between two rigid spherical bodies[J]. Journal of Colloid and Interface Science, 1993, 161(1): 138-147.

[18] Orpe A V, Khakhar D V. Scaling relations for granular flow in quasi-two-dimensional rotating cylinders[J]. Physical Review E, 2001, 64(3): 031302.

第 5 章　鼓泡流化床非球形颗粒及湿颗粒流动行为研究

5.1　引　　言

床内流化气体的速度超过颗粒的最小流化速度时的流化床被称为鼓泡流化床。此时，床内颗粒系统将不再保持均匀稳定的状态，流化床底部所产生的气泡将穿过固体颗粒密相区到达床层表面[1]。床内伴随着气泡的产生、运动、生长和破裂这一周而复始的过程，其间强烈的鼓泡现象使得颗粒的运动变得更加剧烈，并且颗粒系统存在复杂的混合、团聚和分离等现象。在针对鼓泡流化床内的气固两相流动行为的研究中，大部分都以球形颗粒和干颗粒的假设为基础。因此，对非球形颗粒鼓泡流化床气固两相流动行为的研究很有必要。由于非球形颗粒及湿颗粒的运动具有强烈的各向异性特性，详细研究其内部流态化行为机理，分析其各向异性行为，对于鼓泡流化床的运行和设计具有重要意义。

本章基于建立的非球形颗粒离散硬球模型和湿颗粒离散软球模型，对 Müller 等[2]的鼓泡流化床实验进行了数值模拟研究，着重分析颗粒运动的各向异性特性和流态化特性，对其中的颗粒混合和流化机理进行了探索。

5.2　数值模拟初始及边界条件

本章分别对鼓泡流化床内干、湿颗粒的气固两相流体动力特性进行了模拟。模拟所选取的流化床的几何结构为长方体，外形尺寸和 Müller 等[2]所做实验是一致的，其宽×深×高为 44mm×10mm×120mm，如图 5-1 所示。模拟中所计算的固体颗粒的总数是 9240。所有颗粒均具有相同的粒径，其直径为 1.2mm。鼓泡流化床内颗粒的流化气体为空气，在流化床入口处，通过底部布风板进入床内的空气具有均匀的速度。顶部出口采用压力出口边界条件。对于气相而言，壁面处为无滑移边界条件。

在对湿颗粒鼓泡流化床进行数值模拟时，整个模拟过程分为两个阶段。在第一阶段中，气体表观速度保持在 0.9m/s，此时，所有干颗粒和湿颗粒系统的数值模拟都进行了 15s，各物理量的时间平均结果由最后 10s(从 5s 到 15s)所得。为了计算液体量对颗粒最小流化速度 u_{mf} 的影响，对湿颗粒系统继续模拟了 10s，其间流化床内的气体速度从 0.9m/s 逐渐降低到零。模拟中所用的参数和物理属性与 Müller 等[2]的实验相同，并汇总在表 5-1 中。

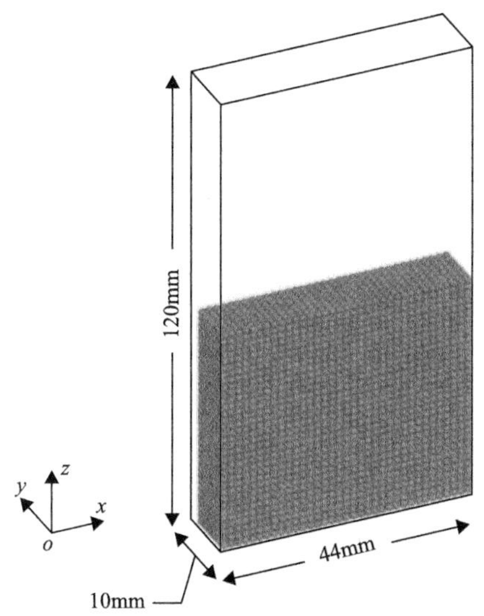

图 5-1　鼓泡流化床及颗粒初始位置示意图

表 5-1　模拟中所用的参数和物理属性

物理量	数值	单位
	流化床	
x、y、z 方向尺寸	44×10×120	mm×mm×mm
x、y、z 方向网格数	12×3×24	—
	气体	
表观气速	0.6、0.9	m/s
气体剪切黏度	1.8×10^{-5}	Pa·s
温度	293.15	K
	颗粒	
颗粒数	9240	—
颗粒直径	1.2	mm
颗粒密度	1000.0	kg/m^3
弹性恢复系数	0.97、0.98、0.99	—
颗粒/颗粒滑动摩擦系数	0.1	—
颗粒/壁面滑动摩擦系数	0.3	—
法向弹簧刚度	800.0	N/m
切向弹簧刚度	229.0	N/m

续表

物理量	数值	单位
	液体	
黏度	0.00103	Pa · s
表面张力	0.0721	N/m
接触角	30	(°)
相对液体量	0.001、0.01、0.1	%

5.3　球形颗粒鼓泡流化床颗粒流动行为分析

5.3.1　常规重力下颗粒流动行为研究

首先进行了基于离散颗粒硬球模型的常规重力下颗粒流动行为研究。表观气速一直是影响气固两相流动的重要因素之一，不同气速大小可以使流化床内的颗粒运动呈现完全不同的特性。因此，探究表观气速对流化床内颗粒动力学特性的影响十分必要。

在设计工况时，根据 Müller 等[2]的实验，选取了表观气速为 0.6m/s 和 0.9m/s 的工况进行研究，比较不同表观气速下气泡颗粒温度、平移粒子颗粒温度和旋转粒子颗粒温度的分布。

图 5-2 给出了在床层高度为 20mm 处不同表观气速下气泡颗粒温度和平移粒子颗粒温度的分布图。从图 5-2(a)中可以看出，表观气速为 0.9m/s 的工况与气速为 0.9m/s 的实验吻合较好。从图 5-2(b)中可以看到，在不同表观气速的影响下，其平移粒子颗粒温度分布有较大的差异，其最大值出现在床内的不同位置。当气速为 0.9m/s 时，粒子颗粒温度最大值出现在床内对称的两侧，而在 0.6m/s 的工况

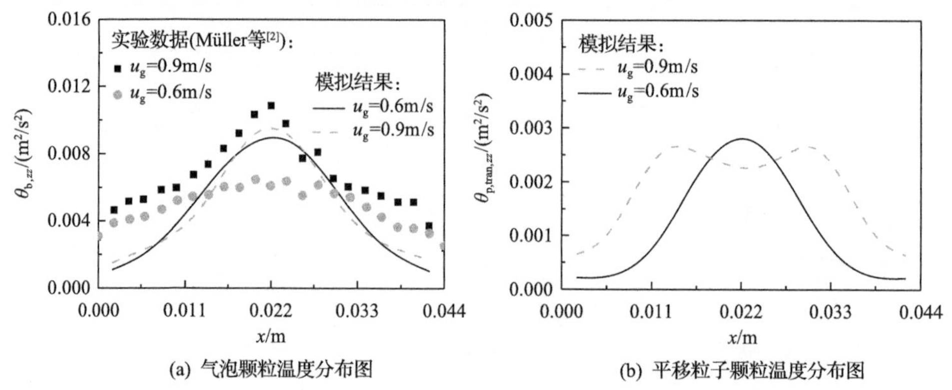

(a) 气泡颗粒温度分布图　　(b) 平移粒子颗粒温度分布图

图 5-2　不同表观气速下颗粒温度和平移粒子颗粒温度的分布图(床层高度为 20mm)

中其最大值出现在床体中央。这说明了在不同表观气速的影响下，颗粒的运动状态发生了较大的变化，对床内气泡的速度脉动有一定的影响，同时改变了颗粒速度的脉动情况。

图 5-3 为在床层高度为 20mm 处 y 和 z 方向上旋转粒子颗粒温度在不同表观气速下的分布图。可以看出，在不同的表观气速的影响下，其变化规律与平移粒子颗粒温度有一定的相似性：在不同表观气速的影响下，旋转粒子颗粒温度的最大值出现在床内的不同位置。

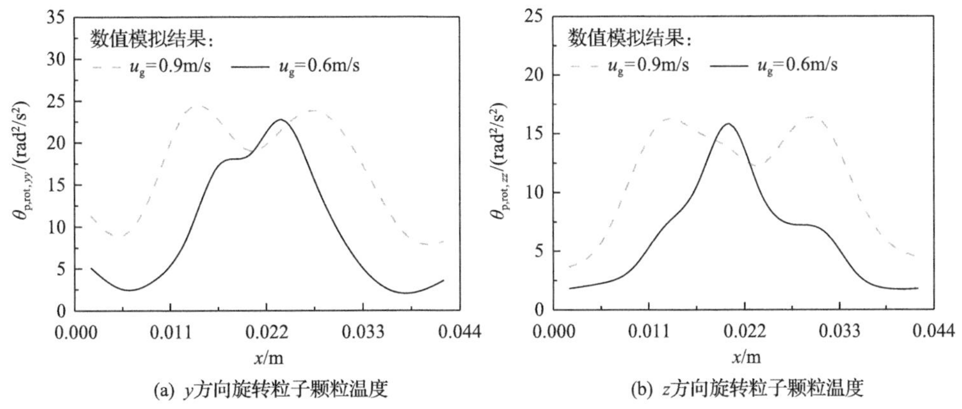

(a) y方向旋转粒子颗粒温度　(b) z方向旋转粒子颗粒温度

图 5-3　旋转粒子颗粒温度在不同表观气速下的分布图(床层高度为 20mm)

颗粒的旋转速度脉动与气泡的行为息息相关。在 20mm 床高处是气泡破裂发生的区域，因此可以看出其破裂区域由于表观气速的影响发生了一定的变化，导致了颗粒旋转速度的变化，改变了旋转粒子颗粒温度的分布。其结论与平移粒子颗粒温度的变化相符合。同时可以看出在 y 方向上的旋转粒子颗粒温度大于 z 方向，说明在 y 方向上颗粒的旋转速度脉动更加剧烈。

总的来说，表观气速对平移粒子颗粒温度和旋转粒子颗粒温度有较大的影响，对气泡颗粒温度也有一定的影响，它可以全面地影响流化床内颗粒的动力学特性。

弹性恢复系数是颗粒碰撞模型中的重要参数，是决定离散颗粒硬球模型中颗粒碰撞行为的重要因素。弹性恢复系数的大小直接关系到每个碰撞发生后颗粒的运动速度及能量损耗，所以弹性恢复系数对颗粒动力学特性的影响需进一步研究。

根据一般的模拟经验，在 DEM 模型中法向弹性恢复系数经常设定为 0.99 或 0.97，相关的模拟结果[3]也证明了其正确性。因此基本工况中选择弹性恢复系数为 0.97。在设计对比工况时，分别选择了 1.0 与 0.9 作为对比。

图 5-4 为在床层高度 20mm 处表观气速 0.9m/s 时不同弹性恢复系数对气泡颗粒温度和平移粒子颗粒温度分布的影响。图 5-4(a)为气泡颗粒温度分布图，当弹

性恢复系数为 0.97 时，气泡颗粒温度与实验值吻合良好，法向弹性恢复系数为 1.0 时气泡颗粒温度略小于 0.97 时的数值，法向弹性恢复系数为 0.9 时气泡颗粒温度过大。同样图 5-4(b) 中法向弹性恢复系数为 0.9 和 0.97 时平移粒子颗粒温度分布基本相同，而 1.0 时其数值较小。所以，法向弹性恢复系数为 0.97 的选择在本工况中是最合适的，法向弹性恢复系数为 1.0 的工况略差于 0.97，而法向弹性恢复系数为 0.9 的工况与实验结果相差较大。

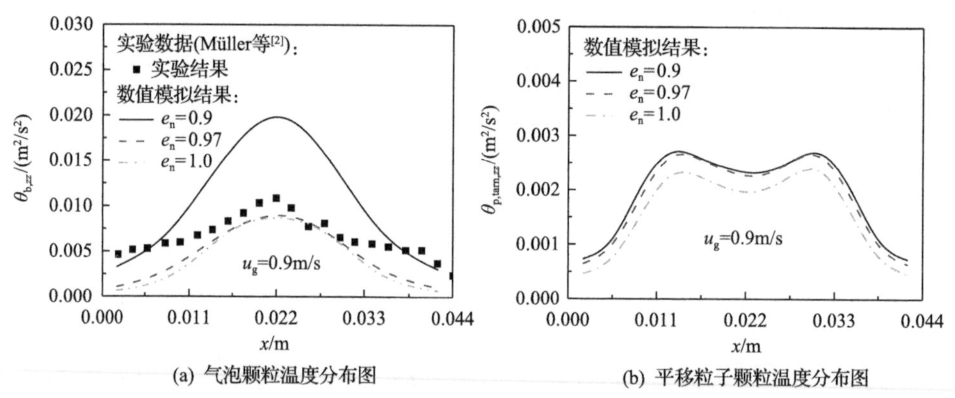

(a) 气泡颗粒温度分布图　(b) 平移粒子颗粒温度分布图

图 5-4　不同弹性恢复系数下旋转粒子颗粒温度分布(床层高度为 20mm)

图 5-5 给出了在床层高度为 20mm，表观气速 0.9m/s 的工况中不同弹性恢复系数对旋转粒子颗粒温度的影响。可以看出，对于 y 和 z 方向上的旋转粒子颗粒温度，没有明显的随法向弹性恢复系数的变化规律，但是可以看出法向弹性恢复系数对旋转粒子颗粒温度分布趋势没有明显影响，仅对局部数值有一定的影响。

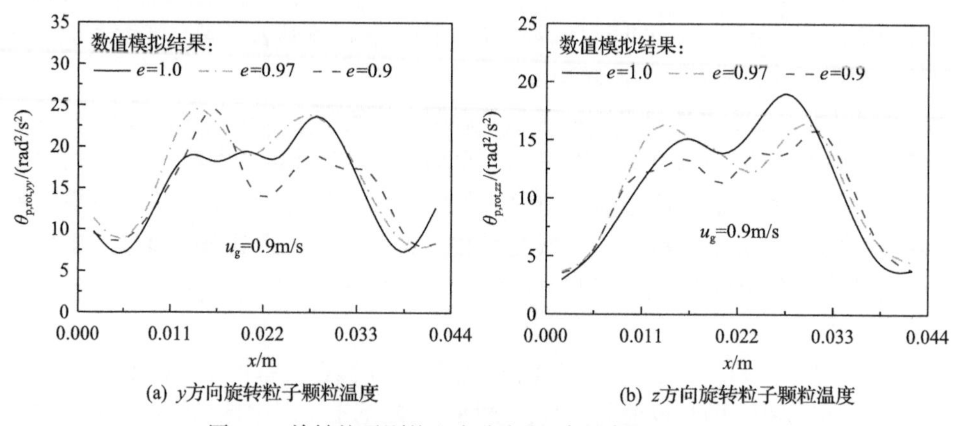

(a) y方向旋转粒子颗粒温度　(b) z方向旋转粒子颗粒温度

图 5-5　旋转粒子颗粒温度分布图(床层高度为 20mm)

综上所述，法向弹性恢复系数对离散颗粒硬球模型内颗粒动力学特性的影响规律性不强，其内部机理较为复杂，仍需要大量的模拟与实验进行分析验证。

5.3.2　不同重力下颗粒流动行为研究

重力加速度是影响鼓泡流化床颗粒动力学特性的重要因素。随着航空航天领域内气固两相流动技术的应用，对于非常规重力加速度下的颗粒运动各向异性行为研究具有重要意义。为了研究非常规重力加速度下鼓泡流化床内颗粒与气泡运动的各向异性行为，本研究考察了火星重力加速度、土星重力加速度和一个假定行星重力加速度下球形颗粒在鼓泡流化床中的流态化行为，着重分析了其中气泡和颗粒的微观脉动特性。重力加速度参数如表 5-2 所示。

表 5-2　模拟中所用的重力加速度参数

物理量	数值	单位
地球重力加速度	9.8	m/s^2
火星重力加速度	3.724	m/s^2
假想星球重力加速度	7.84	m/s^2
土星重力加速度	10.486	m/s^2

图 5-6 给出了床内气泡随重力加速度的变化情况。由图可见，床层高度随重力加速度的增加而减小。此外，床内呈现出明显的鼓泡现象，并且随着重力加速度的增大，气泡逐渐减小。对比床内的气泡分布和颗粒速度向量分布图可以看出，颗粒速度较大的位置均出现在气泡周围，说明了颗粒的运动主要依靠气泡的带动。

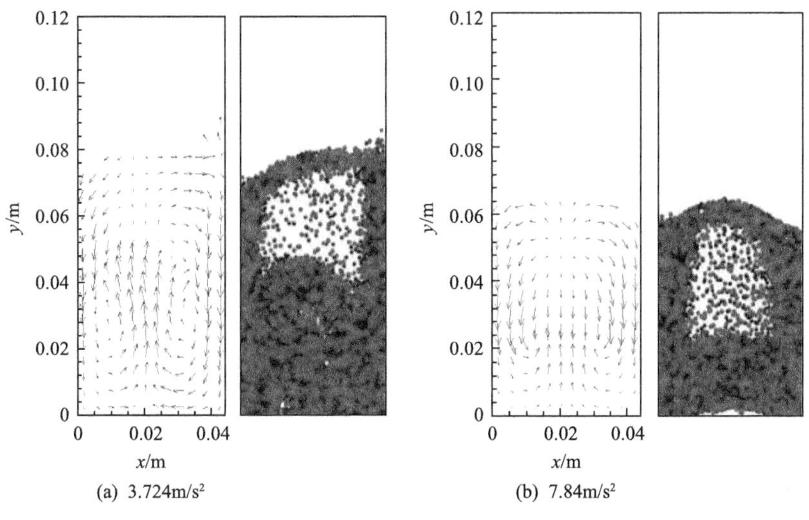

(a) 3.724m/s²　　(b) 7.84m/s²

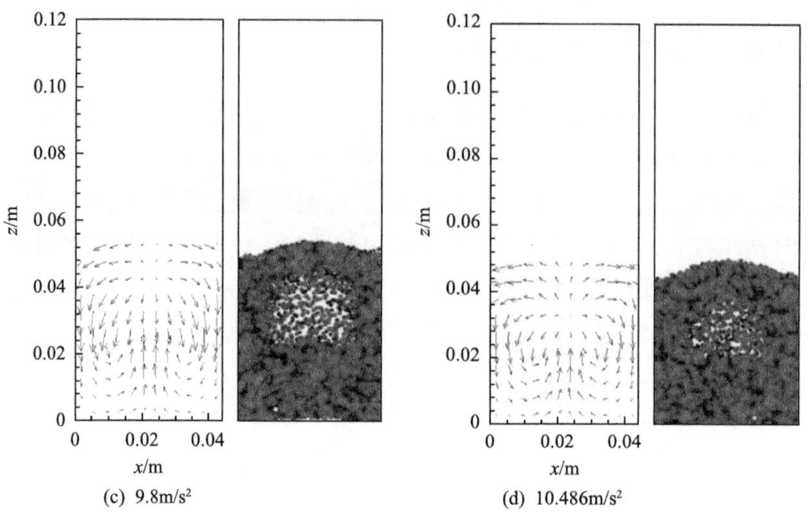

(c) 9.8m/s²　　(d) 10.486m/s²

图 5-6　床内气泡随重力加速度变化情况

图 5-7 是不同重力加速度下空隙率随床层高度的分布图。由图可见，在四个不同的重力加速度条件下，床内空隙率的分布趋势大致相同，皆随着床内高度的增加而增加，但是对于四个不同的重力加速度条件下的工况，其斜率不同。重力加速度越大，对应的斜率越大，即空隙率的增长越快。由于当床内空隙率为 1 时对应的床层高度为床层表面的高度，因此根据图 5-7 得到图 5-8 中床层高度数据。可以看出，鼓泡流化床内床层高度与重力加速度呈线性关系。

为了研究不同重力加速度下床内的气固分布规律，图 5-9 给出了不同重力加速度下时均空隙率的分布云图。由图可见，随着重力加速度的减小，床内空隙率

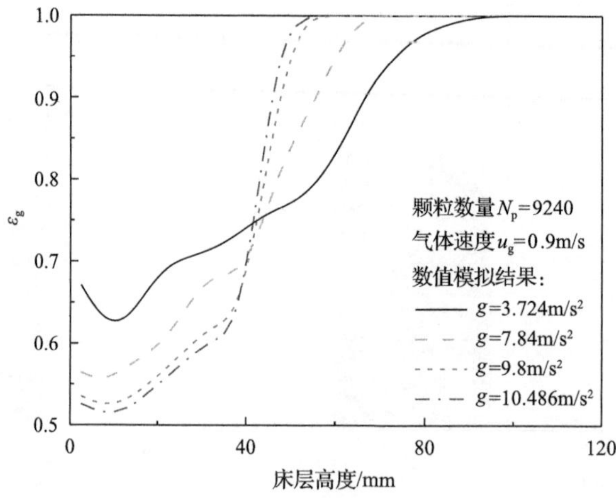

图 5-7　不同重力加速度下空隙率随床层高度的分布图

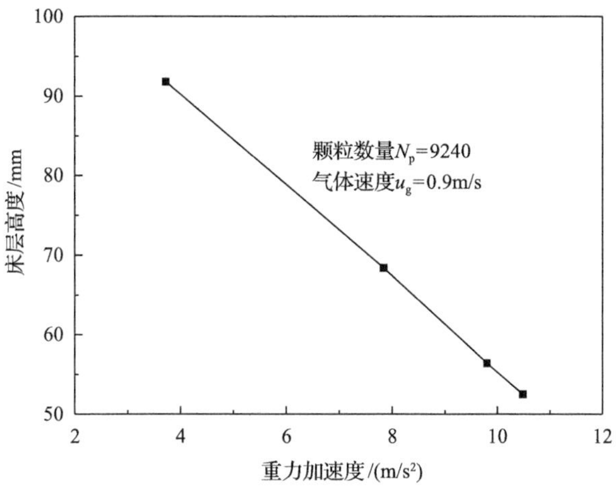

图 5-8　不同重力加速度下床层高度的分布

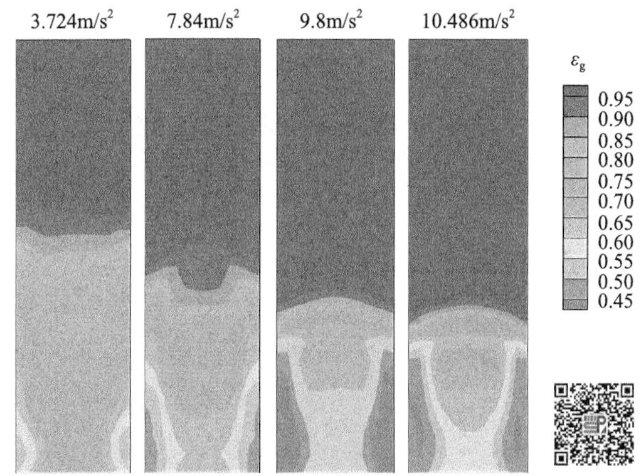

图 5-9　不同重力加速度下时均空隙率的分布云图(彩图扫二维码)

较大的区域变得越来越大。这说明在床内气泡的产生和运动的区域随着重力加速度的减小而逐渐增大。但是，随着重力加速度的减小，空隙率较大区域的形状随之变化，尤其是对于重力加速度为 3.724m/s^2 的工况，床内整体的空隙率都较大，说明了在床内几乎所有的部位都存在气泡，这一点也和其他的工况不同。但是在所有的工况中，空隙率较大的区域都出现在床内的中部，说明气泡主要在床内中部出现和运动。

为了进一步研究不同重力加速度下床内的气泡行为，图 5-10 为不同重力加速度条件下瞬时气泡分布云图。除了重力加速度为 3.724m/s^2 的工况，其他工况中床内均存在一个较大的气泡，处于床的中上部。随着重力加速度的减小，床内的气泡越来越大。对于重力加速度为 3.724m/s^2 的工况，床内出现了两个较大的气泡，并且处于下部的气泡仍在生长过程中。这说明对于重力加速度为 3.724m/s^2 的鼓泡流化床，其内部的流态化特性与其余重力加速度下的流态化特性具有一定的区别。

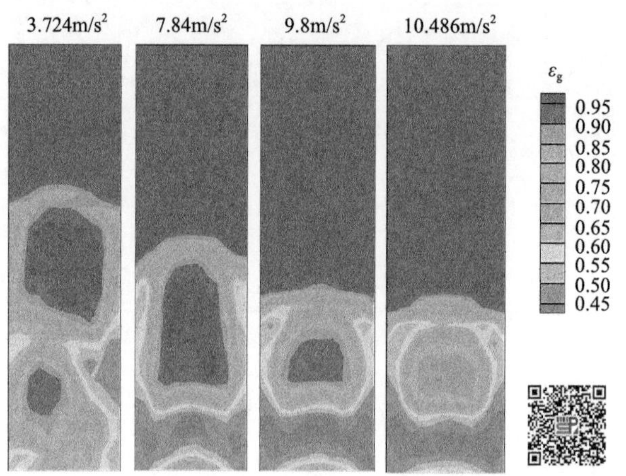

图 5-10　不同重力加速度下瞬时气泡分布云图(彩图扫二维码)

颗粒速度是表征流化床内颗粒流动特性的重要参数之一，它能够反映床内颗粒的基本运动情况。图 5-11 是垂直方向上颗粒速度分布图。图中可以明显看出，随着重力加速度的减小，无论在床层高度为 10mm 还是 20mm 处，颗粒速度均增大。颗粒速度在床中部为正值，而在两侧靠近边壁处为负值，说明颗粒在床中部向上运动，在两侧靠近边壁处向下运动，呈现一种对称的“环核”流动形式。与实验数据相比，可以看出颗粒速度的分布趋势基本相同。

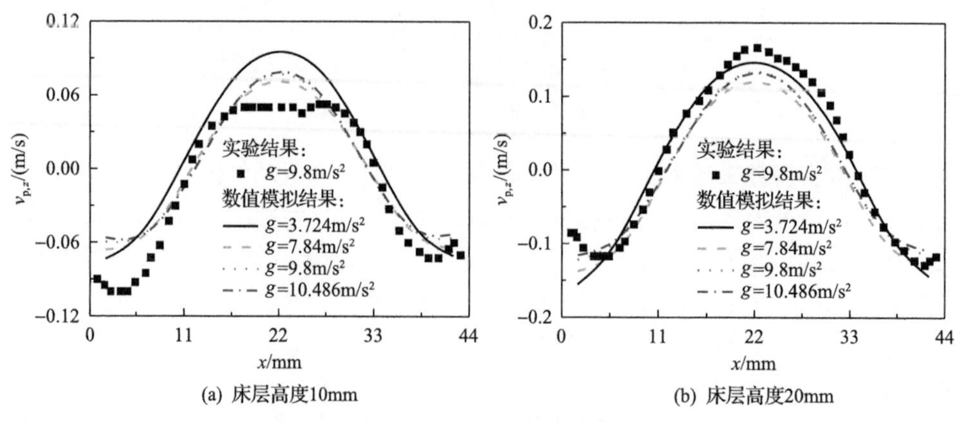

图 5-11　垂直方向上颗粒速度分布图

图 5-12 给出了不同床层高度上颗粒水平速度分布。由图可见，在不同床层高度上，颗粒水平速度的分布差别较大。对于床层高度为 10mm 处，床内颗粒的水平速度分布趋势随重力加速度变化不大，在不同重力加速度工况下的分布趋势基

本相同。而在床层高度为 20mm 处，在不同重力加速度条件下颗粒水平速度的分布有较大差别。在重力加速度为 3.724m/s^2 时，20mm 处位于床内较低的位置，因此颗粒的水平运动较弱。而随着重力加速度的增大，20mm 处对应的床内位置逐渐增高，于是呈现了不同的分布形式。

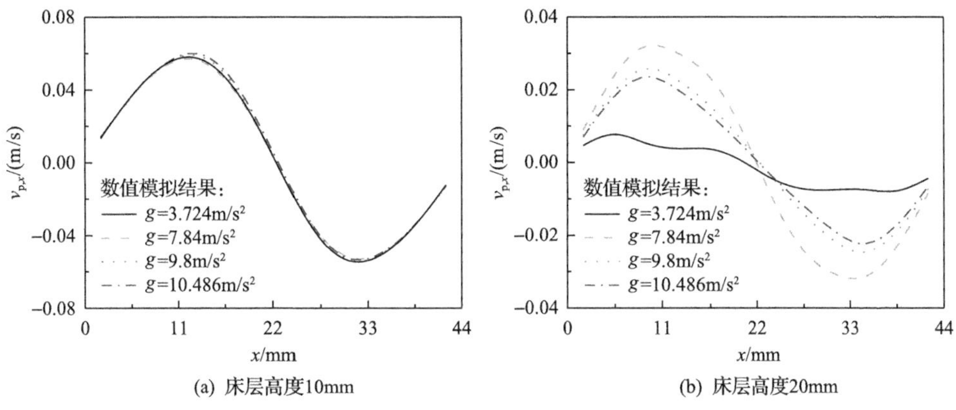

(a) 床层高度10mm　(b) 床层高度20mm

图 5-12　不同床层高度上颗粒水平速度分布

气泡颗粒温度是分析气泡行为的重要参数，它反映了床内气泡速度脉动的强弱。图 5-13 是垂直方向上气泡颗粒温度分布。由图可见，在垂直方向上的颗粒温度分布图中颗粒温度较大的区域分布形状与气泡的分布类似，皆集中在床的中上部。随着重力加速度的增大，气泡颗粒温度的分布更为集中。但是对于重力加速度为 3.724m/s^2 的工况，其气泡颗粒温度垂直方向上的分布与其他工况略有不同。由于在重力加速度为 3.724m/s^2 时床内存在若干大气泡，并在上升的过程中不断破

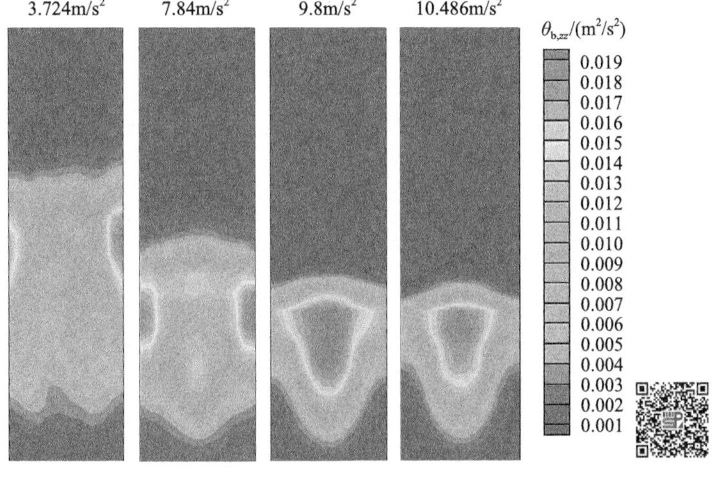

图 5-13　垂直方向上气泡颗粒温度分布云图(彩图扫二维码)

碎与合并。因此，在重力加速度为 3.724m/s^2 的工况中垂直方向上的气泡颗粒温度的分布呈现分层分布的特点。

图 5-14 为不同床层高度上垂直方向气泡颗粒温度分布，除了重力加速度为 3.724m/s^2 的工况，其余重力加速度条件下气泡颗粒温度的分布会随着重力加速度的增大而减小。而在重力加速度为 3.724m/s^2 的工况中，垂直方向上的气泡颗粒温度在 10mm 和 20mm 床层高度上的分布都较为平均。这可能是由于在重力加速度为 3.724m/s^2 时其床内流化状态不同导致的。重力加速度的增大会限制气泡的运动，随着重力加速度的增大，气泡的运动阻力增大，同时削弱了气泡速度脉动。但是过小的重力加速度同样会限制气泡速度的脉动，这是因为在过小的重力加速度下气泡受到的阻力很小，致使流化床内气泡运动较为平稳，速度脉动较弱。

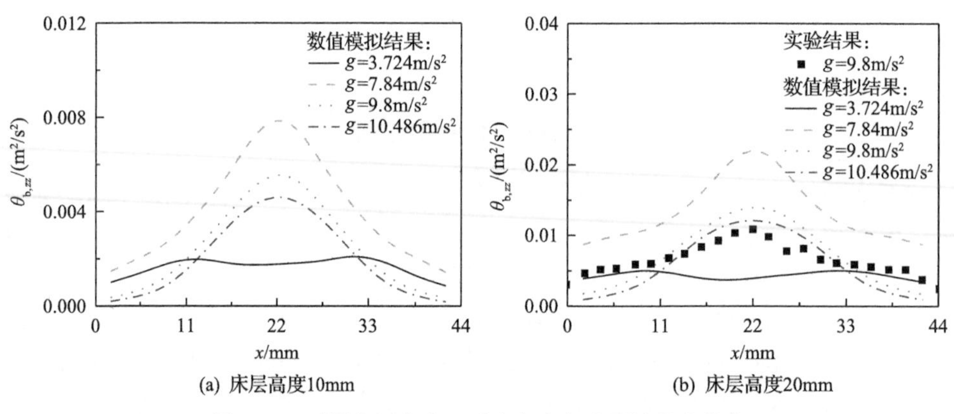

图 5-14 不同床层高度上垂直方向气泡颗粒温度分布

图 5-15 展示了水平方向上气泡颗粒温度随重力加速度的分布变化趋势。随着重力加速度增加，气泡颗粒温度的最大值越来越大，且集中于床层表面靠近边壁处。在床层内部，气泡颗粒温度非常小，接近于 0。对于重力加速度为 3.724m/s^2 的工况，气泡颗粒温度分布出现了很大不同，其最大值出现在床层底部中央，即对应气泡最先产生的地方。出现这种情况可能是因为此工况的重力加速度改变了床内流化状态。根据 Grace[4,5]的流态化分布图，在 3.724m/s^2 的重力加速度下，其流化状态在鼓泡流化床和湍动床之间。这也说明了此模拟的正确性。

图 5-16 为不同床层高度上水平方向气泡颗粒温度分布。可以看出，同一床层高度上，随着重力加速度减小，气泡颗粒温度增大，除 3.724m/s^2 的工况，其余重力加速度下其分布形式基本类似。对比水平和垂直方向上的气泡颗粒温度分布可以看出，水平方向上气泡颗粒温度的数值要小于垂直方向上的，说明气泡的脉动

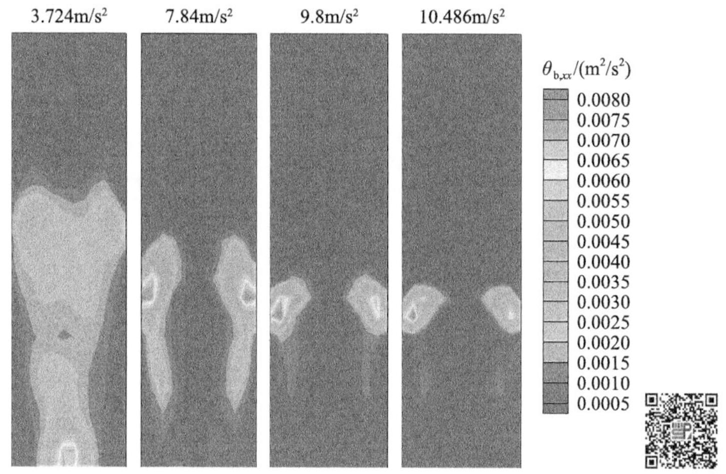

图 5-15　水平方向上气泡颗粒温度随重力加速度的分布变化趋势(彩图扫二维码)

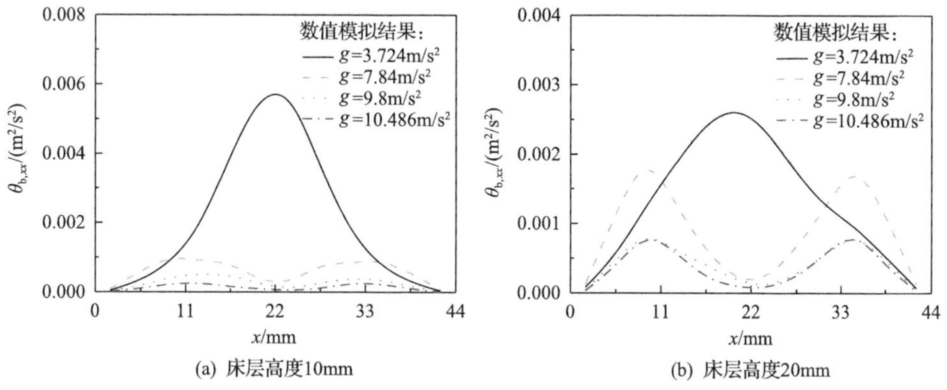

图 5-16　不同床层高度上水平方向气泡颗粒温度分布

运动主要发生在垂直方向上。根据不同床层高度分布情况，可以看出气泡颗粒温度分布趋势是类似的，但是数值大小有所区别。对于除了重力加速度为 3.724m/s^2 的工况，在床层高度为 20mm 处其气泡颗粒温度的数值略有增大，其分布均呈现双峰的形式。而对于重力加速度为 3.724m/s^2 的工况，其分布均呈现单峰的形式，但是在床层高度为 20mm 处的气泡颗粒温度的数值要小于床层高度为 10mm 处的。这与其他重力加速度条件下的工况中得到的结论是相反的。

粒子颗粒温度同样是研究颗粒系统流态化特性的重要参数之一，它反映了颗粒的脉动运动的强弱。对于粒子颗粒温度，仍可以分为平移粒子颗粒温度和旋转粒子颗粒温度。它们分别反映颗粒平移运动中的脉动特性以及颗粒旋转速度的脉动特性。图 5-17 为平移粒子颗粒温度分布云图。可以看出其分布形式与气泡颗粒温度略有相似。在水平方向，其最大值在床层表面靠近边壁处，而在垂直方向集中于床层中部。在 3.724m/s^2 的工况中粒子颗粒温度分布呈现很大的不同，具有类似于湍动床的特征。

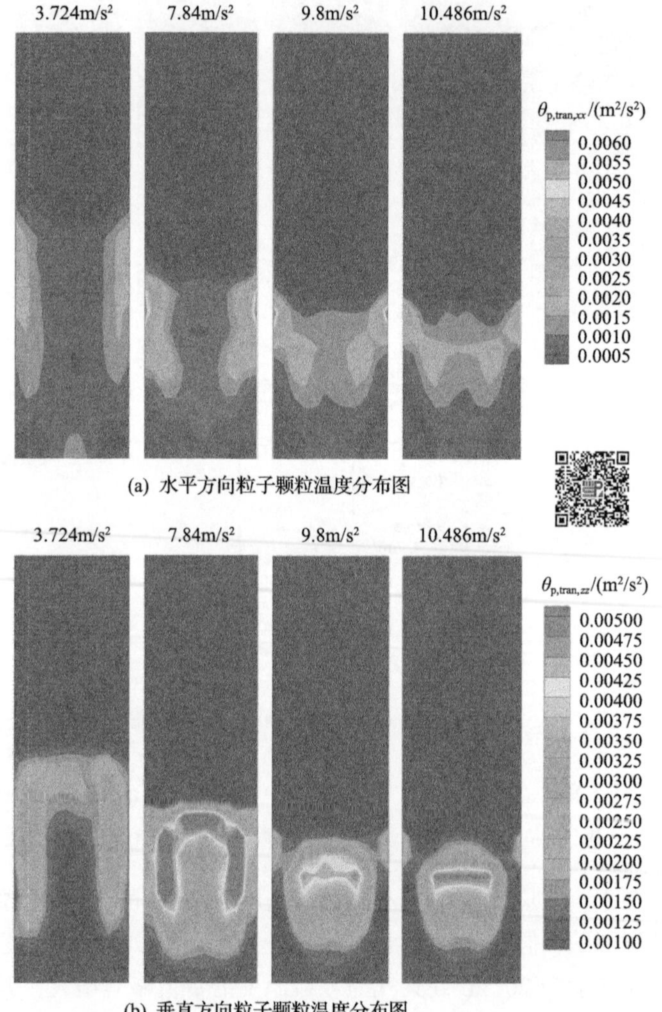

图 5-17　平移粒子颗粒温度分布云图(彩图扫二维码)

鼓泡床内平移粒子颗粒温度分布定量分析见图 5-18。图中为在床层高度为 10mm 处的粒子颗粒温度分布。由图可见，在水平和垂直方向，除 3.724m/s^2 的工况，平移粒子颗粒温度的值随重力加速度的增加而减小。在垂直方向的分布图中可以非常明显地看出重力加速度为 3.724m/s^2 时床内流化状态发生了明显改变。

为了进一步验证获得的结果，图 5-19 为床层高度为 20mm 处平移粒子颗粒温度在不同重力加速度下的分布图。由图可见在床层高度为 20mm 处的平移粒子颗粒温度分布规律与 10mm 处的基本相同，并且在重力加速度为 3.724m/s^2 时床内的平移粒子颗粒温度分布与其他工况差别较大。

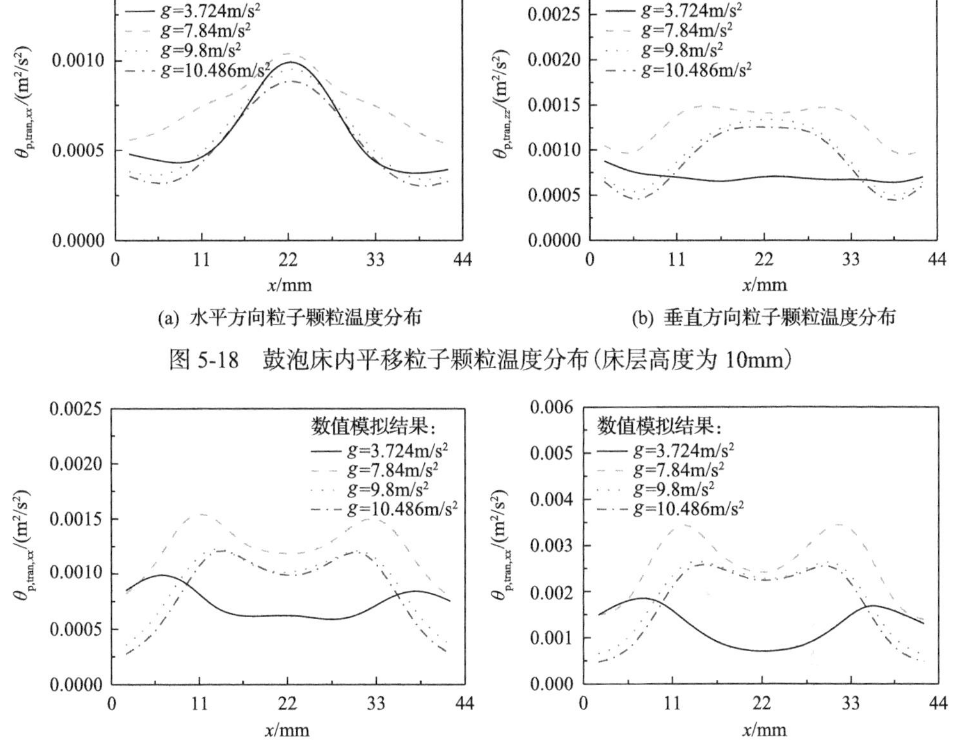

图 5-18　鼓泡床内平移粒子颗粒温度分布(床层高度为 10mm)

图 5-19　平移粒子颗粒温度在不同重力加速度下的分布图(床层高度为 20mm)

在鼓泡流化床中，影响床内颗粒行为的另外一个重要因素就是颗粒的旋转运动。对于带摩擦的碰撞过程，旋转运动对颗粒的碰撞行为具有重要意义。图 5-20 为 y 方向上颗粒旋转速度分布云图。由图可见，在床两侧，颗粒旋转速度的大小数值近似方向相反，呈对称分布，旋转速度的最大值出现在床中部。随着重力加速度的减小，在床层表面附近的颗粒旋转速度不规律分布区域增大，这是由于随着重力加速度的减小，床层表面的扬析现象更明显。

为了定量研究颗粒旋转速度的分布情况，图 5-21 给出了床层高度为 10mm 和 20mm 处的 y 方向颗粒旋转速度分布。由图可见，在不同床层高度上颗粒旋转速度的分布趋势基本相同，除了重力加速度为 3.724m/s^2 时，在其他重力加速度条件下 y 方向上颗粒旋转速度的分布基本相同，而在重力加速度为 3.724m/s^2 时颗粒的旋转速度较大。

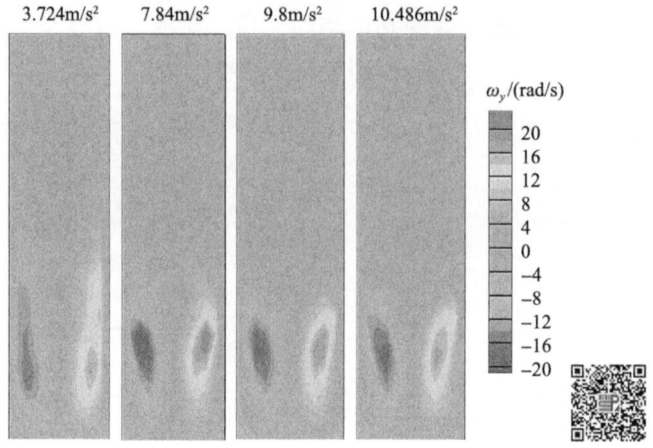

图 5-20　y 方向上颗粒旋转速度分布云图(彩图扫二维码)

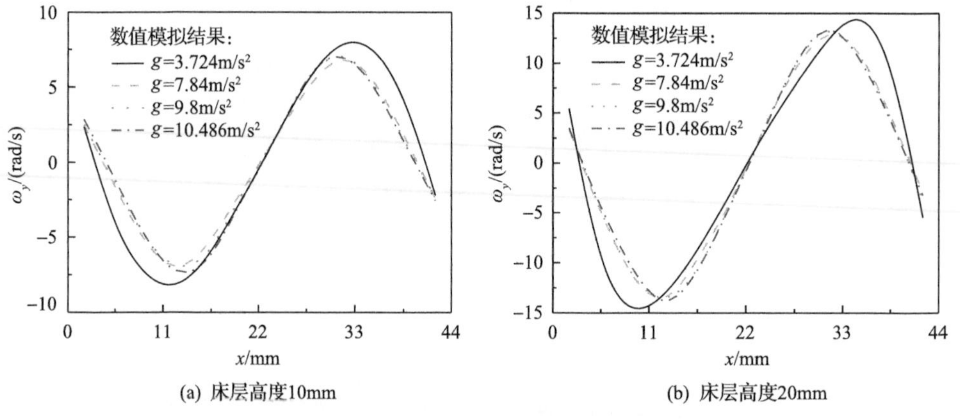

图 5-21　y 方向颗粒旋转速度分布

z 方向颗粒旋转速度分布云图如图 5-22 所示。由图可见，z 方向上的颗粒旋转速度分布没有明显的分布规律，最大值出现在床层表面，即颗粒扬析现象发生处。其颗粒旋转速度在不同床层高度上的分布情况如图 5-23 所示。由图可见，z 方向上颗粒旋转速度较小，在 0rad/s 附近波动，并且没有明确的分布规律，比较两个不同床层高度上的颗粒旋转速度可以看出，在床层高度为 10mm 处颗粒的旋转速度脉动更为剧烈，而在 20mm 处不同重力加速度下的颗粒旋转速度近似呈现中心对称的分布。

图 5-24 为旋转粒子颗粒温度分布云图。可以看到，在整个床层范围内，旋转粒子颗粒温度都不为 0，其分布与平移粒子颗粒温度有一定类似性，但也略有不同。在 y 方向，其最大值在靠近边壁的床层上部分，随着重力加速度增加，床层中间部分区域旋转粒子颗粒温度增大，而在靠近边壁处的分布趋于集中。而 z 方

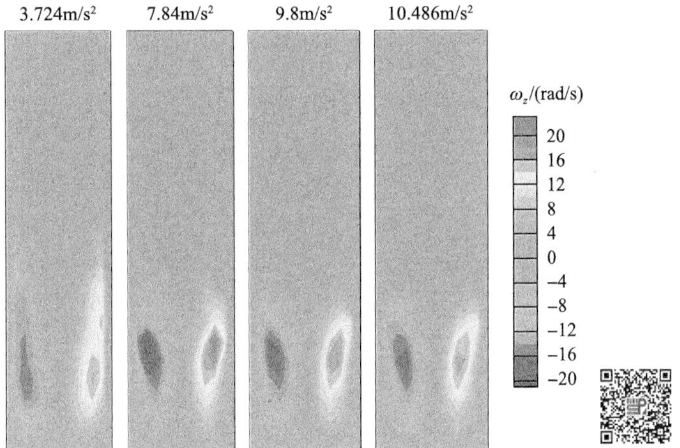

图 5-22　z 方向颗粒旋转速度分布云图(彩图扫二维码)

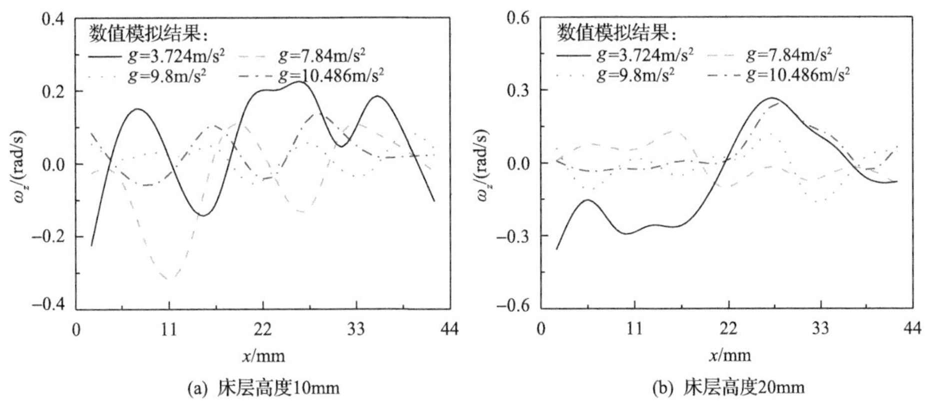

图 5-23　z 方向颗粒旋转速度分布

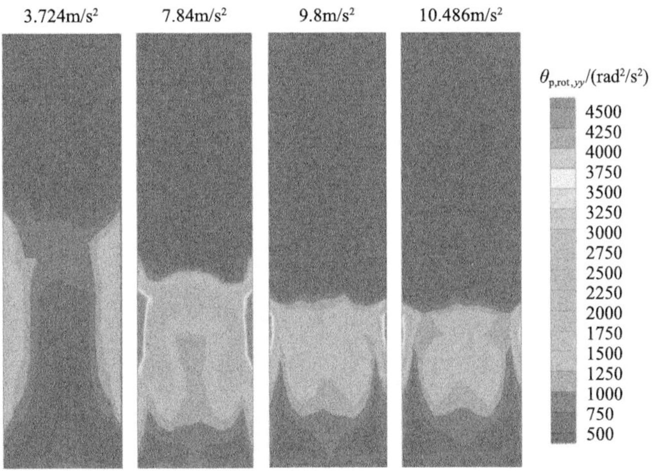

(a) y方向旋转粒子颗粒温度分布

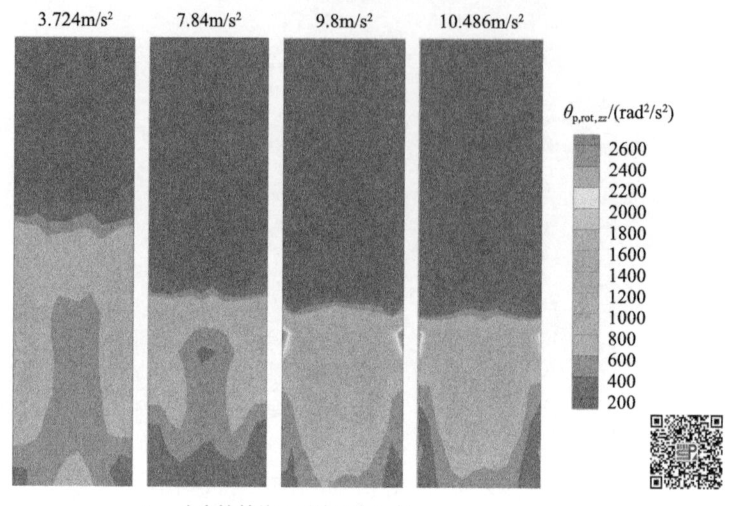

(b) z方向旋转粒子颗粒温度分布

图 5-24　旋转粒子颗粒温度分布云图(彩图扫二维码)

向上的分布规律与 y 方向相似，区别在于 z 方向上颗粒温度的数值小于 y 方向，这说明颗粒在 y 方向上的旋转脉动比 z 方向更剧烈。可以看出颗粒旋转速度的脉动主要分布在床层表面靠近两侧边壁处的位置，即颗粒扬析发生的位置，说明在颗粒扬析过程中，颗粒的旋转速度脉动较为剧烈。

为了定量研究旋转粒子颗粒温度的分布，图 5-25 给出了床层高度为 10mm 处的旋转粒子颗粒温度分布。由图可见，在 y 方向和 z 方向上，其分布规律与平移粒子颗粒温度的分布类似，即除了重力加速度为 3.724m/s^2 的工况，随着重力加速度的减小，旋转粒子颗粒温度数值增大，并且不同重力加速度条件下其分布趋势类似。重力加速度为 3.724m/s^2 时，床内的颗粒旋转速度脉动情况与其他工况不同，其数值比其余重力加速度条件下的数值要小，并且在 z 方向上，旋转粒子颗粒温度呈现单峰分布，而在其他工况中为双峰分布。

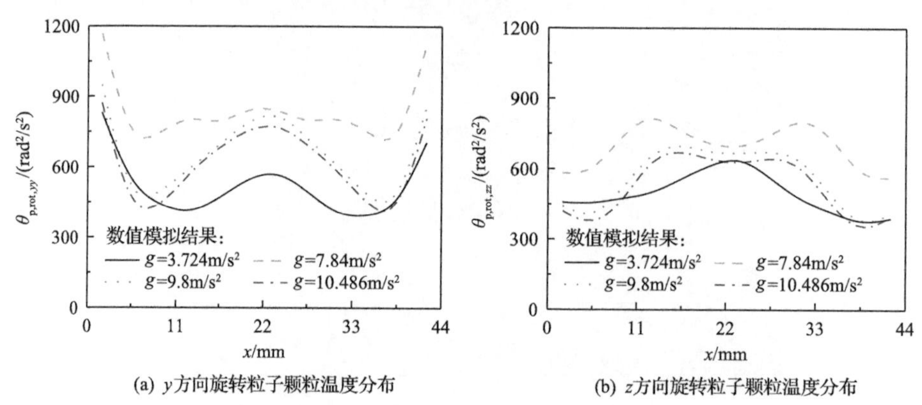

(a) y方向旋转粒子颗粒温度分布　　(b) z方向旋转粒子颗粒温度分布

图 5-25　旋转粒子颗粒温度分布(床层高度为 10mm)

为了进一步验证得到的规律，图 5-26 给出了床层高度为 20mm 处的旋转粒子颗粒温度分布。由图可见床层高度为 20mm 处旋转粒子颗粒温度的数值大于床层高度为 10mm 处，但是二者的分布规律基本相同，即除了重力加速度为 3.724m/s^2 的工况，随着重力加速度的减小，旋转粒子颗粒温度的数值增大，并且不同重力加速度条件下其分布趋势类似。而在重力加速度为 3.724m/s^2 时，床内粒子旋转速度脉动情况与其他工况不同，其数值小于其余重力加速度条件下的数值，并且无论在 y 方向还是 z 方向，其分布皆呈现一种单波谷的形式，即在床内中部较小，这与其他工况不同。

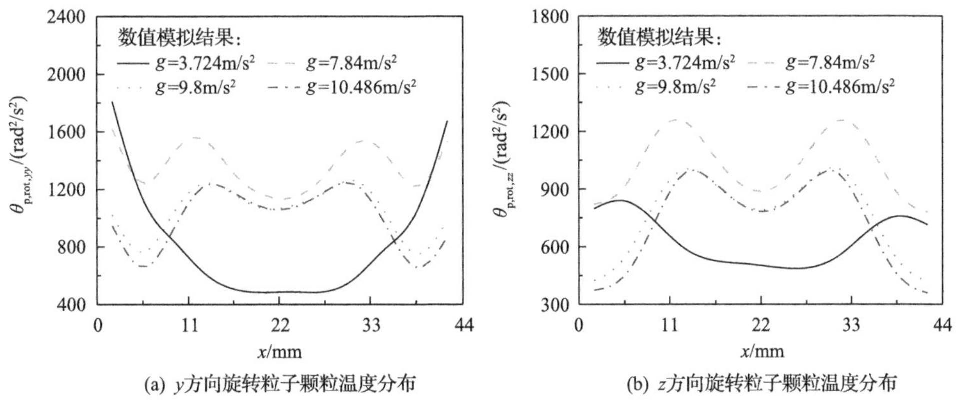

(a) y方向旋转粒子颗粒温度分布　　(b) z方向旋转粒子颗粒温度分布

图 5-26　旋转粒子颗粒温度分布(床层高度为 20mm)

5.4　非球形颗粒鼓泡流化床颗粒流动行为分析

5.4.1　非球形颗粒与球形颗粒运动特性对比

在非球形颗粒系统中，颗粒的旋转运动更为强烈。图 5-27 给出了不同床层高度处颗粒旋转速度分布，由图可见，非球形颗粒和球形颗粒的旋转速度分布趋势相同，呈现近似中心对称分布形式。其中，y 方向的颗粒旋转速度较大，在 z 方向上的颗粒旋转速度大小接近于 0。

对比非球形颗粒和球形颗粒的旋转速度分布，可以看出非球形颗粒的分布波动更强烈，这是由于在非球形颗粒系统中颗粒碰撞和颗粒运动的随机性更强，颗粒的平均旋转速度分布不规则，相反，在球形颗粒系统中呈现更明显的对称分布。由于非球形颗粒数值模拟模型对鼓泡流化床内的颗粒行为描述更为准确，可以看到在鼓泡流化床中使用球形颗粒的假设会低估颗粒的旋转运动强度。

气固两相流动中的空隙率分布能够体现床内气固两相的空间分布情况，是流化床中研究流态化行为的基础参数之一。图 5-28 给出了不同床层高度处时均空隙率分布。由图可见其分布趋势基本相同，区别主要在床层高度为 0.0125m 处，非球形颗粒空隙率在床层中部较高而在靠近边壁处小于球形颗粒。这种现象说明在此高度处，非球形颗粒更倾向于集中在流化床的中部。

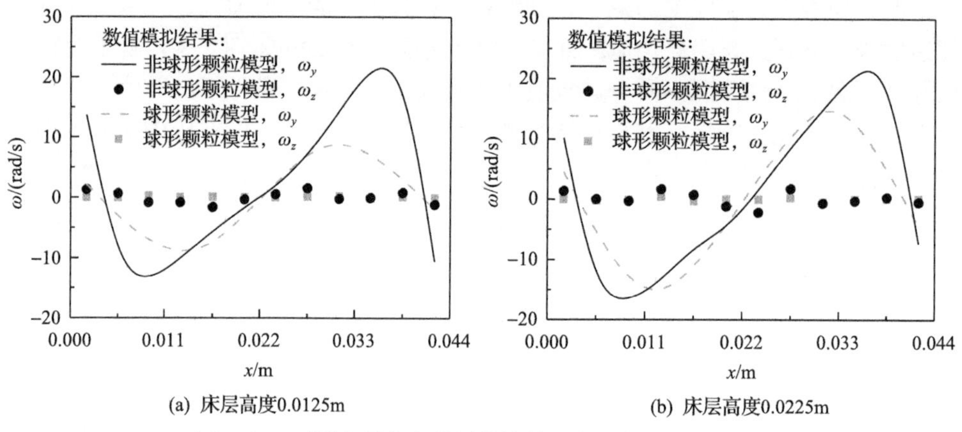

图 5-27　不同床层高度处颗粒旋转速度分布(u_g=0.9m/s)

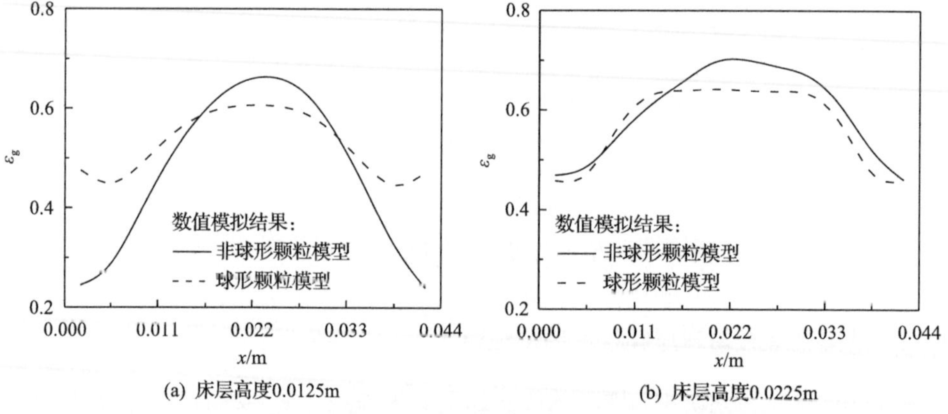

图 5-28　不同床层高度处时均空隙率分布(u_g=0.9m/s)

气泡颗粒温度的物理意义是气泡运动的湍动能，它的大小直接代表了气泡速度脉动的强烈程度。图 5-29 和图 5-30 分别给出了水平方向和垂直方向上球形颗粒和非球形颗粒的气泡颗粒温度分布。由图可见，球形颗粒和非球形颗粒的分布有很大不同。在水平方向上，球形颗粒工况中两个对称的波峰出现在床的中部，并且气泡颗粒温度的数值随床内位置的增高而增加。但对于非球形颗粒系统，气泡颗粒温度呈抛物线分布，并且处于床内高度较低的位置，其数值较大。这是由于非球形颗粒和球形颗粒系统内不同的气泡行为导致的。由于在非球形颗粒系统中气泡的边界并不清晰，而且在气泡内部存在大量的颗粒，气泡的速度脉动更为复杂。

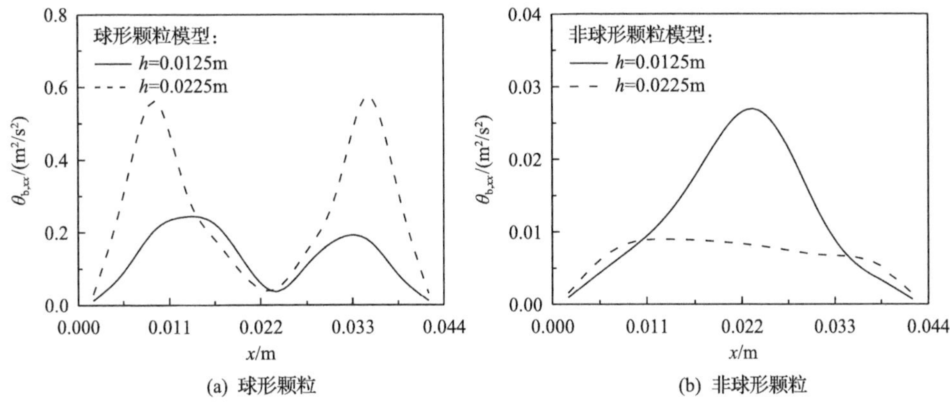

(a) 球形颗粒　　(b) 非球形颗粒

图 5-29　水平方向上球形颗粒和非球形颗粒的气泡颗粒温度分布

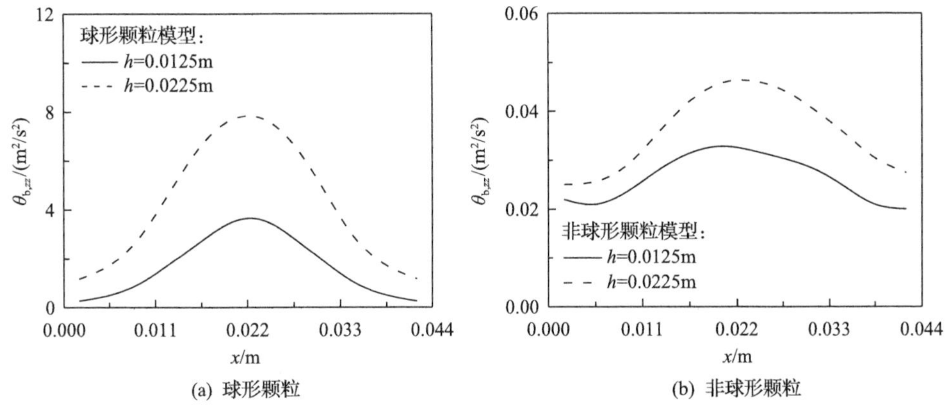

(a) 球形颗粒　　(b) 非球形颗粒

图 5-30　垂直方向上球形颗粒和非球形颗粒的气泡颗粒温度分布

在当前的鼓泡流化床系统中，气泡在床底部附近产生，随后逐渐生长并向上运动，通过床高 0.0225m 处。对于球形颗粒，在水平方向上不会产生强烈的气泡湍动。但在气泡的上升阶段，气泡生长过程会造成强烈的气泡湍动脉动运动，导致床内两侧接近气泡边界处的气泡颗粒温度数值较大。对于非球形颗粒系统，在 0.0125m 床高处，气泡在生长过程中由于内部存在分散的颗粒，会有强烈的气泡脉动运动。在上升通过床高 0.0225m 后，小气泡逐渐合并为较大的气泡，气泡的脉动运动被削弱。

由于垂直方向是气泡运动的主要方向，其气泡的速度脉动与水平方向有所不同。在球形颗粒系统中，气泡颗粒温度分布呈现一种单峰分布而不是双峰分布，并且相对于水平方向，其数值明显增大。但其沿床高的分布规律与水平方向相同。对于非球形颗粒系统，床内气泡颗粒温度数值皆较小，其数值随床层高度的增加而增加。

由以上分析可以推断气泡在垂直方向上的速度脉动规律。对于球形颗粒，由于气泡主要出现在床内的中部，其生成、生长、合并和破裂过程也均发生在中部，因此在床中部出现了较大的气泡颗粒温度。对于非球形颗粒系统，由于气泡的边界较为模糊，在床内会产生若干小气泡，在上升过程中不断合并和破裂，最终形成一个大气泡。因此，气泡颗粒温度会在 0.0225m 处较大。总的来说，非球形颗粒系统和球形颗粒系统具有不同的气泡微观脉动特性。

应用对气泡颗粒温度的分析方法，同理可得颗粒的微观脉动特性，水平方向球形颗粒和非球形颗粒的粒子颗粒温度分布如图 5-31 所示。在鼓泡流化床中，颗粒的运动直接受到气泡的影响。因此可以预见，颗粒的微观脉动特性与气泡的微观脉动特性之间存在必然的联系。

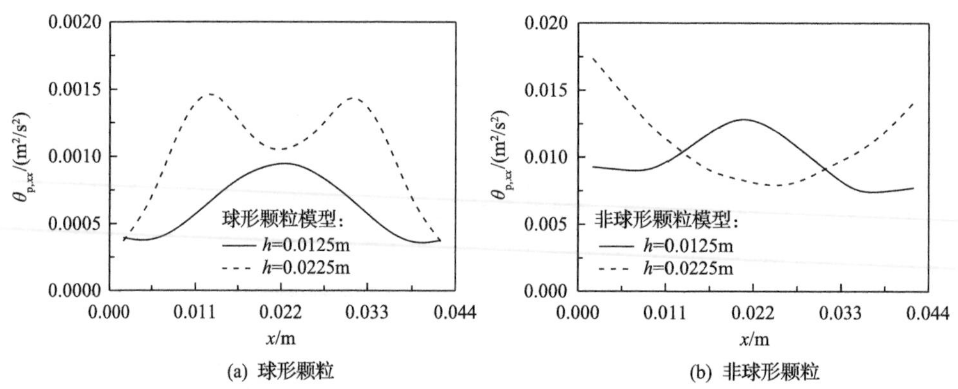

(a) 球形颗粒　　(b) 非球形颗粒

图 5-31　水平方向球形颗粒和非球形颗粒的粒子颗粒温度分布

对于球形颗粒系统，由于气泡的生成区域在床底部附近，因此颗粒的微观脉动运动主要集中在中部气泡生成的区域。而在气泡的上升过程中，即床高为 0.0225m 处，颗粒的微观脉动运动主要分布在气泡的边界处，这是由于气泡处于生长过程。在非球形颗粒系统中，也存在类似的分布趋势。其不同点主要是在床高为 0.0225m 处，由于非球形颗粒的气泡边界并不清晰，且存在多个小气泡，因此从统计学上来看，较多的气泡出现在中部，导致粒子颗粒温度分布呈现一种单波谷的抛物线形。

垂直方向上的粒子颗粒温度分布趋势与水平方向的粒子颗粒温度分布趋势类似，但是其数值大小随床高的变化情况是不同的，如图 5-32 所示。由于垂直方向是颗粒和气泡运动的主要方向，其颗粒脉动运动要比水平方向更为强烈，粒子颗粒温度数值更大。对于球形颗粒，颗粒的脉动运动与气泡运动息息相关，同理，对于非球形颗粒系统，粒子颗粒温度分布与气泡颗粒温度分布趋势基本相同。可以看出，在垂直方向上，气泡的速度脉动主导着颗粒的速度脉动。

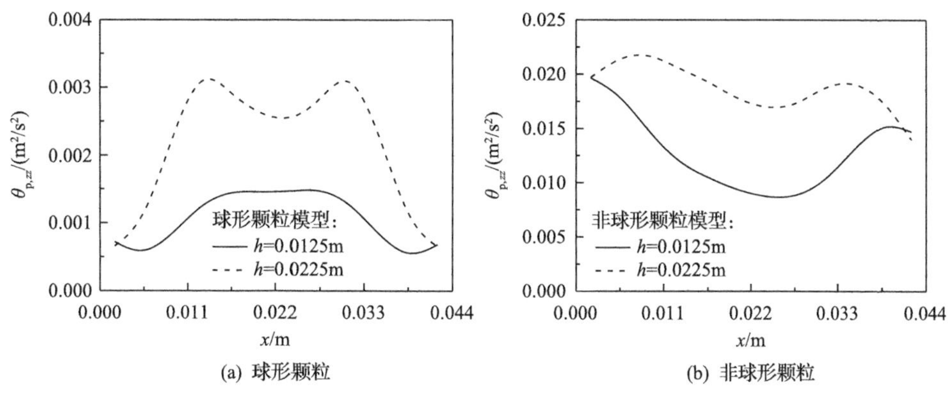

(a) 球形颗粒　　(b) 非球形颗粒

图 5-32　垂直方向球形颗粒和非球形颗粒的粒子颗粒温度分布

综合以上分析可以看出，与球形颗粒相比，非球形颗粒的旋转速度的分布波动更为剧烈，说明了其运动的随机性更强烈。通过对空隙率分布的分析可以看出，非球形颗粒系统内的气固分布没有明确的周期性规律。在非球形颗粒系统中，由于在气泡内存在着许多分散的单个颗粒，并且其气泡在运动过程中包含着许多气泡破碎和合并的过程，在鼓泡床内很难找到单个的大气泡，而是若干个较小的气泡共存。对于鼓泡流化床内的气泡和颗粒速度脉动，与球形颗粒系统内的规律类似，气泡的脉动主导着颗粒的脉动。

5.4.2　弹性恢复系数对非球形颗粒流动行为的影响

弹性恢复系数主要影响颗粒的碰撞行为，对整个流化床系统的流态化特性产生较大的影响。为了研究法向弹性恢复系数对鼓泡流化床内颗粒动力学特性的影响，本节对不同弹性恢复系数的工况进行了数值模拟，模拟中应用的曳力模型为 Gidaspow 曳力模型。

图 5-33 给出了弹性恢复系数对颗粒速度分布的影响。图中的颗粒分布呈现中心轴对称形式。由图可见，颗粒速度的大小随着弹性恢复系数的增大而增大，尤其是在流化床的中部。通过对比实验数据和模拟结果，弹性恢复系数为 0.97 时模拟结果与实验数据符合最好。

在颗粒系统中，颗粒的旋转运动起着重要的作用，尤其是在颗粒的碰撞过程和能量传递过程中。图 5-34 为弹性恢复系数对颗粒旋转速度分布的影响。对于 y 方向上的颗粒旋转速度分布，在床层高度为 0.0125m 和 0.0225m 处，颗粒旋转速度的分布趋势类似，均呈现一种中心对称的分布形式，并且颗粒旋转速度的绝对值会随着法向弹性恢复系数的减小而增大。此外，在 y 方向上的颗粒旋转速度的数值要大于 z 方向，说明颗粒的旋转运动主要在 y 方向上。对于 z 方向上的颗粒旋转速度分布，很难找到其变化规律，因为 z 方向上的颗粒旋转速度均较小，在

0rad/s 左右，但其分布并不均匀，存在一定的波动。

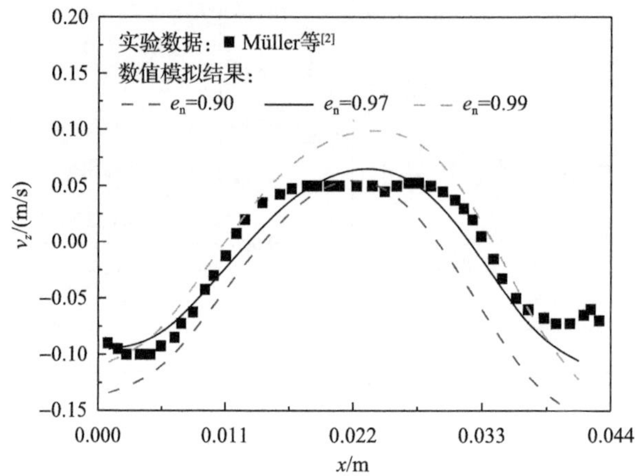

图 5-33　弹性恢复系数对颗粒速度分布的影响(u_g=0.9m/s)

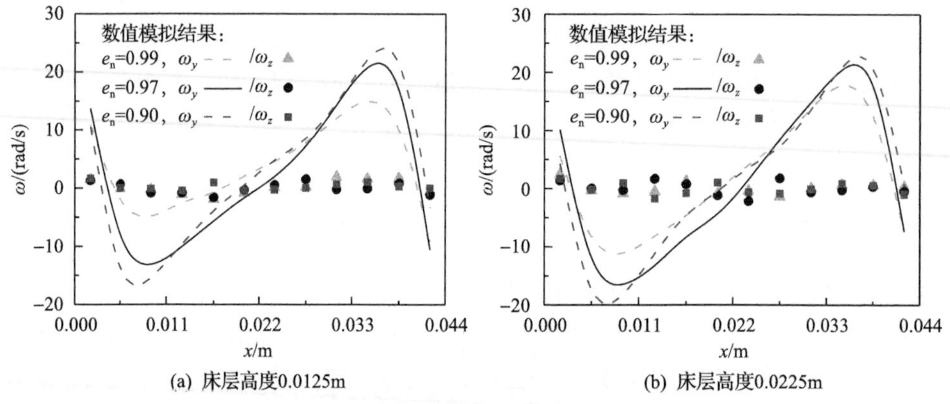

图 5-34　弹性恢复系数对颗粒旋转速度分布的影响(u_g=0.9m/s)

由以上分析可以看出，法向弹性恢复系数对鼓泡床内的颗粒流态化行为具有较大的影响，包括颗粒的平移运动和旋转运动。同时法向弹性恢复系数会对鼓泡流化床内的气固分布产生影响，如气固分布的周期性规律等。因此，在数值模拟中弹性恢复系数的选取十分重要。

粒子颗粒温度反映了颗粒速度脉动情况，是鼓泡流化床内颗粒的重要参数之一。图 5-35 给出了不同弹性恢复系数下非球形颗粒在水平方向上的粒子颗粒温度分布。在床层高度为 0.0125m 和 0.0225m 处，可以看出随着法向弹性恢复系数的减小，粒子颗粒温度也逐渐减小。这与气泡颗粒温度的变化规律不同。可以看出，在水平方向上，不同弹性恢复系数下的粒子颗粒温度分布趋势类似。

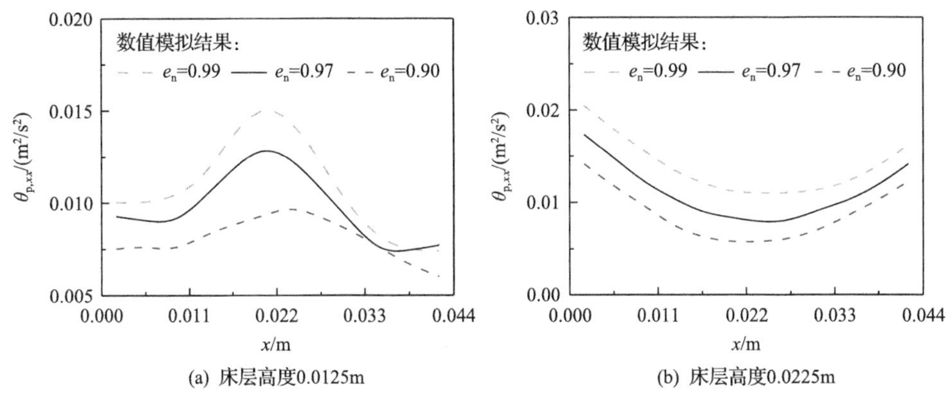

(a) 床层高度0.0125m　(b) 床层高度0.0225m

图 5-35　不同弹性恢复系数下非球形颗粒在水平方向上的粒子颗粒温度分布

图 5-36 为不同弹性恢复系数下非球形颗粒在垂直方向上的粒子颗粒温度分布。由图可见，在垂直方向上粒子颗粒温度随法向弹性恢复系数的变化规律与水平方向类似。

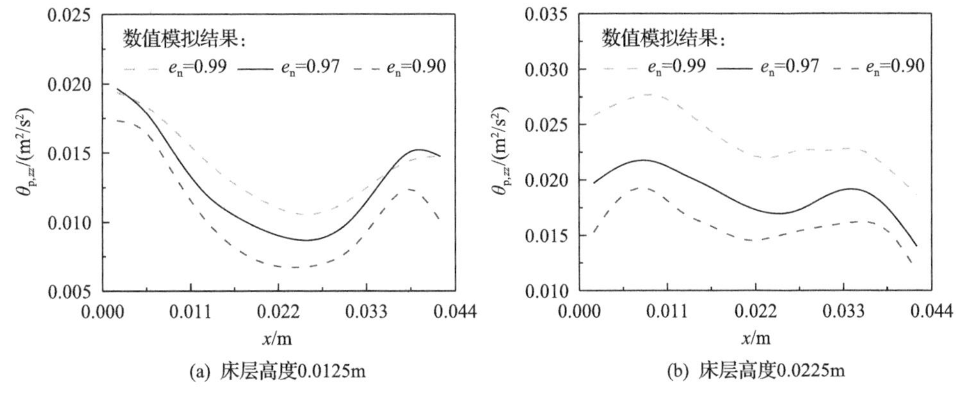

(a) 床层高度0.0125m　(b) 床层高度0.0225m

图 5-36　不同弹性恢复系数下非球形颗粒在垂直方向上的粒子颗粒温度分布

5.4.3　重力加速度对非球形颗粒流动行为的影响

由本章中针对球形颗粒的研究可以看出，重力加速度对球形颗粒系统内的颗粒运动行为影响很大，因此本节将针对非球形颗粒鼓泡流化床流动特性展开研究，对不同重力加速度下的非球形颗粒鼓泡流化床内的颗粒运动行为进行研究，获得其内在机理。本节中与球形颗粒研究中使用的重力加速度相同，分别为地球重力加速度、火星重力加速度、假想星球重力加速度和土星重力加速度，相应的数值见表 5-2。

图 5-37 给出了鼓泡流化床内不同重力加速度下时均空隙率的分布。从图中可以看出，在非球形颗粒鼓泡流化床中，随着重力加速度的增大，鼓泡流化床的床

高逐渐减小，并且床内空隙率较大的区域变小，这与球形颗粒鼓泡流化床中的现象一致。在球形颗粒鼓泡流化床中，当重力加速度为 3.724m/s^2 时，其流化状态与其余各个重力加速度条件下的差别很大，但是在非球形颗粒鼓泡流化床中，其差别不明显。在图 5-37 中，当重力加速度为 3.724m/s^2 时在床内中下部靠近布风板的区域存在一个空隙率较大的区域，而在其余的重力加速度条件下并不存在。这一点也说明了在重力加速度为 3.724m/s^2 时床内的流化状态略有改变。

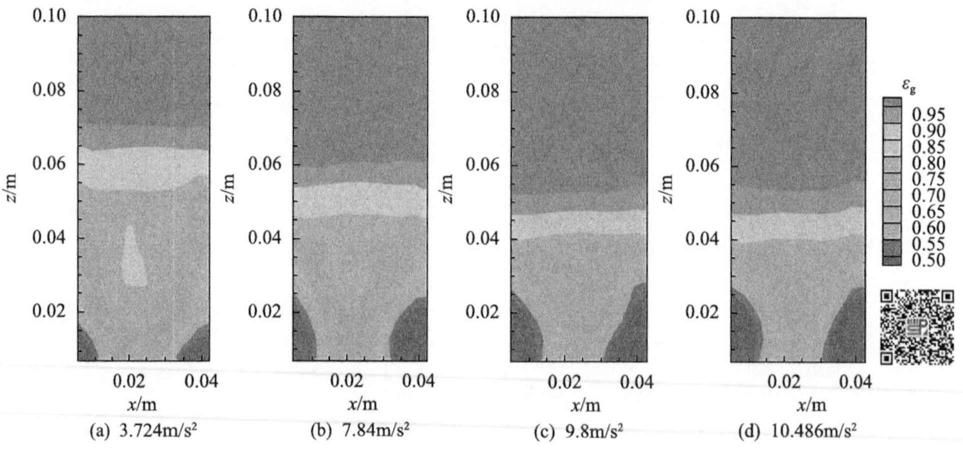

图 5-37　鼓泡流化床内不同重力加速度下时均空隙率的分布(彩图扫二维码)

图 5-38 给出了不同重力加速度下垂直方向上颗粒速度分布。颗粒速度是颗粒系统内最基本的参数之一，反映了颗粒的运动趋势。与球形颗粒鼓泡流化床内的规律类似，除了重力加速度为 3.724m/s^2 的工况，在非球形颗粒鼓泡流化床内颗粒的垂直速度随重力加速度的增大而减小。这是由于重力加速度增大了颗粒运动的阻力进而减小了颗粒的速度。而对于重力加速度为 3.724m/s^2 的工况，在 10mm

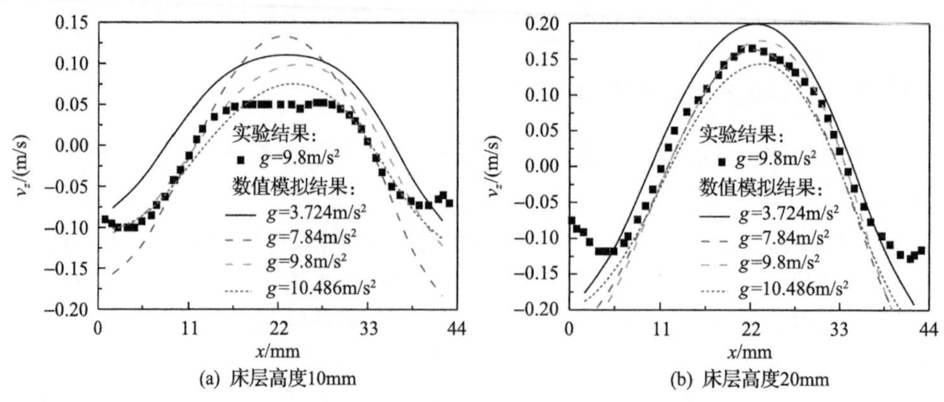

图 5-38　不同重力加速度下垂直方向上颗粒速度分布

床层高度上颗粒垂直速度的分布趋势与其他重力加速度条件下的分布差别较大，在两侧靠近边壁处颗粒的垂直速度的数值较大，但是在床内中部的颗粒速度要小于重力加速度为 7.84m/s^2 的工况。这可能是由于在重力加速度为 3.724m/s^2 的工况中床层高度 10mm 对应的床内位置与其他工况不同，说明在重力加速度为 3.724m/s^2 时其流态化行为被改变了，这与球形颗粒得到的规律类似。

图 5-39 给出了不同重力加速度下水平方向上颗粒速度分布。由图可见，在水平方向上颗粒速度的分布趋势与垂直方向上的颗粒速度分布趋势不同。

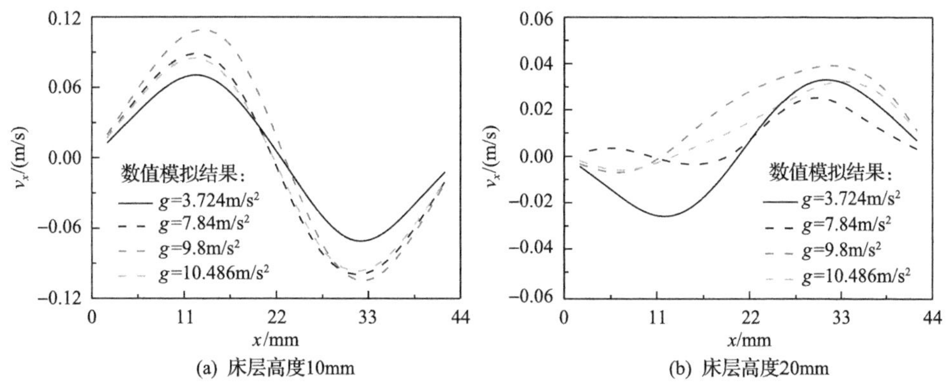

(a) 床层高度10mm　(b) 床层高度20mm

图 5-39　不同重力加速度下水平方向上颗粒速度分布

在水平方向上，颗粒速度基本上呈现一种中心对称的分布形式，并且其速度大小与重力加速度没有简单的线性关系，并不随着重力加速度的增大而减小。造成这一现象的原因可能有以下几点。首先，重力加速度主要是作用在垂直方向上的，因此重力加速度对水平方向上颗粒速度的影响主要通过压缩床层高度而阻碍颗粒在水平方向上的运动，其内在规律较为复杂。其次，由于在不同的重力加速度下导致了床层高度的不同，因此相同床层高度处颗粒的流化状态具有差别。并且水平方向上颗粒的速度数值相对于垂直方向来说较小，因此，较小的速度变化就能够导致较大的速度分布波动。

图 5-40 为不同重力加速度下垂直方向上气泡颗粒温度分布。从图中可以看出，除了重力加速度为 3.724m/s^2 的工况，其余重力加速度条件下气泡颗粒温度的分布趋势基本相同，并且随着重力加速度的增大呈现规律性的变化。在这三个重力加速度条件下，床内均出现了两个气泡颗粒温度较大的位置，一个为床层表面气泡破裂处，一个为床内底部靠近布风板的位置。气泡颗粒温度代表了气泡的湍动能，是反映气泡速度脉动的重要参数。图中两个气泡颗粒温度较大的区域代表了气泡速度脉动最剧烈的两个过程，一个是气泡的生成和合并过程，即床内底部靠近布风板处；另一个是气泡的破碎和消失过程，在床层表面处。对比这两个区域可以发现，在床内气泡破碎区域内的气泡颗粒温度的数值比气泡生成区域的数值更大，

说明在气泡破碎和消失的区域内，气泡的速度脉动更为强烈。比较不同重力加速度条件下的气泡颗粒温度分布可以看出，随着重力加速度的增大，这两个区域的中心都开始下移。对于气泡的生成区域，其大小随着重力加速度的增大而减小，而对于气泡的破碎和消失区域，其大小会随着重力加速度的增大而增加。这说明了重力加速度的增大会减小气泡在生成区域内的脉动，但同时会增强在床层表面气泡破碎行为中的气泡脉动。

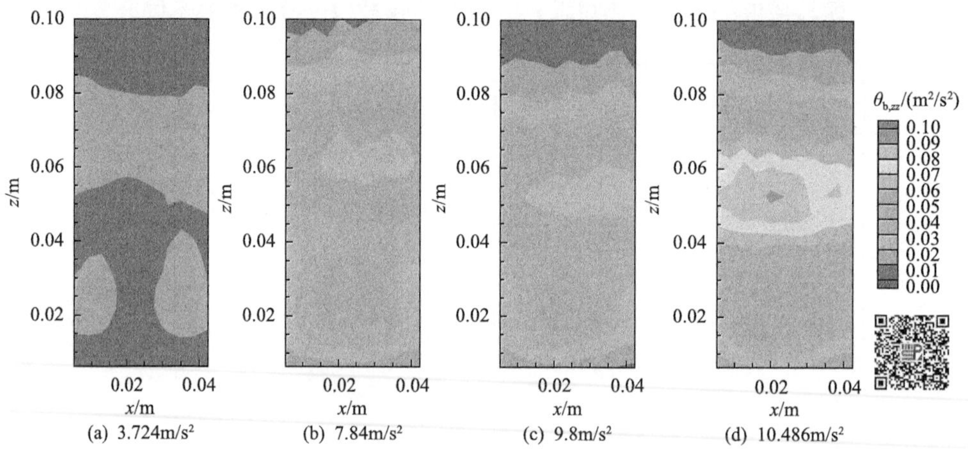

图 5-40　不同重力加速度下垂直方向上气泡颗粒温度分布(彩图扫二维码)

对重力加速度为 3.724m/s^2 的工况，可以看出其气泡颗粒温度的分布趋势与其他重力加速度条件下的气泡颗粒温度分布有较大的差别。首先，其数值要小于其余工况中的气泡颗粒温度，说明床内气泡的脉动相比其他工况较弱，并且在床内不存在其他工况中的两个气泡颗粒温度较大的区域，只是在床层表面位置和床内底部靠近边壁的两侧气泡颗粒温度的数值略大。这说明了在重力加速度为 3.724m/s^2 的工况中气泡的微观脉动与其他工况不同，其中气泡在生成和破碎过程中的脉动并不强烈。

为了定量分析气泡颗粒温度的分布特性，图 5-41 给出了不同床层高度下垂直方向气泡颗粒温度分布。由图可见，除了重力加速度为 3.724m/s^2 的工况，其余重力加速度下的气泡颗粒温度分布趋势类似，并且，随着重力加速度的增大，气泡颗粒温度的数值逐渐增大。但是由于重力加速度为 7.84m/s^2 和重力加速度为 9.8m/s^2 的工况重力加速度差别不大，所以气泡颗粒温度分布较为接近。对重力加速度为 3.724m/s^2 的工况，其气泡颗粒温度的分布趋势与其他重力加速度条件下的差别较大，在床内高度为 20mm 处其分布是两侧气泡颗粒温度数值较大，中部较小。在床内高度为 10mm 处，其分布较为平均。可以看出在重力加速度为 3.724m/s^2 的鼓泡流化床中气泡的速度脉动较弱。

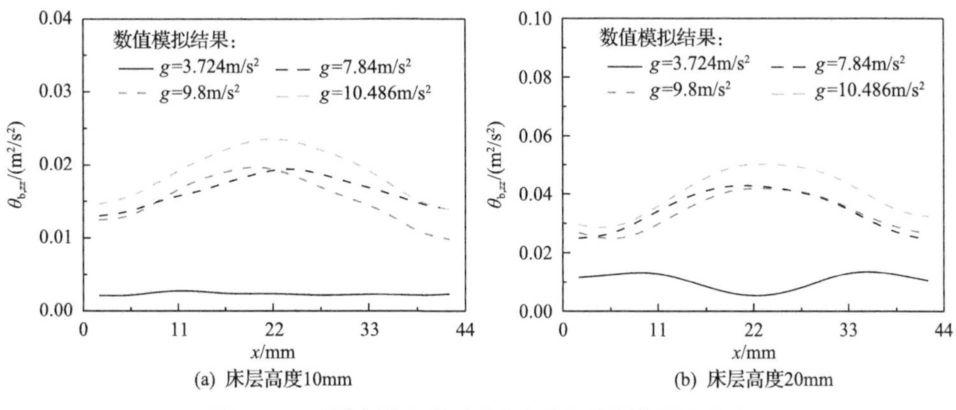

图 5-41　不同床层高度下垂直方向气泡颗粒温度分布

图 5-42 为不同重力加速度下垂直方向平移粒子颗粒温度分布云图。平移粒子颗粒温度代表了颗粒速度脉动的强弱，是研究颗粒动力学特性的重要参数之一。从图中可以看出，除了重力加速度为 3.724m/s^2 的工况，其余重力加速度条件下，垂直方向上的平移粒子颗粒温度皆呈现单核的分布状态，其平移粒子颗粒温度的最大值出现在床内的中部，即气泡上升的位置。对比气泡颗粒温度的分布可以看出，平移粒子颗粒温度的分布与其有着很大不同，但是也与气泡的行为息息相关。气泡脉动强烈的位置是在气泡产生和破碎的床内中下部和中上部，而颗粒脉动较为强烈的区域是床内气泡上升的区域内。由前面的分析可知，颗粒速度较大的位置在气泡的周围，而上升的气泡最容易带动颗粒的运动，所以颗粒在气泡上升的区域内脉动最强烈。

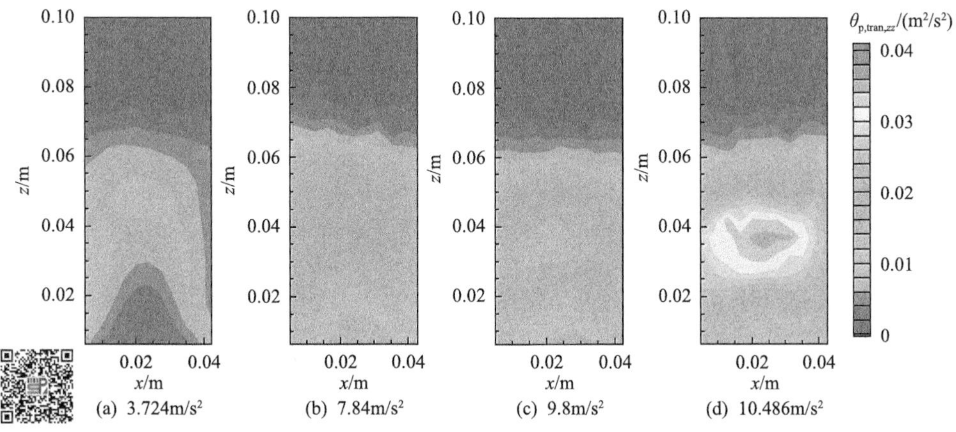

图 5-42　不同重力加速度下垂直方向平移粒子颗粒温度分布云图(彩图扫二维码)

对于重力加速度为 3.724m/s^2 的工况，其内部颗粒的脉动较弱，这可能是由于在 3.724m/s^2 的重力加速度下床内的气泡更多，颗粒的运动空间更大，因此所受的阻力更小，颗粒速度的脉动也较小。

为了定量研究平移粒子颗粒温度的分布，图 5-43 和图 5-44 分别给出了在床层高度为 10mm 和 20mm 位置处水平和垂直方向上的不同重力加速度下平移粒子颗粒温度分布。可见，在不同的床层高度上平移粒子颗粒温度随重力加速度的变化趋势类似。

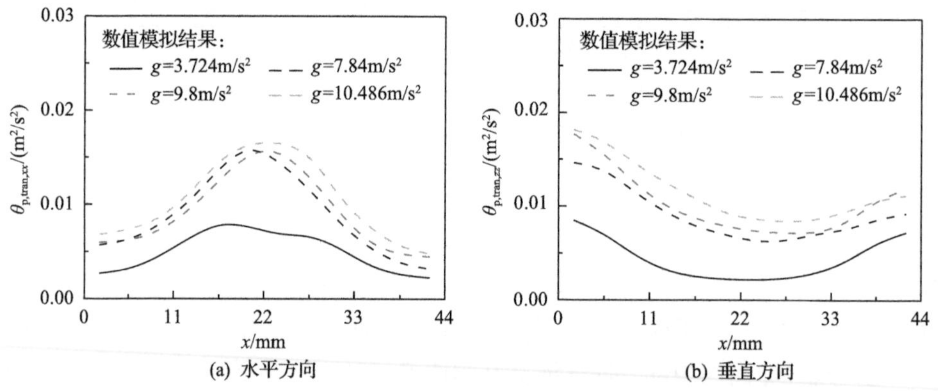

图 5-43　不同重力加速度下平移粒子颗粒温度分布(床层高度为 10mm)

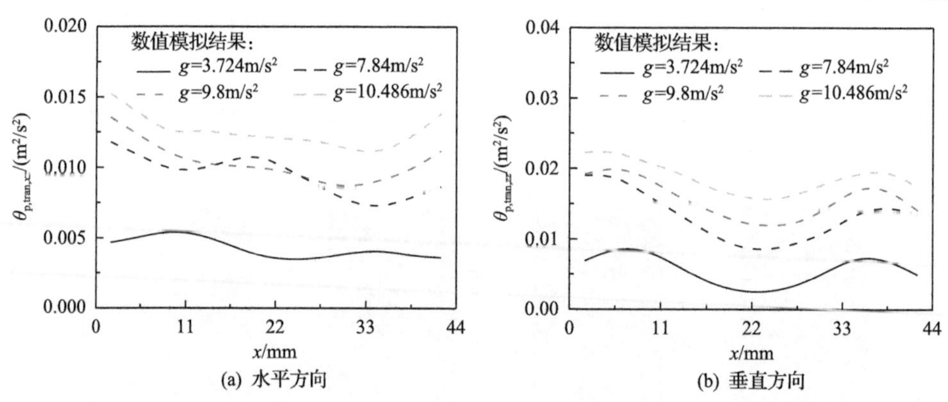

图 5-44　不同重力加速度下平移粒子颗粒温度分布(床层高度为 20mm)

在床层高度为 10mm 处，对于水平方向，平移粒子颗粒温度的数值随着重力加速度的增大而增大。这与气泡颗粒温度的分布规律类似，同样，由于重力加速度增大了颗粒运动的阻力，颗粒的脉动更为剧烈。同样，由于重力加速度为 7.84m/s^2 和重力加速度为 9.8m/s^2 的工况重力加速度差别不大，在床内二者的分布相似。而重力加速度为 3.724m/s^2 的工况中颗粒的脉动极弱，与其他重力加速度条件下的差别较大。垂直方向上的平移粒子颗粒温度随重力加速度的变化规律与水平方向类似，即随着重力加速度的增大而增大。同样，重力加速度为 3.724m/s^2

的工况中颗粒的脉动较弱。

对床层高度 20mm 处的平移粒子颗粒温度分布，其中的规律与床层高度为 10mm 处基本相同，但是也有一定的区别。在水平方向上，与床层高度为 10mm 处的规律类似，平移粒子颗粒温度的数值随着重力加速度的增大而增大，并且重力加速度为 7.84m/s^2 和重力加速度为 9.8m/s^2 的工况分布相似。在垂直方向上，平移粒子颗粒温度的数值随着重力加速度的增大而增大，而重力加速度为 3.724m/s^2 的工况中颗粒的脉动较弱。

5.5　湿颗粒鼓泡流化床颗粒流动行为分析

本节基于所建立的湿颗粒 DEM 软球碰撞模型，通过对 Müller 等[2]的实验进行数值模拟，对比无黏干颗粒系统和黏性湿颗粒系统的运动特性，获得鼓泡流化床内黏性湿颗粒系统的流体动力学特性，并进一步考察弹性恢复系数和相对液体量对流态化行为的影响。流化床几何结构与 5.2 节相同。

5.5.1　干颗粒与湿颗粒运动特性对比

图 5-45 给出了湿颗粒系统中气泡流动行为，此时，床内流化气速为 u_g=0.9m/s，颗粒系统的相对液体量为 0.01%(相对于颗粒的体积)。在流化床中，黏性湿颗粒的气泡行为与无黏干颗粒类似：在底部布风板处形成的单一大气泡穿过中层的稠密颗粒相区并逐渐移动到床层表面。在这个过程中，大量的颗粒一方面在气泡上部被气体挤压而向上运动，另一方面又从底部和两侧被夹带进入上升气泡的尾部区域。但是，干颗粒与湿颗粒系统之间气泡的结构也存在着显著的差异：在干颗粒系统中，气泡具有相对规则的平滑轮廓表面并且气泡中间总是散布着少量的离散颗粒；而在湿颗粒系统中，大量的湿颗粒在气泡周边形成稳固而紧密的聚团，而聚团之间往往通过形成的链桥结构伸入气泡中心区域。并且，由于强黏性作用

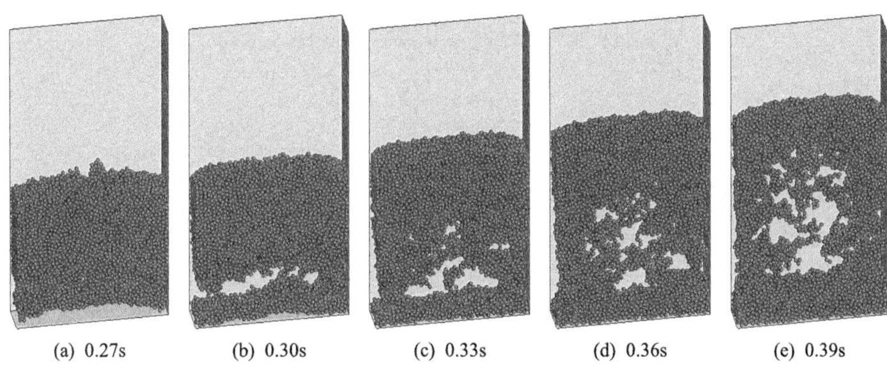

(a) 0.27s　(b) 0.30s　(c) 0.33s　(d) 0.36s　(e) 0.39s

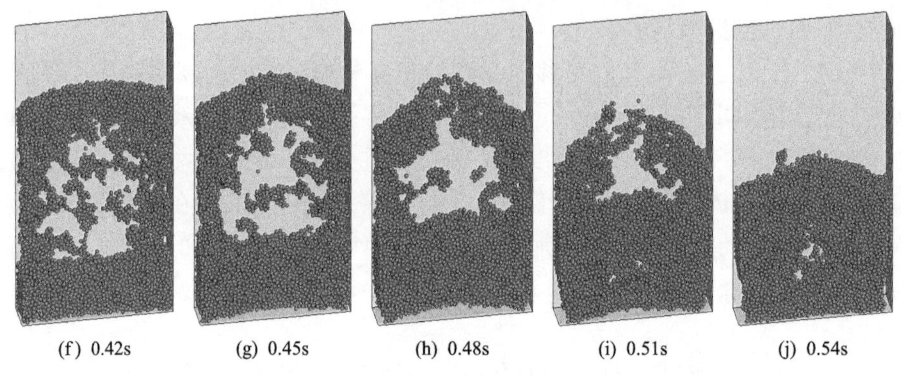

图 5-45　湿颗粒系统中气泡流动行为（u_g=0.9m/s，V_{lb}^*=0.01%）

和液桥力导致的额外的滑动摩擦作用，湿颗粒沿切向移动变得十分困难，这使得气泡的边界变得粗糙而不规则，湿颗粒形成的链桥伸入气泡内进一步增加了气泡轮廓的不规则性。

为了进行定量的比较，如图 5-46 所示，对干、湿颗粒系统的动态压降信号施加快速傅里叶变换获得了压力脉动的谱分析在频域内的变化特性。从图中可以看出，干颗粒与湿颗粒系统压力脉动的功率谱都存在一个最大的主频和两个较小的副频，这就意味干颗粒与湿颗粒系统的压力脉动的周期性都比较强。

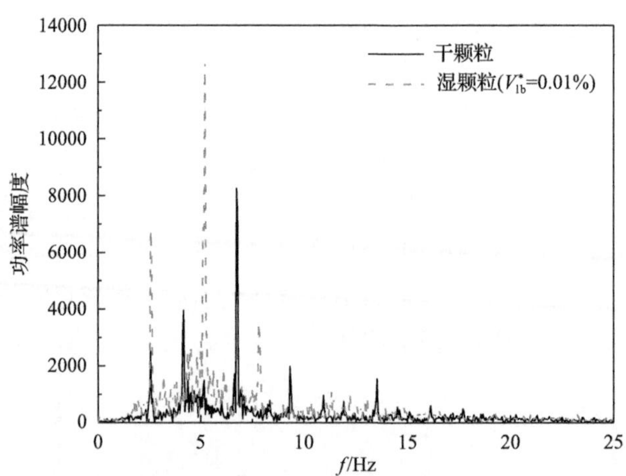

图 5-46　压降的功率谱幅度在频域的分布（u_g=0.9m/s）

经过统计后得到干颗粒与湿颗粒系统的主频对应的频率分别为 6.7Hz 和 5.2Hz，这说明典型的干颗粒鼓泡流化床的流型对应的频率比湿颗粒流化床的高。另外，干颗粒系统具有更大的主频意味着其压力脉动频率更快，这是由于湿颗粒间液桥在一定程度上减缓了颗粒间的剧烈碰撞。此外，湿颗粒系统主频的幅度比干颗粒系统大，这与湿颗粒系统压降脉动幅度大于干颗粒系统是一致的。

在实际工业生产过程中，许多颗粒物或中间产品是颗粒混合工艺的产物。而颗粒的混合极大地影响着颗粒/颗粒间以及颗粒/气体间的质量、动量和能量的交换，因此，混合过程对最终产品的质量是非常重要的[6]。为了获得质量更好的颗粒产品，人们使用了多种方法和设备，例如控制颗粒间的黏性力[7,8]或使用复杂的混合器[9]等。尽管持续的改进工作依然在进行之中，但对颗粒混合过程的研究和优化仍是一项具有挑战性的工作[10]。在流化床内，颗粒的混合程度可以由混合指数进行定量分析。

颗粒组分的方差可表示为

$$\sigma^2 = \frac{1}{N-1}\sum_{i=1}^{N}(c_i - \overline{c}) \tag{5-1}$$

式中，N 为统计网格的数目；c_i 为样品颗粒当地份额，是样品颗粒平均份额。

本章所用的 Lacey 混合指数 M 为[11]

$$M = \frac{\sigma_0^2 - \sigma^2}{\sigma_0^2 - \sigma_r^2} \tag{5-2}$$

式中，σ_0^2 为完全分离系统相应的方差；σ_r^2 为完全混合系统相应的方差。

对于双组分混合物系统，$\sigma_0^2 = P(1-P)$ 而 $\sigma_r^2 = P(1-P)/N$。其中，P 为整个混合物中的样品组分所占的份额，当两种组分比例相等时，P=0.5。σ_r^2 与颗粒数相关，当系统中的总颗粒数增加时，σ_r^2 减小，因此当颗粒数目非常大时，σ_r^2 可忽略不计。Lacey 混合指数的变化范围从 0 到 1，分别对应于完全分离状态和完全混合状态[11]。

为了研究鼓泡流化床内单一粒径颗粒系统的混合特性，首先必须对颗粒进行区分。因此，所有的颗粒被分成具有相同份额的两个不同组分，并以不同颜色进行追踪(如图 5-47 所示，在初始状态时，下半部分颗粒标记为灰色而上半部分颗粒标记为黑色)。另外，统计混合指数时的网格大小与数值模拟时所用网格尺寸是相同的，即长×宽×高为 3.67mm×3.33mm×5.0mm。相对液体量 V_{lb}^* 为 0.01%的湿颗粒系统内湿颗粒的混合过程如图 5-47 所示。从图中可以看出，随着床内大气泡的不断生成和向上运动，颗粒逐渐混合均匀。

图 5-48 定量地给出了干颗粒与湿颗粒系统的混合指数随时间的变化过程。从图中可以明显地看出，无论是干颗粒系统还是湿颗粒系统，它们最终都达到接近完全混合状态(M≈0.91)的动态平衡状态。但是在前期的快速混合过程中，干颗粒系统混合指数的斜率比湿颗粒系统的大，干颗粒系统达到 99%的最终动态平衡状态只要 2.5s，而湿颗粒系统则需要 3.3s。

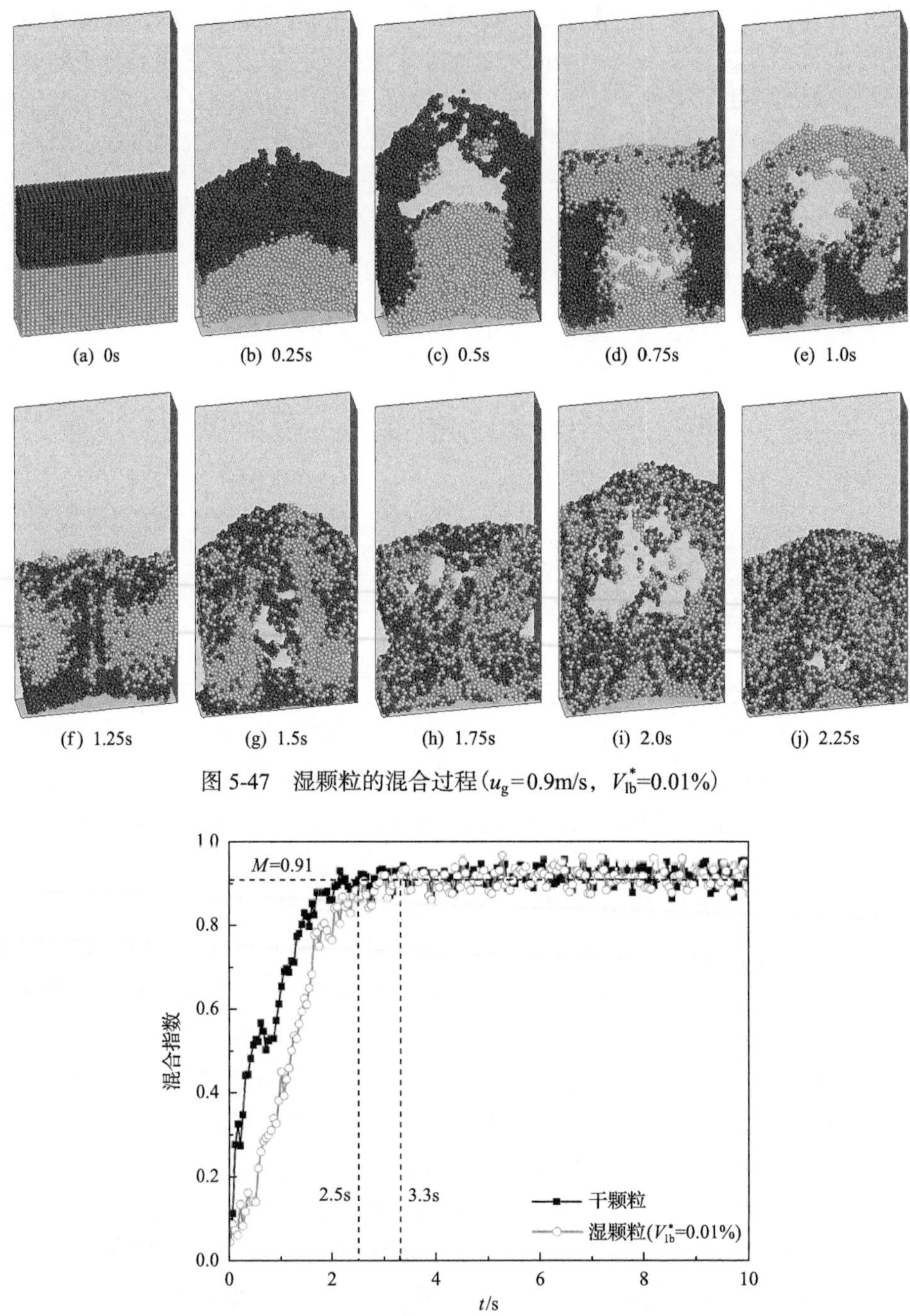

图 5-47　湿颗粒的混合过程(u_{g}=0.9m/s，V_{lb}^{*}=0.01%)

图 5-48　干颗粒与湿颗粒系统的混合指数随时间的变化过程(u_{g}=0.9m/s)

颗粒碰撞是流化床内的基本现象，对床内物料间的动量、能量以及质量交换起着决定性的作用。通过统计不同时刻颗粒与其他颗粒或壁面碰撞的数量，可以得到碰撞颗粒百分比随时间的变化。图 5-49 给出的是干颗粒以及 0.01%相对液体量的湿颗粒系统的颗粒碰撞率在 10～11s 内随时间的变化曲线。从图中可以看出，颗粒碰撞率是随时间变化呈周期性脉动的，而且颗粒/颗粒间的碰撞率明显高于颗粒/壁面间的碰撞率。

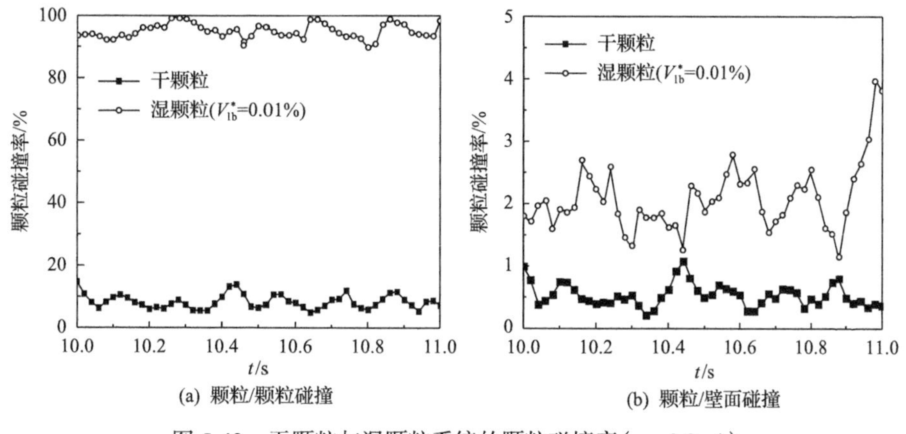

图 5-49　干颗粒与湿颗粒系统的颗粒碰撞率(u_g=0.9m/s)

结合图 5-50 中的平均颗粒碰撞率柱状图，可知干颗粒系统的颗粒/颗粒碰撞率平均为 8.09%，远远低于 0.01%湿颗粒系统的 95.54%。可见，颗粒间填隙液体的存在使得原本离散分布的颗粒形成大量的聚团，颗粒结合得更紧密，颗粒/颗粒间的碰撞概率大大增强。

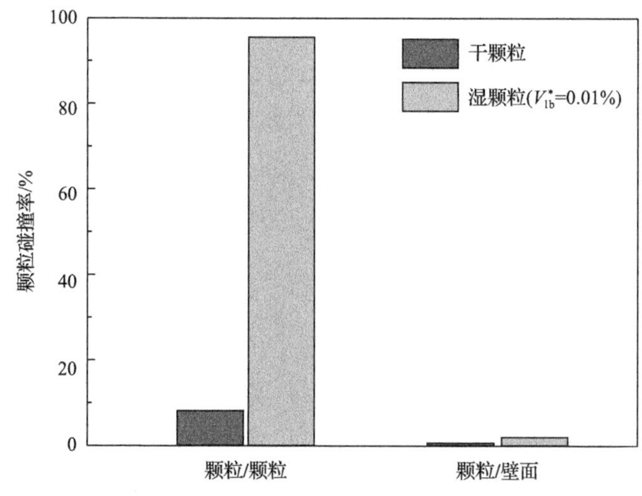

图 5-50　干颗粒与湿颗粒系统的平均颗粒碰撞率柱状图(u_g=0.9m/s)

5.5.2　弹性恢复系数的影响

随着弹性恢复系数的增加，床内平均压降分别为 182.4Pa、182.3Pa 和 181.6Pa，而平均床高分别为 25.66mm、25.63mm 和 25.58mm，即压降和床高的变化很小。通过对相对液体量为 0.01% 的湿颗粒系统的动态压降施加快速傅里叶变换得到的压力脉动的谱分析在频域内的变化特性显示在图 5-51 中，从图中可以看出，不同弹性恢复系数下压降的主频非常接近，对应的频率为 5.2Hz，即弹性恢复系数对气相压降的影响很小。

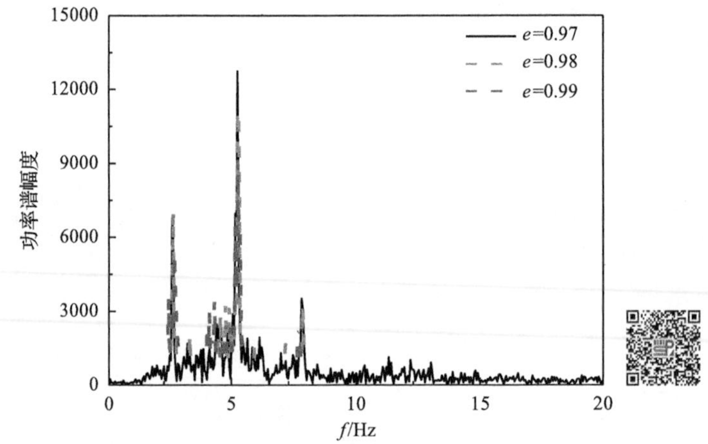

图 5-51　弹性恢复系数对功率谱幅度的影响(u_g=0.9m/s，V_{lb}^*=0.01%)(彩图扫二维码)

图 5-52 中显示的是不同床层高度上弹性恢复系数对颗粒速度分布的影响。从图中可以看出，颗粒速度随着床高的增加而增加，而且颗粒速度分布具有单一的

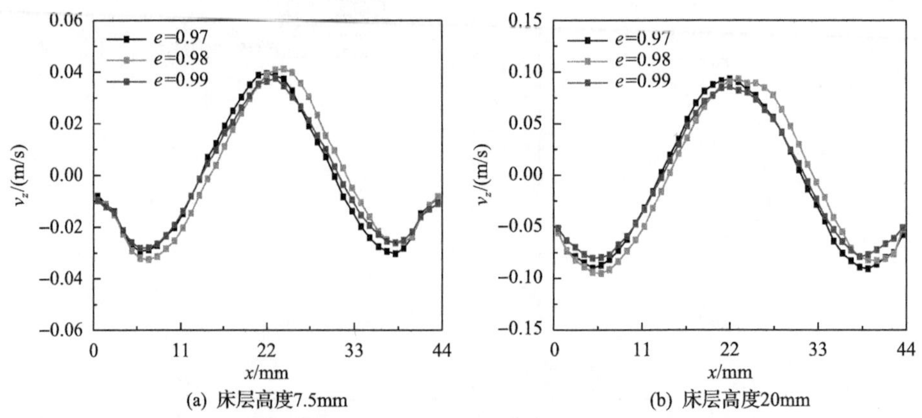

图 5-52　不同床层高度上弹性恢复系数对颗粒速度分布的影响(u_g=0.9m/s，V_{lb}^*=0.01%)

峰值，即床中心处存在最大颗粒速度。另外，弹性恢复系数对颗粒速度分布的影响不大，不同弹性恢复系数下的颗粒速度具有类似的分布。比较不同床层高度上的颗粒速度分布可知，随着弹性恢复系数的增加，特别是当弹性恢复系数增加到 0.99 时(接近完全弹性碰撞，能量损失很小)，中心处的颗粒速度有所减小，而两侧边壁处的颗粒速度有所增加，即颗粒速度分布更均匀。

图 5-53 给出了弹性恢复系数对垂直方向气泡颗粒温度的影响。相比颗粒速度分布的变化，弹性恢复系数对气泡颗粒温度的影响更大。而且随着床层高度的增加，不同弹性恢复系数下的气泡颗粒温度的差异也增大。图 5-53(a)中显示在 7.5mm 高度处，从中心到两侧边壁，气泡颗粒温度先减小，然后增加到一个峰值，最后在壁面处又迅速减小。而且此处不同弹性恢复系数下的气泡颗粒温度相差不大，这是因为在接近底部布风板的床层，气泡还没有形成，颗粒速度较低，弹性恢复系数的影响必然很小。

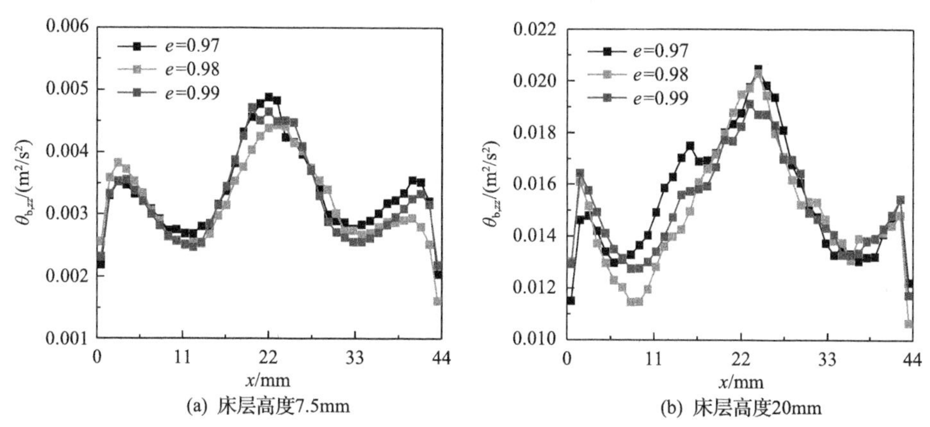

(a) 床层高度7.5mm　　(b) 床层高度20mm

图 5-53　弹性恢复系数对垂直方向气泡颗粒温度的影响(u_g=0.9m/s，V_{lb}^*=0.01%)

在将鼓泡流化床内所有的颗粒标记为具有相同份额的两个不同组分后，可以研究单一粒径颗粒系统的混合特性。

图 5-54 给出了弹性恢复系数对湿颗粒系统内混合指数随时间变化的影响。从图中可以看出，在前期的快速混合过程中，颗粒系统的混合指数的斜率很大，这表明颗粒系统混合过程很快。另外，颗粒的混合基本不受弹性恢复系数的影响，即不同弹性恢复系数下，湿颗粒系统内颗粒的混合都最终达到一个相对稳定的动态平衡状态，此时湿颗粒的混合指数 M 都达到 0.91，而颗粒系统达到 99%的动态平衡状态所需的时间皆为 3.1s。

图 5-55 给出了弹性恢复系数对颗粒碰撞率的影响。结合图 5-56 中的平均颗粒碰撞率柱状图可知，弹性恢复系数对平均颗粒碰撞率的影响较小，随着弹性恢

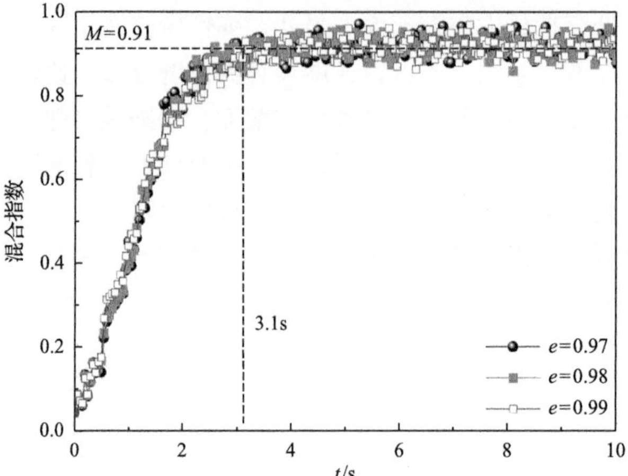

图 5-54　弹性恢复系数对湿颗粒系统内混合指数随时间变化的影响(u_g=0.9m/s，V_{lb}^*=0.01%)

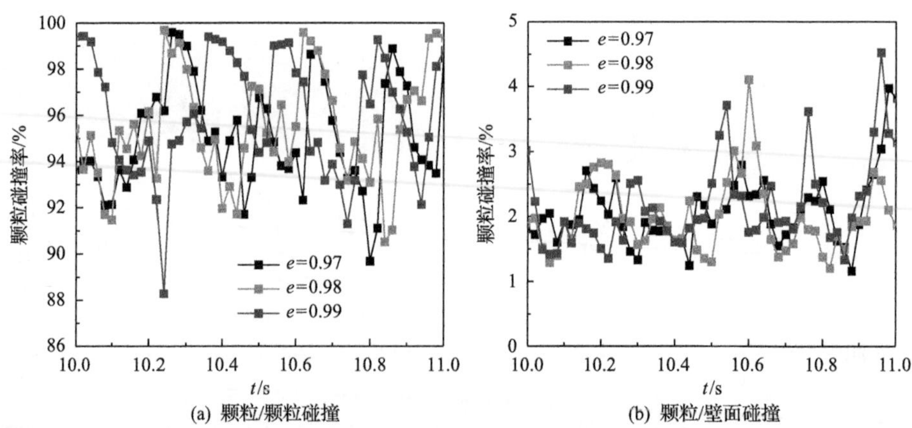

图 5-55　弹性恢复系数对颗粒碰撞率的影响(u_g=0.9m/s，V_{lb}^*=0.01%)

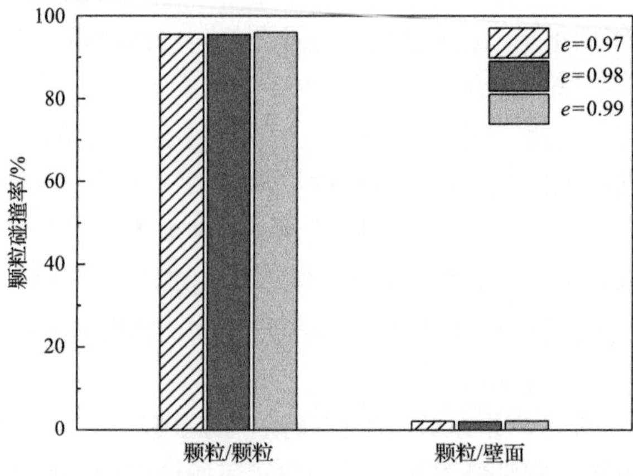

图 5-56　不同弹性恢复系数时的平均颗粒碰撞率柱状图

复系数的增加，颗粒/颗粒碰撞率分别为 95.54%、95.47%和 96.0%，而颗粒/壁面碰撞率分别为 2.11%、2.0%和 2.17%。并且，不同的弹性恢复系数会引起碰撞率的脉动变化，随着弹性恢复系数的增加，颗粒/颗粒碰撞率的脉动从 2.35%增加到 2.45%和 2.59%，而颗粒/壁面碰撞率的脉动从 0.55%增加到 0.58%和 0.67%。

5.5.3　相对液体量的影响

本节研究了三种不同相对液体量 0.001%、0.01%和 0.1%对湿颗粒系统流化特性的影响，这三种湿颗粒的相对液体量属于摆动型液桥相对液体量的范围。相对液体量对鼓泡流化床内压降和床层平均高度的影响显示在图 5-57 中。图中给出了床内湿颗粒系统数值模拟的两个阶段：第一阶段持续 15s，模拟了气体表观速度为 u_g=0.9m/s 时的床内流化过程；第二阶段持续 10s，模拟了气体速度从 0.9m/s 线性下降到 0m/s 时的床内湿颗粒系统气固两相流动特性。

研究发现，在第一阶段内，随着相对液体量从 0.001%增加到 0.01%和 0.1%，平均压降有所增加，分别从 180.5Pa 增大到 182.9Pa 和 184.9Pa。而压降脉动偏离

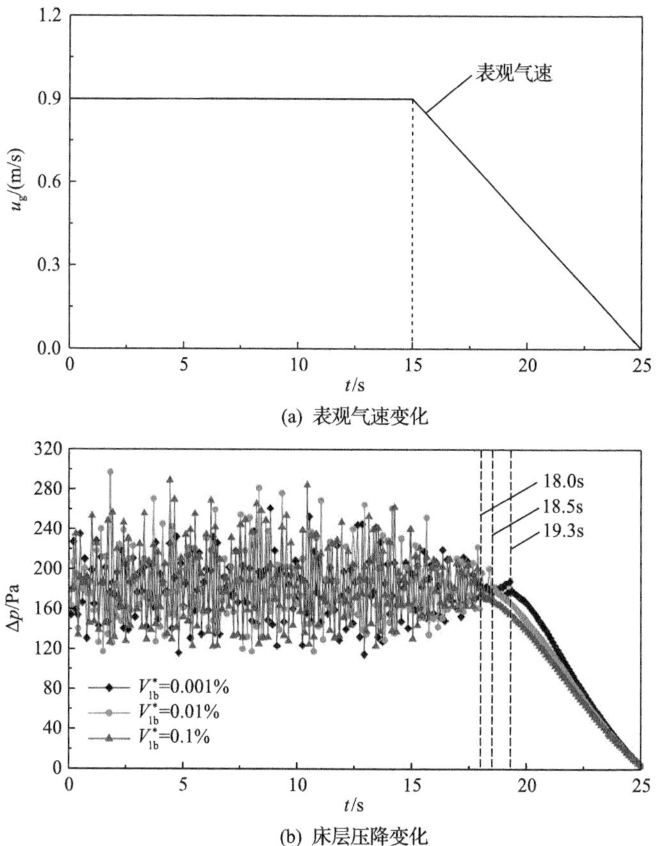

(a) 表观气速变化

(b) 床层压降变化

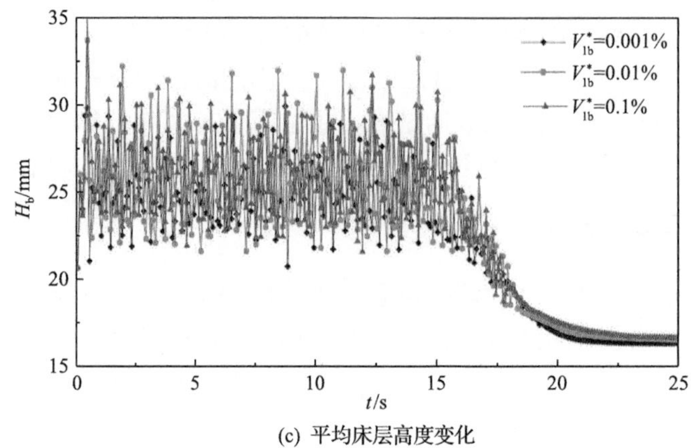

(c) 平均床层高度变化

图 5-57　相对液体量对鼓泡流化床内压降和床层平均高度的影响(u_g=0.9m/s)

其平均值的均方差分别从 31.1Pa 增加 38.4Pa 和 44.3Pa，这意味着湿颗粒系统内的液体含量增多后，压降脉动的变化幅度有所提高。这是因为不同于干颗粒系统中颗粒间接触力主导颗粒流动行为的特点，在湿颗粒系统内加入少量液体后，毛细力(吸引力)与黏性力(排斥力)开始占据主导地位。

最小流化速度 u_{mf} 是衡量流化床内颗粒系统流化特性的最重要的参数之一。为了确定 u_{mf} 的大小，在数值模拟的第二阶段，表观气体速度在 10s 内逐渐从 0.9m/s 下降到零，相应的床内压降和床层平均高度的变化如图 5-57 所示。对应于相对液体量为 0.001%、0.01%和 0.1%时的工况，湿颗粒系统分别在 18.0s、18.5s 以及 19.3s 发生去流化现象，所有颗粒的流化完全停止，对应的最小流化速度 u_{mf} 分别为 0.51m/s、0.58m/s 和 0.63m/s。这说明随着相对液体量的增加，湿颗粒间的液桥黏结作用增强，湿颗粒系统的最小流化速度增大。此时，湿颗粒系统的压降和平均床层高度不再发生脉动，开始平稳下滑。从图中可以看出，当气体速度减小至低于其最小流化速度时，增加相对液体量将提高床层平均高度并得到更大的空隙率，这与颗粒/壁面间的液桥对整个颗粒系统的影响是相关的。

图 5-58 给出了相对液体量对压降功率谱幅度的影响，图中的曲线代表的是图 5-57 中压降脉动相对应的功率谱幅度在频域内的变化特性，其统计频率为 50Hz。从图中可以看出，相对液体量为 0.001%的湿颗粒系统并没有明显的主频出现，其压降功率谱分布较宽。随着相对液体量的增加，0.01%和 0.1%的湿颗粒系统的主频非常明显，特别是 0.01%的湿颗粒系统有一个主频和较小的两个副频，而 0.1%的湿颗粒系统只出现单一的主频，这说明系统压降脉动的规律性和周期性随着相对液体量的增加而增加。另外，0.01%和 0.1%的湿颗粒系统的主频对应的频率分别为 5.2Hz 和 4.5Hz，这与图 5-46 中显示的功率谱特性是一致的，即增加相对液体量将使颗粒系统内压力脉动得更快。从图中还可以看出，0.1%的湿颗粒系统的功率

谱幅度值比 0.01%的湿颗粒系统的更高，说明相对液体量的增加将使压降脉动的强度增加。

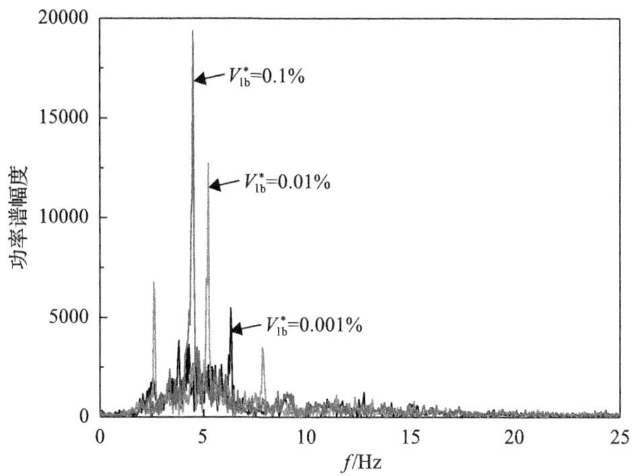

图 5-58　相对液体量对压降功率谱幅度的影响(u_g=0.9m/s)

相对液体量对颗粒速度分布的影响云图如图 5-59 所示，图中对比了相对液体量分别为 0.001%、0.01%以及 0.1%的 DEM 数值模拟结果。模拟结果表明，床内底部布风板处的时均颗粒速度与表观气速相比是非常低的。从图中可以看出，当相对液体量为 0.001%和 0.01%时，鼓泡流化床中心产生了一个颗粒向上运动的高垂直速度核心区域，而在其周围则存在两个颗粒向下运动的高速度核心区域。这意味着单个大气泡沿床中心向上移动，而气泡前端的颗粒在气泡的推动作用下也向上运动，然后在气泡破裂后沿两侧壁面向下运动。相对液体量为 0.1%的湿颗粒系统的垂直速度分布与前两种低相对液体量的湿颗粒系统不同：一个正速度核心和一个负速度核心分别占据床的两侧。出现这种现象的原因是当颗粒间的液体含量增加到一个较大值时，相应的液桥力大大提升，颗粒与颗粒之间相互的牵引作用迅速增强，湿颗粒形成大的聚团在运动时整体移动，而不是以单个的离散颗粒进行移动，颗粒聚团体难以被气泡切割开，这使得气泡在向上流通时无法通过稠密的湿颗粒相区，而是被挤压向一侧边壁。

相对液体量对颗粒速度分布的影响如图 5-60 所示。从图中可以明显地看出，与图 5-59 中的空间分布相对应，相对液体量为 0.001%和 0.01%的湿颗粒系统的颗粒速度分布具有轴对称的轮廓，而相对液体量为 0.1%的湿颗粒系统由于床内气泡出现在右侧壁面处而不是在床内中心，因此其颗粒速度分布近似呈中心对称结构。这种近似中心对称的速度分布表明颗粒随着上升气泡向上运动而气泡周围的颗粒回流形成了单旋涡的流动结构。

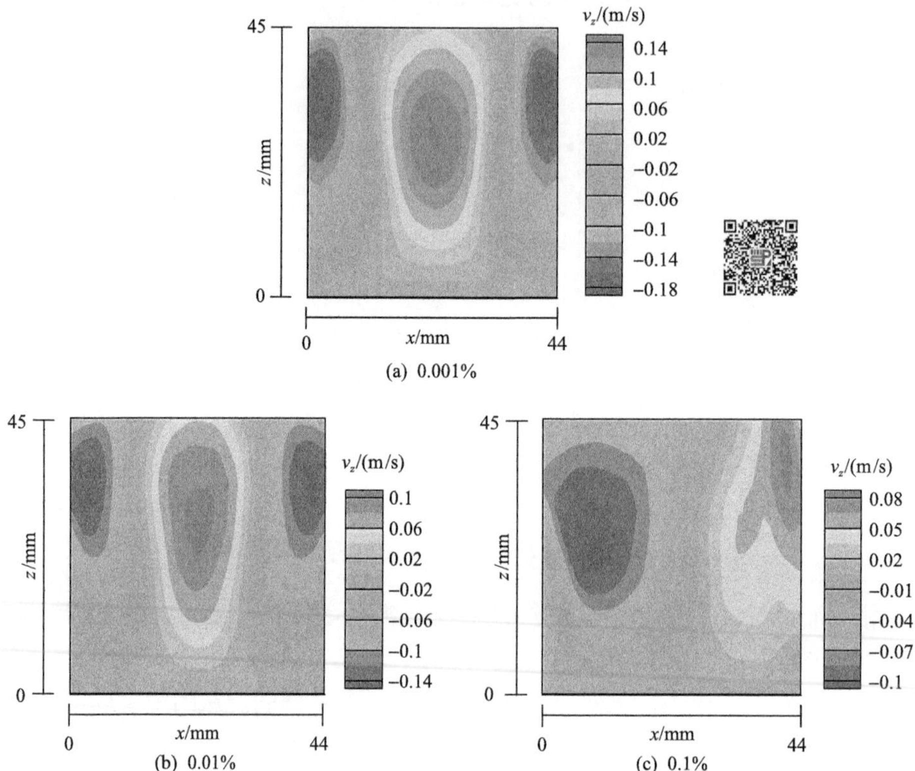

图 5-59　相对液体量对颗粒速度分布的影响云图(u_g=0.9m/s)(彩图扫二维码)

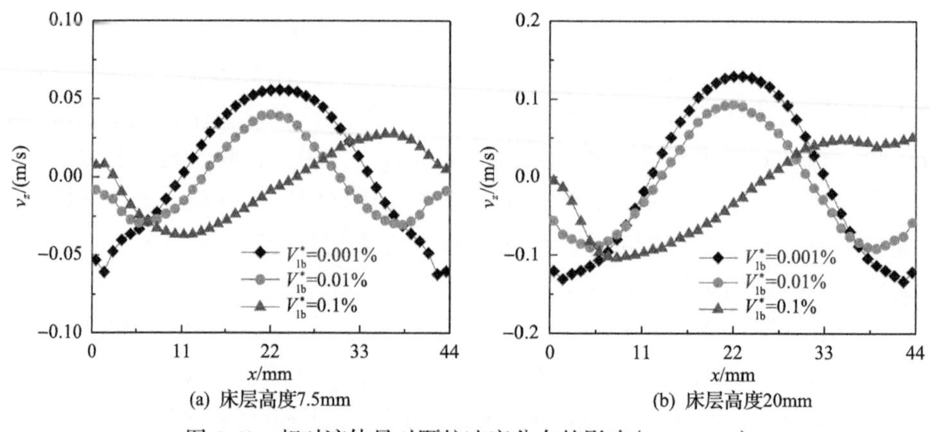

图 5-60　相对液体量对颗粒速度分布的影响(u_g=0.9m/s)

另外，随着相对液体量的增加，气泡上升处(相对液体量 0.001%和 0.01%时在流化床中心区，相对液体量 0.1%时在右侧最大速度处)的颗粒速度减小而边壁处的颗粒速度增加。这是因为如果向颗粒系统中添加更多的液体，湿颗粒与壁面之间作用力将更大，边壁处颗粒将变得更加难以移动，其下降的速度减小。而且，近壁面处颗粒的运动降低，使补充气泡尾部区而被带走的颗粒变少，进而降低了床中心的颗粒速度。最后，随着床层高度的增加，所有的湿颗粒系统的颗粒速度都有所增加。

图 5-61 给出了不同的床层高度上，相对液体量对垂直方向上的气泡颗粒温度 $\theta_{b,zz}$ 的影响。与图 5-60 中的速度变化趋势类似，相对液体量为 0.001%和 0.01%的湿颗粒系统具有轴对称结构的气泡颗粒温度分布，而相对液体量为 0.1%的湿颗粒系统具有中心对称结构的气泡颗粒温度分布。从图中可以看出，对于 0.001%和 0.01%的湿颗粒系统，流化床中存在两类不同的气泡颗粒温度峰值。第一类位于气泡上升轨迹的中心，同时此处颗粒与气体之间的动量交换是最剧烈的，而气体速度对气泡颗粒温度的影响非常大，因此该处气泡颗粒温度最高；而第二类气泡颗粒温度存在两个峰，对称地分布在第一类气泡颗粒温度的两侧，位于随气泡向上运动的中心区和沿边壁向下运动的稠密颗粒区的结合处，该处颗粒与颗粒之间的碰撞最为剧烈的。然而，由于颗粒形成一个整体性的大聚团而缺少颗粒间的相互碰撞，0.1%的湿颗粒系统只存在第一类气泡颗粒温度峰值。

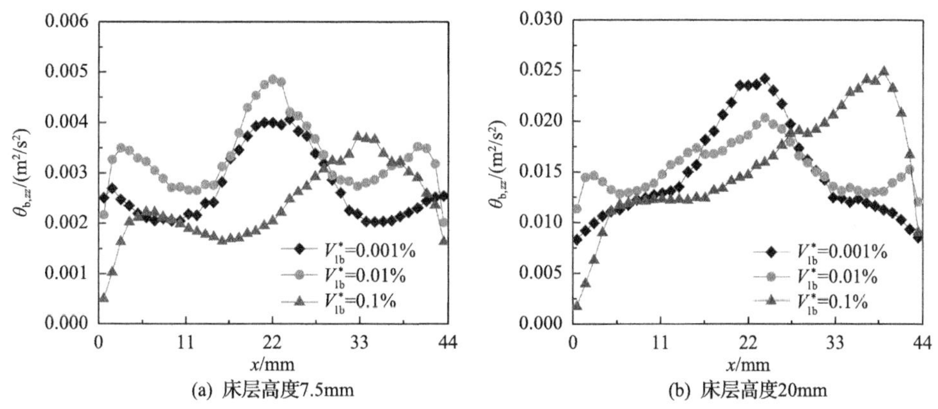

图 5-61　相对液体量对垂直方向上的气泡颗粒温度的影响（u_g=0.9m/s）

图 5-62 中显示的是相对液体量对旋转气泡颗粒温度的影响。随着床层高度的增加，旋转气泡颗粒温度升高。在低床层上（7.5mm 和 20mm），相对液体量为 0.001%和 0.01%的湿颗粒系统具有单峰结构的旋转气泡颗粒温度，其峰值在床中心处，该处颗粒比较密集，向上运动的气泡驱使颗粒获得较大的速度，颗粒间较频繁的碰撞和摩擦使得旋转气泡颗粒温度增大；对于相对液体量 0.1%的湿颗粒系统而言，其旋转气泡颗粒温度从左至右单向增长并在最右侧处出现最大值，但并没有峰值出现，这与湿颗粒间作用力较大，湿颗粒形成单一的大聚团做整体旋转运动有关。

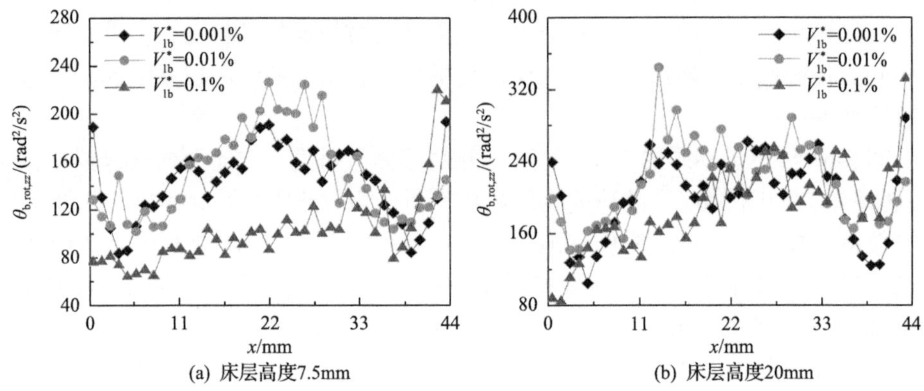

图 5-62　相对液体量对旋转气泡颗粒温度的影响(u_g=0.9m/s)

图 5-63 给出了相对液体量影响床内湿颗粒混合指数的模拟结果。从图中可以看出，在各工况下，混合指数最后都能达到一个接近完全混合的动态平衡状态，此时的 Lacey 混合指数 M 约为 0.91，并且是独立于相对液体量的。另外，液体含量的增加显著延迟了颗粒的混合过程。在混合的初始阶段，随着相对液体量的增加，混合指数的斜率是逐渐降低的。而且，对应于相对液体量为 0.001%、0.01%和 0.1%的工况，湿颗粒系统达到 99%的最终动态平衡状态时所需要的时间分别为 2.6s、3.1s 和 4.3s。可见，相对液体量为 0.1%的湿颗粒系统内的颗粒混合延迟非常明显，而且这种情况下床内湿颗粒的流态化行为也显著不同于其他两种低相对液体量下的情形。

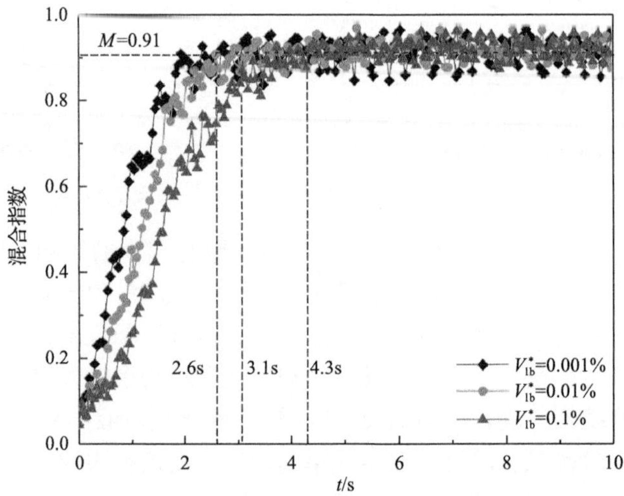

图 5-63　相对液体量对床内湿颗粒混合指数的影响(u_g=0.9m/s)

图 5-64 中显示的是相对液体量对湿颗粒碰撞率的影响，其中图 5-64(a)为颗粒/颗粒碰撞率，图 5-64(b)为颗粒/壁面碰撞率。从图中可以看出，这两种颗粒碰撞率都随时间上下脉动。图 5-64(a)显示，相对液体量为 0.001%的湿颗粒系统的颗粒/颗粒碰撞率脉动十分剧烈，其均方差达到 5.71%，分别是相对液体量为 0.01%和 0.1%的湿颗粒系统的均方差的 2.3 倍和 4.2 倍。这是因为相对液体量低时，颗粒间填隙液体所产生的结合力(引力)小，床内气泡对颗粒的运动的影响很大，离散颗粒碰撞率的脉动幅度必然很高。而当相对液体量增加时，湿颗粒在填隙液体的作用下形成更紧密的颗粒聚团，颗粒碰撞率的脉动幅度大大降低。图 5-65 中的柱状图给出了颗粒碰撞率的时间平均值，其中相对液体量为 0.001%、0.01%和 0.1%的湿颗粒系统的平均颗粒/颗粒碰撞率分别为 81.98%、95.54%和 98.36%，而

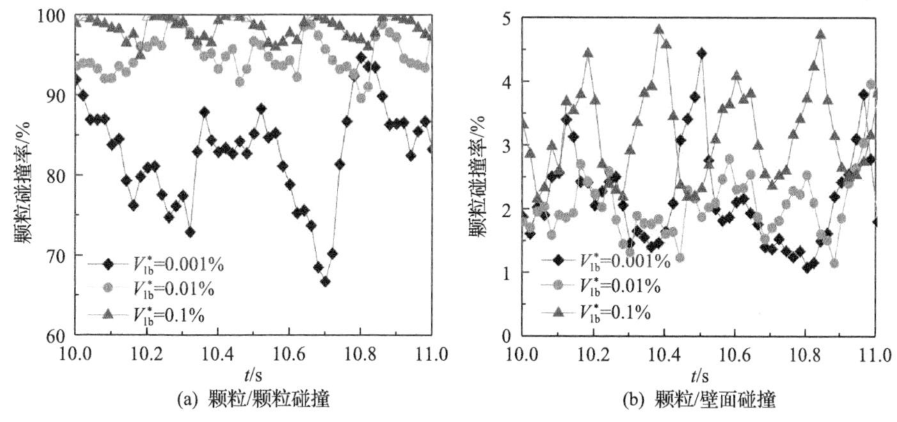

图 5-64　相对液体量对湿颗粒碰撞率的影响(u_g=0.9m/s)

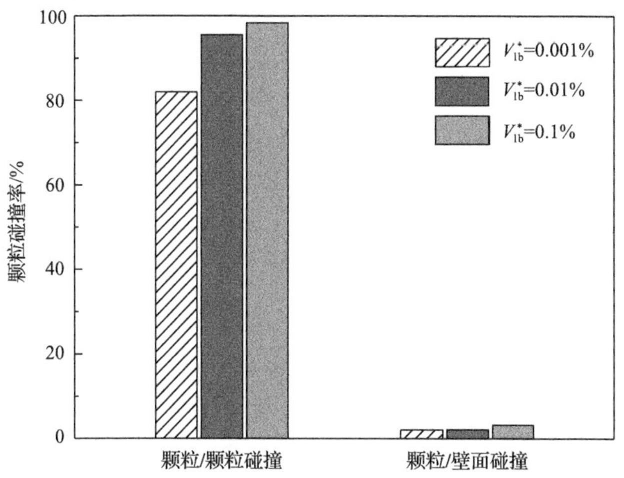

图 5-65　不同相对液体量时的平均湿颗粒碰撞率柱状图

平均颗粒/壁面碰撞率分别为 2.07%、2.11%和 3.23%，可见随着相对液体量的增加，颗粒间更强的牵引力将使颗粒的碰撞率大大提高。

5.6 本章小结

本章应用离散颗粒软球和硬球模型对鼓泡流化床内气固两相流体动力特性进行了数值模拟，着重研究了非球形颗粒与湿颗粒的动力学特性。模拟中采用不同曳力模型、不同气体入口表观气速和不同弹性恢复系数等参数进行计算，分析了不同参数对颗粒动力学特性包括颗粒运动速度、气泡颗粒温度、平移粒子颗粒温度和颗粒旋转温度的影响。

通过对比球形颗粒与非球形颗粒系统的数值模拟结果可以看出，使用非球形颗粒模型得到的模拟结果与实验结果吻合更好。非球形颗粒和球形颗粒的旋转颗粒速度分布趋势相同，但非球形颗粒的旋转颗粒速度分布波动更大。非球形颗粒系统的气固分布周期性规律较为复杂，并且在系统内气泡的边界并不清晰，内部存在大量分散的颗粒，气泡的脉动运动趋势不明显，而颗粒的微观脉动运动与气泡的行为有着密切的联系。弹性恢复系数对颗粒速度分布影响较大，颗粒速度的大小随着弹性恢复系数的增大而增大，尤其是在流化床的中部，但颗粒旋转速度的绝对值会随着法向弹性恢复系数的减小而增大。通过对颗粒系统流态化行为的周期性分析可以看出，在弹性恢复系数较小的数值模拟工况中其瞬时空隙率的周期性规律更为明显。重力加速度对流态化行为的影响重力主要是作用在垂直方向上的，因此其对水平方向上颗粒速度的影响主要通过压缩床层高度而阻碍颗粒在水平方向上的运动，内在规律较为复杂。

对于湿颗粒系统，有类似于干颗粒系统的单个大气泡，但干颗粒系统中的气泡具有规则的平滑轮廓并且气泡中散布着少量的颗粒，而湿颗粒系统内大量的湿颗粒在气泡周边形成稳固而紧密的聚团，聚团之间往往通过形成链桥的形式伸入和包围在气泡周围使得气泡边界变得粗糙。湿颗粒系统的压降和床层高度的脉动较干颗粒系统的大。干颗粒系统的混合过程比湿颗粒系统的更快，而增加相对液体量使得湿颗粒系统的混合过程需要的时间更多。弹性恢复系数对气相压降、湿颗粒混合过程和颗粒速度分布的影响较小。随着弹性恢复系数的增加，在水平方向上颗粒速度分布更均匀。对于相对液体量为 0.001%和 0.01%的湿颗粒系统，颗粒速度和颗粒温度具有轴对称轮廓；而对于相对液体量为 0.1%的湿颗粒系统，其颗粒速度和颗粒温度是近似中心对称的结果。另外，相对液体量的增加将使颗粒碰撞概率大大提高。

参 考 文 献

[1] 郭慕孙, 李洪钟. 流态化手册[M]. 北京: 化学工业出版社, 2008.

[2] Müller C R, Holland D J, Sederman A J, et al. Granular temperature: Comparison of magnetic resonance measurements with discrete element model simulations[J]. Powder Technology, 2008, 184(2): 241-253.

[3] Goldschmidt M, Link J, Mellema S, et al. Digital image analysis measurements of bed expansion and segregation dynamics in dense gas-fluidised beds[J]. Powder Technology, 2003, 138(2): 135-159.

[4] Grace J R. Contacting modes and behaviour classification of gas-solid and other two-phase suspensions[J]. The Canadian Journal of Chemical Engineering, 1986, 64(3): 353-363.

[5] Grace J R. High-velocity fluidized bed reactors[J]. Chemical Engineering Science, 1990, 45(8): 1953-1966.

[6] Sudah O S, Coffin-Beach D, Muzzio F J. Quantitative characterization of mixing of free-flowing granular material in tote (bin)-blenders[J]. Powder Technology, 2002, 126(2): 191-200.

[7] Jain K, Shi D, Mccarthy J. Discrete characterization of cohesion in gas-solid flows[J]. Powder Technology, 2004, 146(1): 160-167.

[8] Li H, Mccarthy J. Controlling cohesive particle mixing and segregation[J]. Physical Review Letters, 2003, 90(18): 184301.

[9] Rhodes M J. Introduction to Particle Technology[M]. Chichester: John Wiley & Sons, 2008.

[10] Paul E L, Atiemo-Obeng V A, Kresta S M. Handbook of Industrial Mixing: Science and Practice[M]. New York: John Wiley & Sons, 2004.

[11] Lacey P M C. Developments in the theory of particle mixing[J]. Journal of Applied Chemistry, 1954, 4(5): 257-268.

第6章　喷动流化床非球形颗粒及湿颗粒流动行为研究

6.1　引　　言

喷动流化床是气固两相流动中应用最广泛的反应器之一，可以用于物料的干燥、农业、化工、医药等过程中。喷动流化床相对于鼓泡流化床更为复杂，在不同的操作参数下，可以呈现不同的流化状态。因此，开展喷动流化床内颗粒动力学特性的研究，对流化床的设计、优化和运行具有重要意义[1-3]。

本章基于建立的非球形离散颗粒硬球模型和湿颗粒离散软球模型，对 Link 等[4]的喷动流化床实验进行数值模拟研究，着重分析喷动流化床内颗粒行为的各向异性特性，探索床内不同空间位置上流态化行为间的内在联系。

6.2　数值模拟初始及边界条件

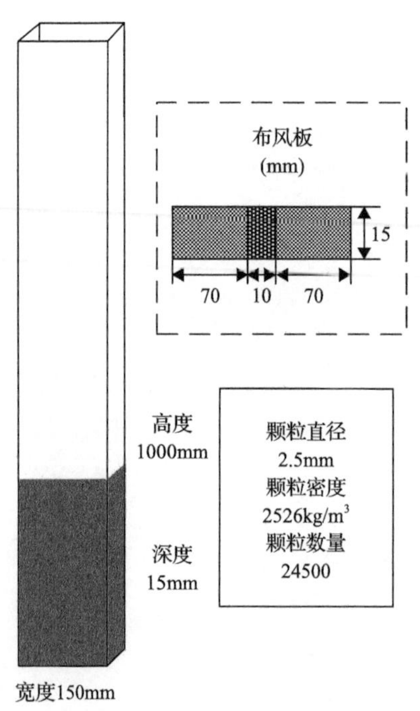

图 6-1　喷动流化床示意图

本章分别对喷动流化床内干、湿颗粒的气固两相流体动力特性进行了模拟。由于 Link 等[4]的实验使用的是球形颗粒，所以在数值模拟研究中首先进行球形颗粒在喷动流化床内流体动力特性的数值模拟验证本书的模型。图 6-1 为模拟中喷动流化床示意图，该流化床的宽×深×高为 150mm×15mm×1000mm。实验中所用的颗粒总数目为 24500，直径为 2.5mm。

数值模拟中球形颗粒、非球形颗粒和湿颗粒的工况均计算 15s，数据处理时使用后 10s 时得到的结果。模拟中所用的参数如表 6-1 所示。对于喷动流化床，气体通过底部布风板进入床内，布风板分为三个独立的部分，中间 10mm 宽的喷动气体区域和两侧 70mm 宽的流化气体区域。喷动流化床的顶部出口压力为大气压。在对球形颗粒的数值模拟研究中首先进行了模型的验证，考察了不同曳力模型和不同弹性恢复系数对数值模拟结果的影响，随后应用区域相关的颗粒行为分析方法，探索其内在机理。

表 6-1　模拟中所用的参数

物理量	数值	单位
	流化床	
x、y、z 方向尺寸	150×15×1000	mm×mm×mm
x、y、z 方向网格数	15×3×80	—
	颗粒	
颗粒数	24500	—
颗粒直径	2.5	mm
颗粒密度	2526	kg/m^3
弹性恢复系数	0.97	—
颗粒/颗粒滑动摩擦系数	0.1	—
颗粒/壁面滑动摩擦系数	0.1	—
	气体	
气体黏度	1.8×10^{-5}	Pa·s
温度	293.15	K

6.3　模 型 验 证

6.3.1　离散硬球模型

参照 Link 等[4]的实验，设定喷动床布风板中间 10mm 宽的区域内气速为 20.0m/s，两侧 70mm 宽的区域内流化气速为 3.0m/s。图 6-2 是喷动流化床内球形颗粒运动情况。可以看出，床内的颗粒脉动运动较为强烈，并伴有明显的颗粒扬析现象。颗粒在床内的分布并不对称，这与鼓泡流化床中的情况是不同的。气泡在床层底部中央位置生成，在上升的过程中，小气泡不断合并，并伴有大气泡的破裂，气泡行为较为复杂。

为了验证数值模拟结果的准确性，本研究考察了不同大涡模拟亚格子模型、不同曳力模型和不同弹性恢复系数对数值模拟结果的影响。

图 6-3 为不同大涡模拟模型下颗粒质量流量的分布。其中，每个网格单元内的颗粒质量流量 Φ_{p} 是与网格空隙率和颗粒速度相关的函数，其定义如下：

$$\Phi_{\mathrm{p},i}=(1-\varepsilon_{\mathrm{g}})\rho_{\mathrm{p}}\overline{v}_{\mathrm{p},i}^{\mathrm{c}} \tag{6-1}$$

可以看出，采用不同的大涡模拟模型得到的颗粒流量分布趋势基本相同，应用变化的 Smagorinsky 常量的大涡模拟方法得到的数值模拟结果与实验数据吻合得更好，尤其是在床中部的颗粒流量分布。因此，变化的 Smagorinsky 常量的大涡模拟方法可以较好地模拟当前的实验工况。

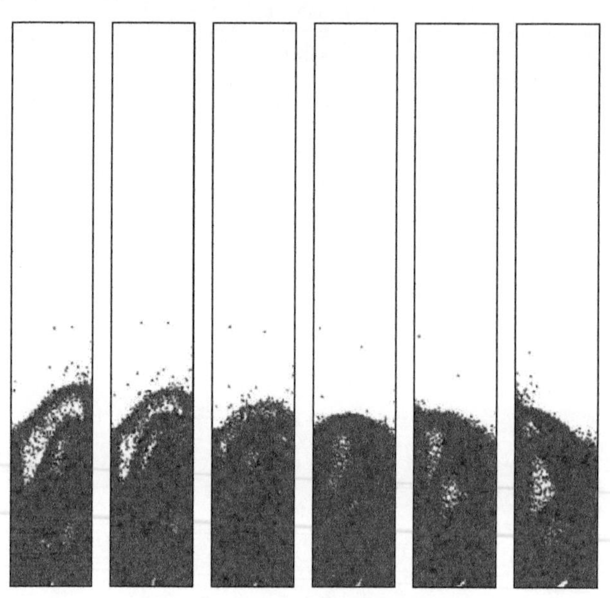

图 6-2　喷动流化床内球形颗粒运动

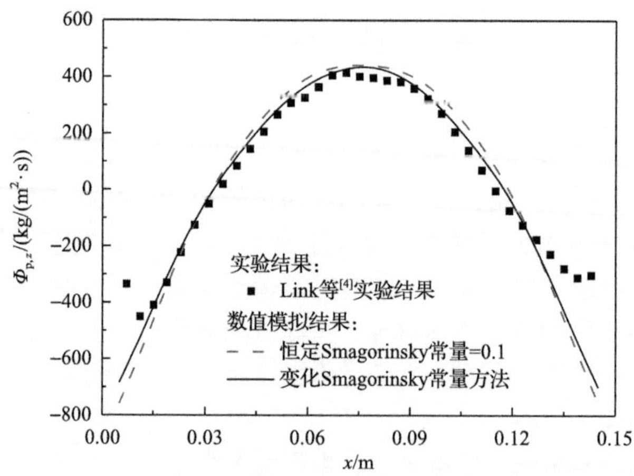

图 6-3　不同大涡模拟模型下颗粒质量流量的分布

曳力模型是气固两相流动数值模拟中的关键模型之一，其选取会大大影响数值模拟的准确性。图 6-4 为不同曳力模型下颗粒质量流量的分布，分别选用了 Ergun_Wen&Yu 曳力模型、Beetstra 曳力模型和 Koch-Hill 曳力模型。可以看出，颗粒质量流量受曳力模型的影响并不明显，各个工况下颗粒质量流量的分布趋势基本相同。通过与实验数据的对比，可以看出应用 Beetstra 曳力模型得到的模拟结果与实验符合更好。

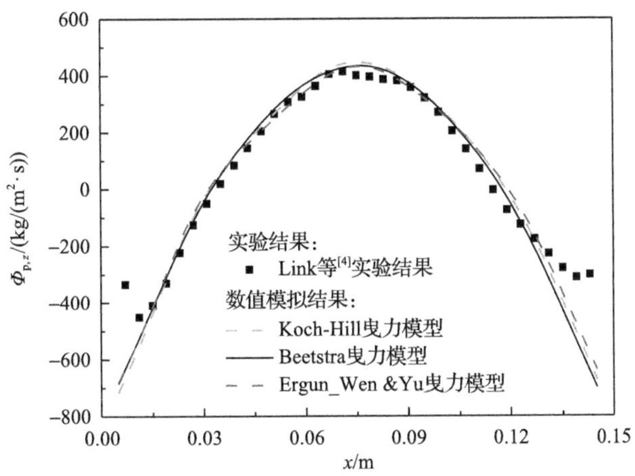

图 6-4　不同曳力模型下颗粒质量流量的分布

弹性恢复系数是离散颗粒硬球模型中的重要参数之一，通常弹性恢复系数的数值范围为 0～1，在本工况中考虑到玻璃颗粒的碰撞特性，选取 0.9、0.97 和 0.99 三种情况进行分析。由图 6-5 可以看出，在弹性恢复系数为 0.97 的工况中，模拟得到的颗粒质量流量与实验吻合最好，这说明颗粒在碰撞时仅有较小的能量耗散。

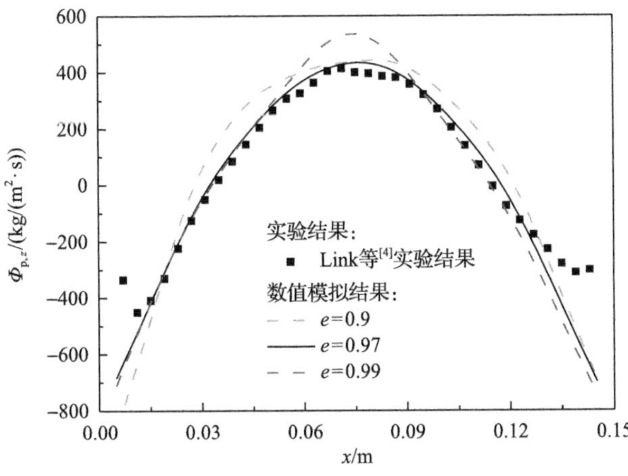

图 6-5　不同弹性恢复系数下颗粒质量流量的分布

综上所述，使用变化的 Smagorinsky 常量的大涡模拟方法、选取 Beetstra 等的曳力模型并采用 0.97 的弹性恢复系数，得到的模拟结果与实验数据符合较好。但是仍然可以看出，在靠近壁面的区域，数值模拟与实验数据存在一定的误差。此处的误差可能由以下三方面原因造成：首先，这是由于没有考虑旋转摩擦力模型导致的。Goniva 等[5]在研究中指出，提高颗粒间和颗粒与壁面间的旋转摩擦力可以减小误差。其次，在本研究中对壁面效应的考虑不够。模拟中对颗粒与壁面的相互作用主要是以颗粒和壁面的弹性恢复系数和部分滑移边界条件的形式描述的。最后，由于离散颗粒硬球模型在计算网格空隙率时，要求网格能够容纳若干颗粒，所以在模拟中气相的网格不能太小，这就导致了在靠近壁面处气相的模拟计算会存在一定的误差。但是总的来看，建立的数值模型可以较好地预测颗粒质量流量的分布趋势，能够得到较为准确的颗粒行为特性。

6.3.2　离散软球模型

本节分别研究了 Koch-Hill 曳力模型和 Gidaspow 曳力模型对喷动流化床内压降脉动特性和颗粒流态化等行为的影响。参照 Link 等[4]的实验，设定 A、B 两种工况，如表 6-2 所示。喷动床布风板中间 10mm 宽的区域内喷动气速分别为 30.0m/s 和 20.0m/s，两侧 70mm 宽的区域内流化气速分别为 1.5m/s 和 3.0m/s。

表 6-2　工况设置表

工况	喷动气速/(m/s)	流化气速/(m/s)
工况 A	30.0	1.5
工况 B	20.0	3.0

图 6-6 和图 6-7 分别显示了工况 A 和工况 B 条件下，应用 Koch-Hill 曳力模型模拟的喷动流化床内干颗粒系统在各时刻的空间分布和运动情况，其中工况 A 的显示区域的高度为 0.35m，而工况 B 的显示区域高度为 0.48m。两图皆显示模拟开始时，在喷射气体的作用下，床中心处首先生成单个大气泡，气泡逐渐长大、上升、在床层表面破裂并伴随着颗粒开始回落。

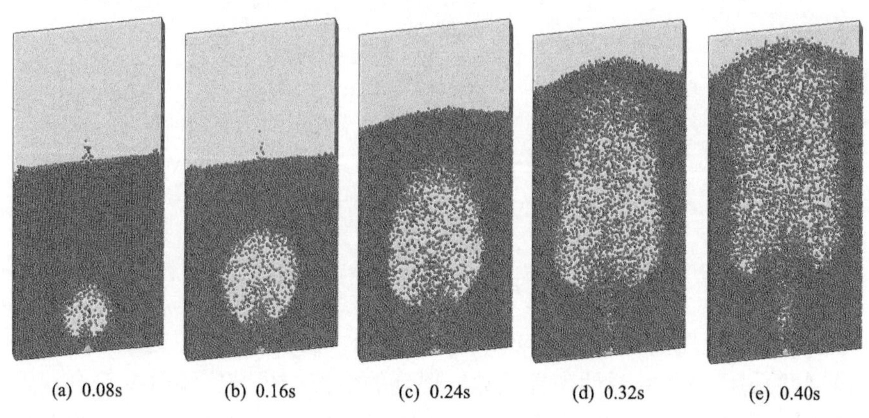

(a) 0.08s　(b) 0.16s　(c) 0.24s　(d) 0.32s　(e) 0.40s

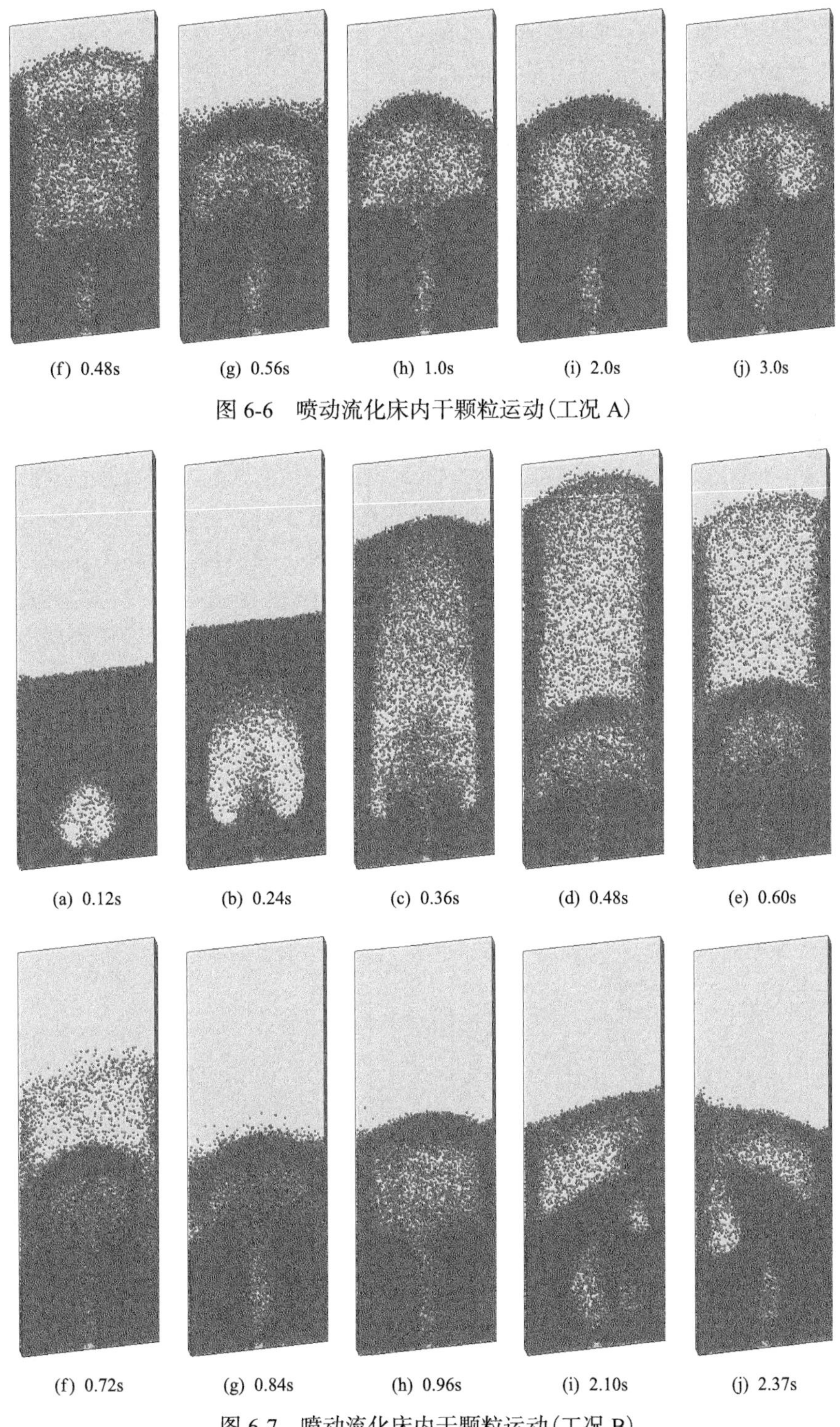

图 6-6　喷动流化床内干颗粒运动(工况 A)

图 6-7　喷动流化床内干颗粒运动(工况 B)

然而，工况 A 和工况 B 中颗粒的流态化行为存在明显的差异。首先在初始阶段，工况 B 中颗粒随气泡上升所达到的最大高度比工况 A 中的大，这与工况 B 的表观气速大于工况 A 的是一致的。其次，在达到动态稳定状态后，工况 A 中颗粒的运动更接近喷动床内的流动结构，形成了三个典型的区域：环隙区、喷泉区和喷动区。喷动区位于床层的中部，与底部喷动口连通，其内的高速气流将携带环隙区内的颗粒向上移动；环隙区位于喷射区的周围，颗粒堆积密度较高，运动缓慢；喷泉区则位于喷动区和环隙区的顶部，颗粒被高速气体喷出，然后在重力的作用下回落，形成类似喷泉的形状。另一方面，工况 B 中由于喷动气速更小，而流化气速更大，因此工况 B 中床内颗粒的运动更接近鼓泡流化床内的流动结构，虽然也形成了喷泉，但其结构并不稳定，喷动区无法形成固定的气体通道，而环隙区和喷泉区内的颗粒流也随之进行往复摆动。

图 6-8 中分别给出了两种工况下，DEM 数值模拟和 Link 等[4]实验测量得到的喷动流化床内气体压降随时间的动态变化，其中图 6-8(a)为工况 A 下 11～12s 内的变化，而图 6-8(b)为工况 B 下 11～13s 内的结果。数值模拟所得的压降脉动采样频率为 50Hz。从图 6-8(a)中可以看出，实验测量和 Koch-Hill 曳力模型都获得了比较规则的周期性变化的压降脉动，而 Gidaspow 曳力模型预测的压降脉动并没有显示出非常规则的周期性。另外，可以很明显地看出，Koch-Hill 曳力模型预测的压降脉动幅度较大，与实验结果符合得更好，而应用 Gidaspow 曳力模型得到的压降脉动的幅度则小得多，较为严重地偏离了实验测量值。图 6-8(b)显示在工况 B 下，不同曳力模型的结果区别不大，Gidaspow 曳力模型和 Koch-Hill 曳力模型都预测到了喷动流化床内压降脉动，但其脉动周期与幅度并不恒定。

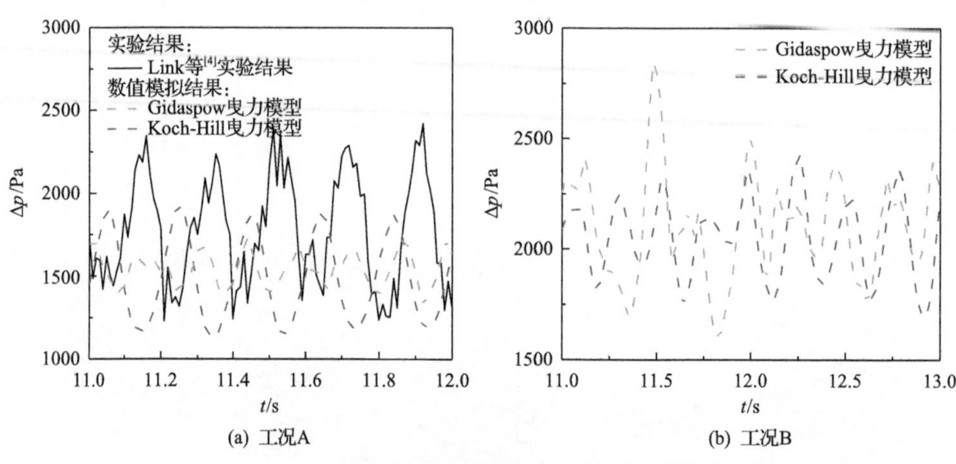

图 6-8　实验测量及数值模拟的气体压降脉动

为了进行定量的比较，通过对动态压降信号施加快速傅里叶变换得到的功率谱幅度特性在频域内的分布显示在图 6-9 中。从图 6-9(a)中可以清楚地看出，应用 Koch-Hill 曳力模型和实验测量得到的压降功率谱都具有一个很突出的主频，其对应的频率分别为 5.08Hz 和 4.96Hz，这个主频与 Link 等[6]指出喷动流化床流型的主频范围为 4～6Hz 是一致的。另外，这个约为 5Hz 的主频与图 6-8(a)中显示在 11～12s 内 Koch-Hill 曳力模型的模拟和实验结果都出现 5 个压降波峰和波谷而且压降脉动呈周期性变化是相对应的。而应用 Gidaspow 曳力模型则没有明显的主频，只出现一个频率范围在 7～8Hz 内的宽分布的较高功率谱幅度值，这也与图 6-8(a)中 Gidaspow 曳力模型预测的压降脉动的周期性并不规则、波峰及波谷的个数约为 7 是一致的。

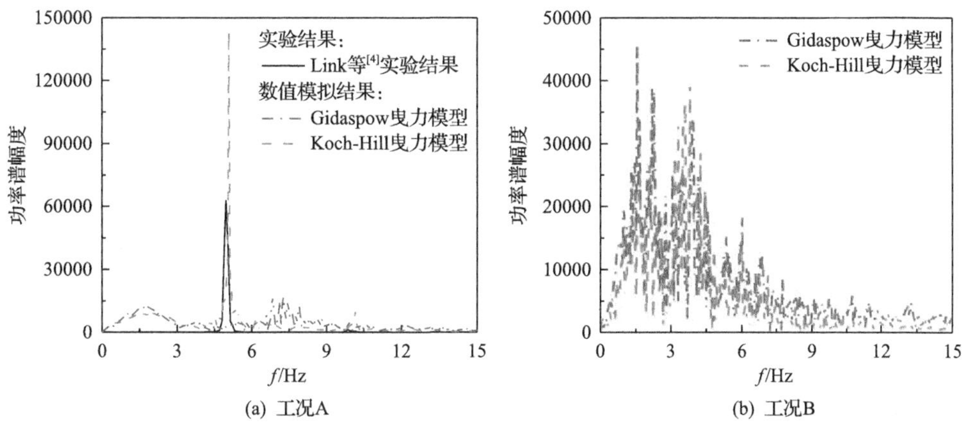

图 6-9　压降的功率谱幅度在频域内的分布

由此可见，Koch-Hill 曳力模型比 Gidaspow 曳力模型对压降脉动主频的预测更准确，更接近实验测量结果。另外，图 6-9(b)中显示在工况 B 下，应用 Gidaspow 曳力模型和 Koch-Hill 曳力模型获得的功率谱幅度分布相差不大，两者都没有得到单一的主频，其功率谱幅度的峰值分布范围较宽，这与图 6-8(b)中压降脉动并不规则是一致的。

图 6-10 给出了工况 A 和工况 B 下，应用不同曳力模型的 DEM 数值模拟对床层高度为 130mm 处的 z 方向时间平均颗粒质量流量 $\Phi_{p,z}$ 的预测，并和 Link 等[6]的实验测量数据进行了对比。

从图中可以看出，工况 A 中垂直方向的颗粒质量流量分布具有一个相对狭窄的峰值，而工况 B 中的峰值分布则相对更广。对应用不同曳力模型的 DEM 数值模拟得到的垂直颗粒质量流量进行比较后，发现虽然不同曳力模型对颗粒能量的预测相差不大，但是与 Gidaspow 曳力模型相比，Koch-Hill 曳力模型对喷动流化床中心处的颗粒质量流量的预测更小，而得到的两侧边壁处的颗粒质量流量则更大，这更接近实验测量结果。

另外，在两侧边壁处，不同曳力模型对工况 A 中的垂直颗粒质量流量预测较为准确，但严重地低估了工况 B 中的颗粒质量流量。这是因为在边壁处，工况 B 的流化气速比工况 A 大得多，而 DEM 数值模拟中所用的网格单元较为粗糙，这连同壁面处的无滑移边界条件扩大了壁面效应的影响，从而低估了近壁面处的气速，最终导致颗粒速度与实验测量值误差相对较大。由此可以看出，虽然 Gidaspow 曳力模型应用非常广泛，但不适合模拟喷动流化床中所遇到的高速射流的情况，而 Koch-Hill 曳力模型更有优势，这从两种曳力模型对图 6-8 中的压降脉动特性和图 6-9 中对压降脉动主频的预测结果也可以看出。因此，在后续所有对喷动流化床内湿颗粒系统的模拟中，均采用 Koch-Hill 曳力模型。

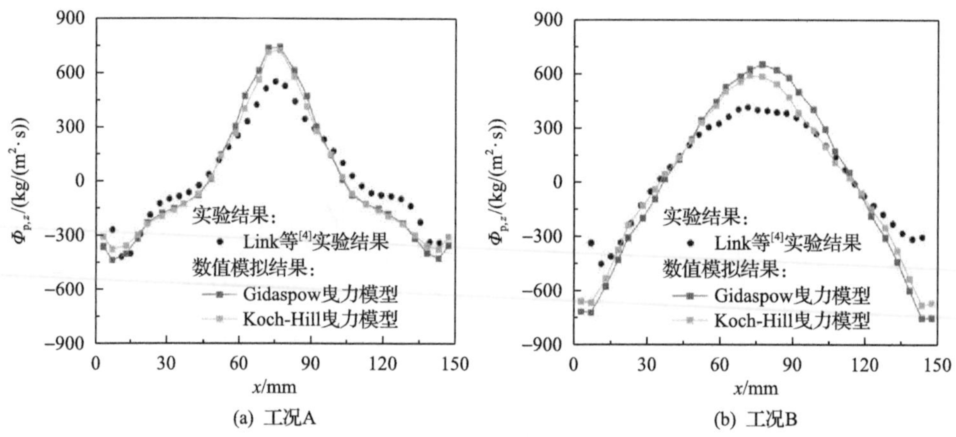

图 6-10　两种不同工况下时间平均颗粒质量流量分布(床层高度为 130mm)

图 6-11 给出的是不同工况下，喷射区内颗粒质量流量 $\Phi_{p,z}$ 沿床层高度的分布情况，其中，喷射区是喷动气速所占据的区域(70mm<x<80mm)。从图中可以看出，颗粒通量 $\Phi_{p,z}$ 沿床高可分为三个典型的区段：急速增加段、平缓过渡段和急速减小段，即颗粒质量流量首先沿床层高度的增加迅速增大，然后在中间床层(30mm<h<150mm)平稳过渡，达到最大值后，颗粒质量流量随着床层高度的进一步增加而迅速减小，这也说明从环隙区向喷射区的颗粒输送在平缓过渡段是最强烈的。比较不同工况下的颗粒质量流量发现，工况 A 的最大颗粒质量流量比工况 B 的高，这说明更大的喷动气速更有利于颗粒运动。另外，不同曳力模型所预测的结果虽然趋势一致，但仍存在一定的差异。在相同的床层高度，Gidaspow 曳力模型模拟的颗粒质量流量 $\Phi_{p,z}$ 比 Koch-Hill 曳力模型预测的结果要大，特别是随着高度的增加，两者的差异也越大，这与床层越高，空隙率越大是有关的。而且，相对于 Koch-Hill 曳力模型，Gidaspow 曳力模型所得到的喷泉区的最大高度($\Phi_{p,z}$ 为零的位置)更高。

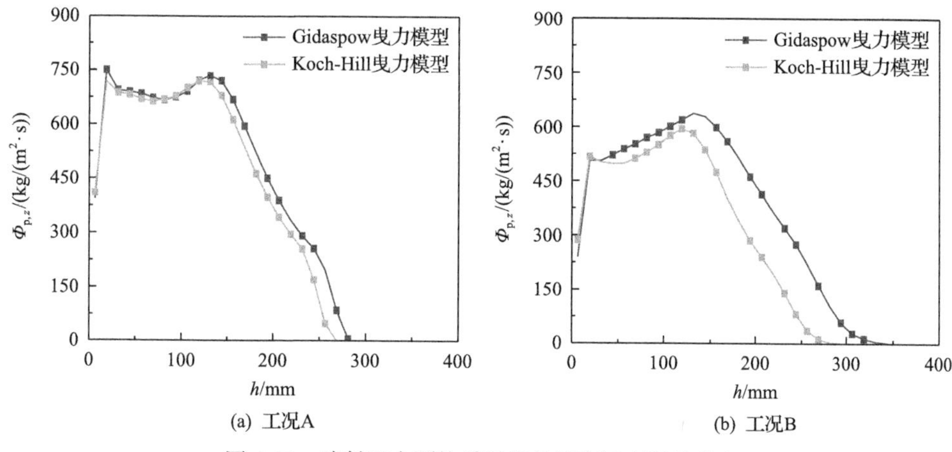

图 6-11　喷射区内颗粒质量流量沿床层高度的分布

不同工况下，空隙率 ε_g 在 130mm 床层高度处沿水平方向的分布由图 6-12 给出。从图中可以看出，在工况 A 和工况 B 下，最大空隙率均出现在床中心轴线处，并且空隙率沿中心向两侧边壁方向迅速降低。而且工况 A 中床中心处的空隙率比边壁处的空隙率大得多，而工况 B 中的空隙率分布则更为均匀，这是由于工况 A 的喷动气速比流化气速大得多。另外，不同的曳力模型预测的空隙率存在一定差别，对比两种曳力模型可知，在中心处和边壁处，Gidaspow 曳力模型预测的空隙率比 Koch-Hill 曳力模型大，而在喷动区和环隙区交接处，Gidaspow 曳力模型所模拟的空隙率则更小。特别是对于工况 B，两种曳力模型对中间喷射区和边壁环隙区的空隙率的预测差别很大。

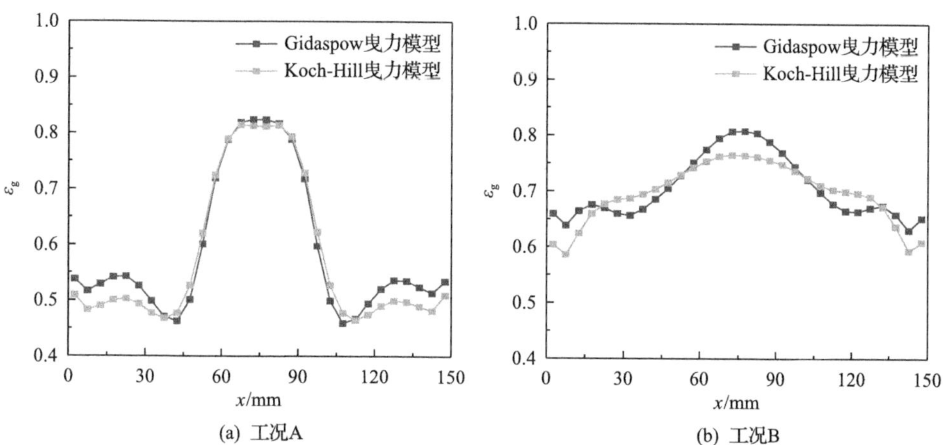

图 6-12　两种不同工况下空隙率沿水平方向的分布(床层高度为 130mm)

图 6-13 给出了不同曳力模型对气泡颗粒温度分布的影响。从图中可以看出，在喷射区，气泡颗粒温度类似于半正态分布，即气泡颗粒温度先增加后减小。不

同曳力模拟所得的气泡颗粒温度峰值相差较大：对于工况 A 和工况 B，Gidaspow 曳力模型所得的最大气泡颗粒温度分别为 $0.020m^2/s^2$ 和 $0.10m^2/s^2$，而 Koch-Hill 曳力模型所得的最大值为 $0.033m^2/s^2$ 和 $0.086m^2/s^2$。对比图 6-10 中不同曳力模型对颗粒质量流量的预测十分接近，可知由于颗粒温度是速度脉动的二阶矩，要准确地预测颗粒温度是非常困难的。在环隙区，气泡颗粒温度先减小后增加，这是因为越靠近边壁处，颗粒越稠密，颗粒间的碰撞越频繁，颗粒温度将增加。另外，同一高度位置处，工况 B 的气泡颗粒温度比工况 A 大得多，说明表观气速的增加将增强气固间的能量传递，从而使得气泡颗粒温度增加。另外，两种曳力模型所预测的工况 B 下的气泡颗粒温度分布的对称性比工况 A 下的差，这与图 6-7 中显示的颗粒流动结构并不稳定是一致的。

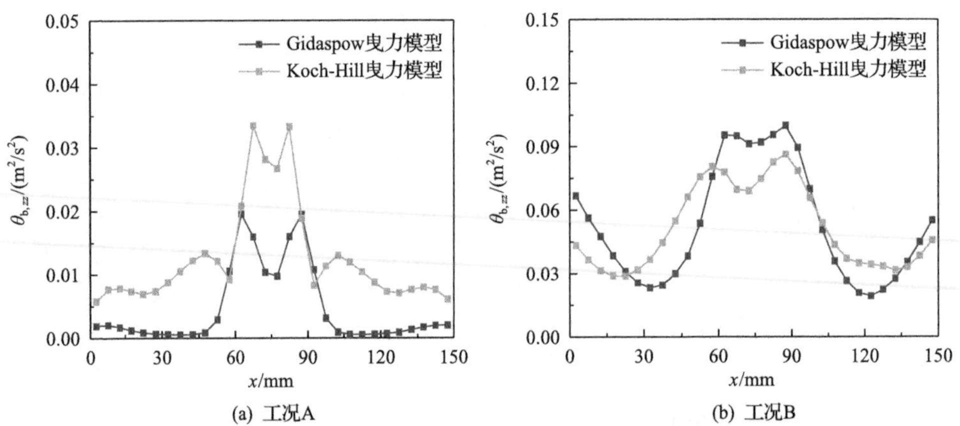

图 6-13　两种不同曳力模型对气泡颗粒温度分布的影响(床层高度为 130mm)

不同工况下，应用不同曳力模型的平均颗粒碰撞率由图 6-14 中的柱状图给出。

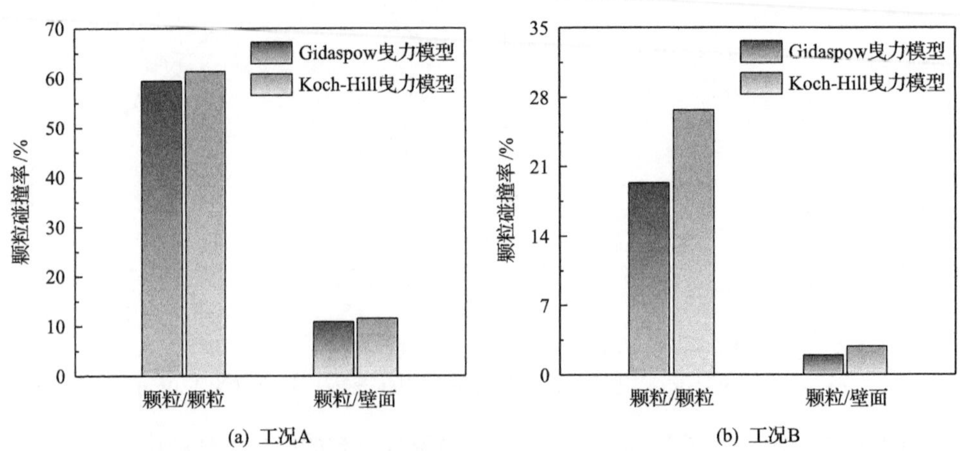

图 6-14　不同工况下不同曳力模型的平均颗粒碰撞率柱状图

由图可知，同一工况下，颗粒/颗粒间的碰撞比颗粒/壁面间的碰撞频繁得多。在工况 A 下，应用 Koch-Hill 曳力模型时的平均颗粒/颗粒碰撞率和平均颗粒/壁面碰撞率分别为 61.37%和 11.53%，高于应用 Gidaspow 曳力模型时的 59.43%和 10.85%，而在工况 B 下的情形也类似。此外，应用 Koch-Hill 曳力模型时的颗粒碰撞率脉动幅度比应用 Gidaspow 曳力模型时大得多。如工况 A 下，应用 Gidaspow 曳力模型时颗粒/颗粒碰撞率和颗粒/壁面碰撞率的均方差分别为 0.50%和 0.28%，明显小于应用 Koch-Hill 曳力模型的 1.21%和 0.39%；而在工况 B 下，应用 Gidaspow 曳力模型时颗粒/颗粒碰撞率和颗粒/壁面碰撞率的均方差分别为 2.90%和 0.40%，也小于应用 Koch-Hill 曳力模型的 3.0%和 0.47%。

6.4　球形颗粒流动行为研究

随着对喷动流化床研究的不断深入，学者们发现，在不同的操作参数下，床内不仅呈现出不同的流化状态，而且在不同的区域其流化状态也有较大差异[7,8]。针对这一问题，基于已验证的模型，开展了球形颗粒喷动流化床内不同区域流态化行为研究。参照 Link 等[4]的实验，设定喷动床布风板中间 10mm 宽的区域内气速为 20.0m/s，两侧 70mm 宽的区域内流化气速为 3.0m/s，模拟参数同 6.3.1、6.3.2 节。

气固两相流动中空隙率反映了基本的气固分布情况，是颗粒系统中最基础的流态化参数之一。图 6-15 为喷动流化床不同位置空隙率分布情况。由于研究中使用的喷动流化床为轴对称结构，且床内时均空隙率分布对称，没有出现流动不稳定现象，因此瞬时空隙率只给出了右侧的情况。根据床内位置的特性，选择了 8 个点进行了研究。其中以上各点是通过对半个床内不同位置空隙率的处理而进行筛选得出的具有代表性的 8 个位置。可以看出在每个位置床内的瞬时空隙率分布趋势不同，但也存在一定的共性。为了进一步研究其内在规律，本研究使用了信号分析方法对喷动流化床内的空隙率进行了分析，得到了区域相关的颗粒行为特性。

图 6-15 中 8 个点的瞬时空隙率的功率谱和小波分析结果见图 6-16～图 6-23。以上两种信号分析方法可以得到原始信号的详细信息。在气固两相流动领域中，床内的压降经常应用功率谱分析[9,10]和小波分析[11,12]的方法进行研究。功率谱分析可以描述出信号中不同频率做出的贡献，通过傅里叶变换进行计算。其主要目的是获得信号的固有频率和周期性特征。小波变换较傅里叶变换有一个明显的优势，即可以同时获得信号的频率信息和位置信息。小波分析可以将一维的时间序列转化为二维时间和空间上的信号详细信息。通过不同的过滤器计算，最终达到高频信号时间细分和低频信号频率细分。在本研究中，应用了由 Daubechies[13]提出的“db8”过滤器。计算后得到的近似系数(approximation coefficient)为 a_1～a_8，细节系数(detail coefficient)为 d_1～d_8，每一个都对应固定的频率，如表 6-3 所示。

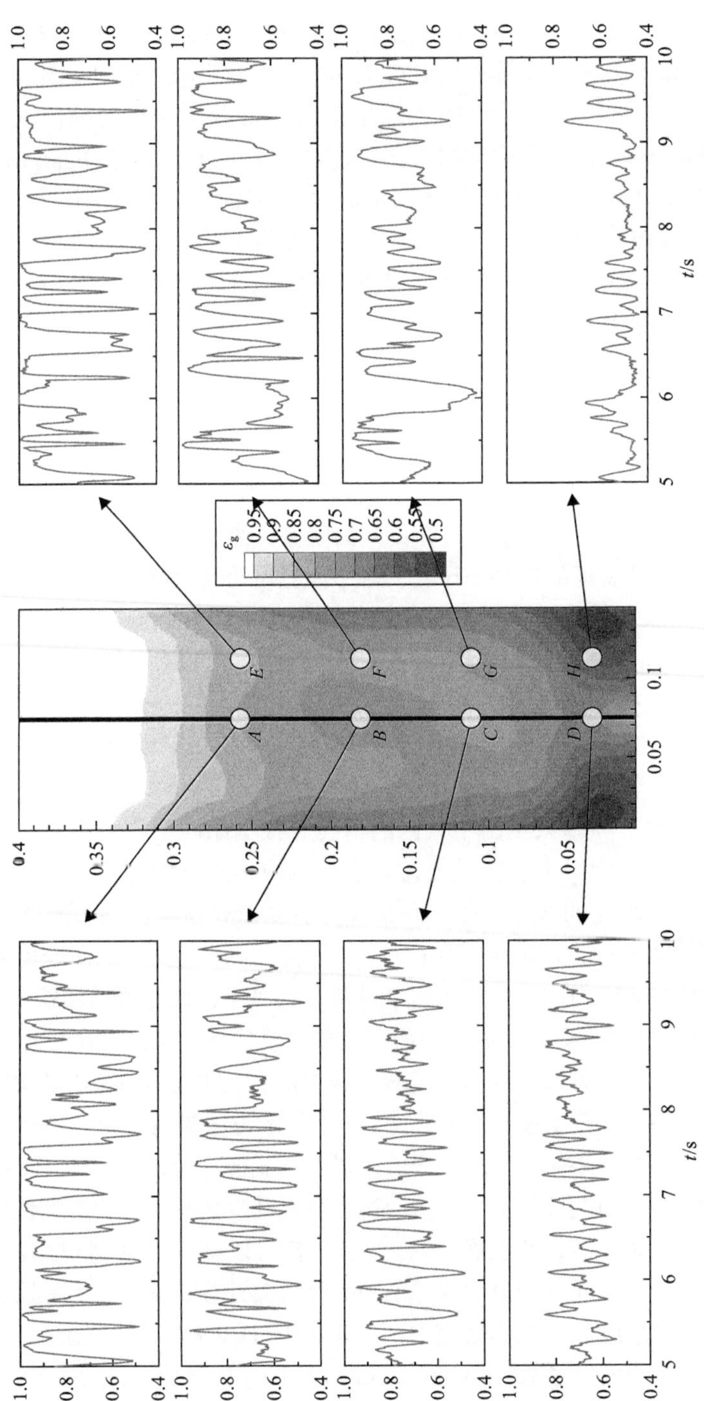

图6-15　喷动流化床不同位置瞬时空隙率分布

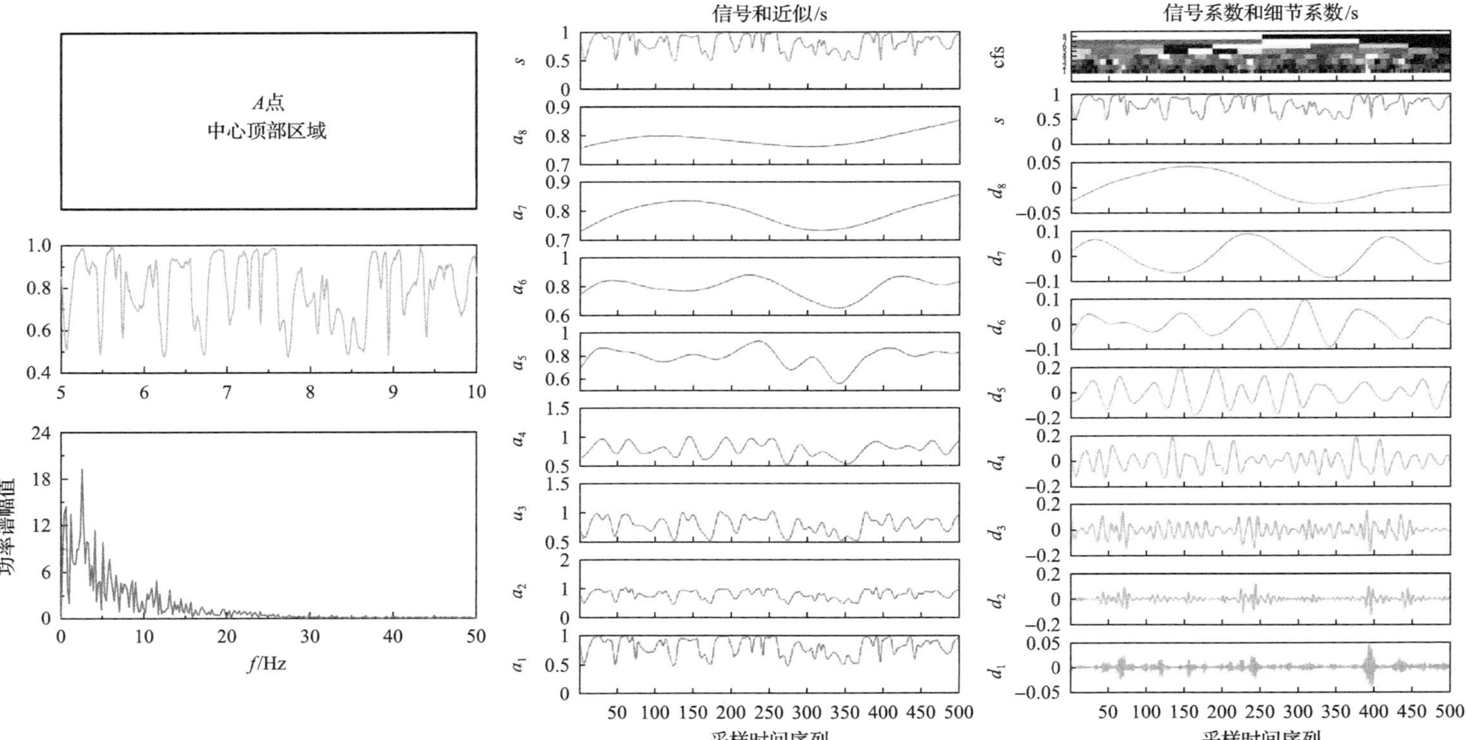

图6-16　A点瞬时空隙率的功率谱和小波分析结果

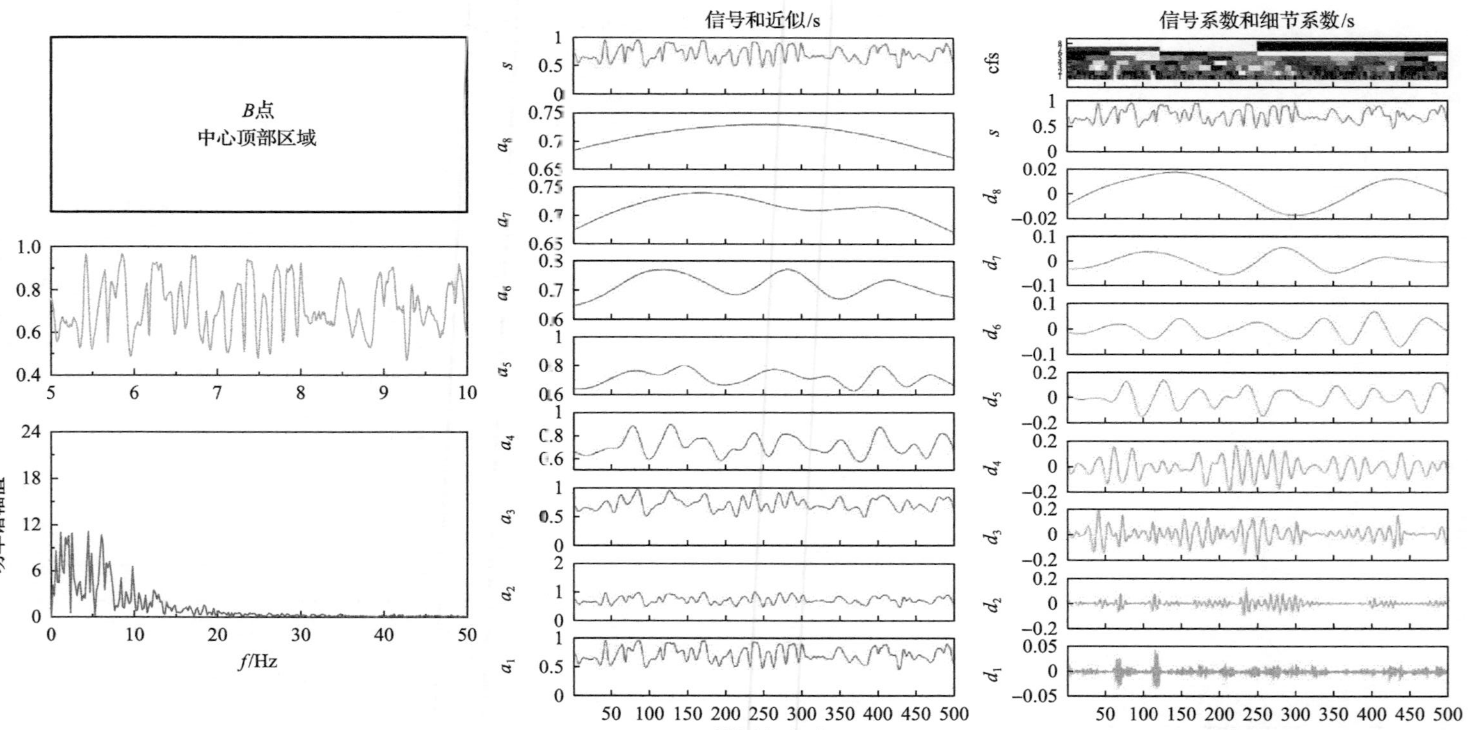

图6-17　*B*点瞬时空隙率的功率谱和小波分析结果

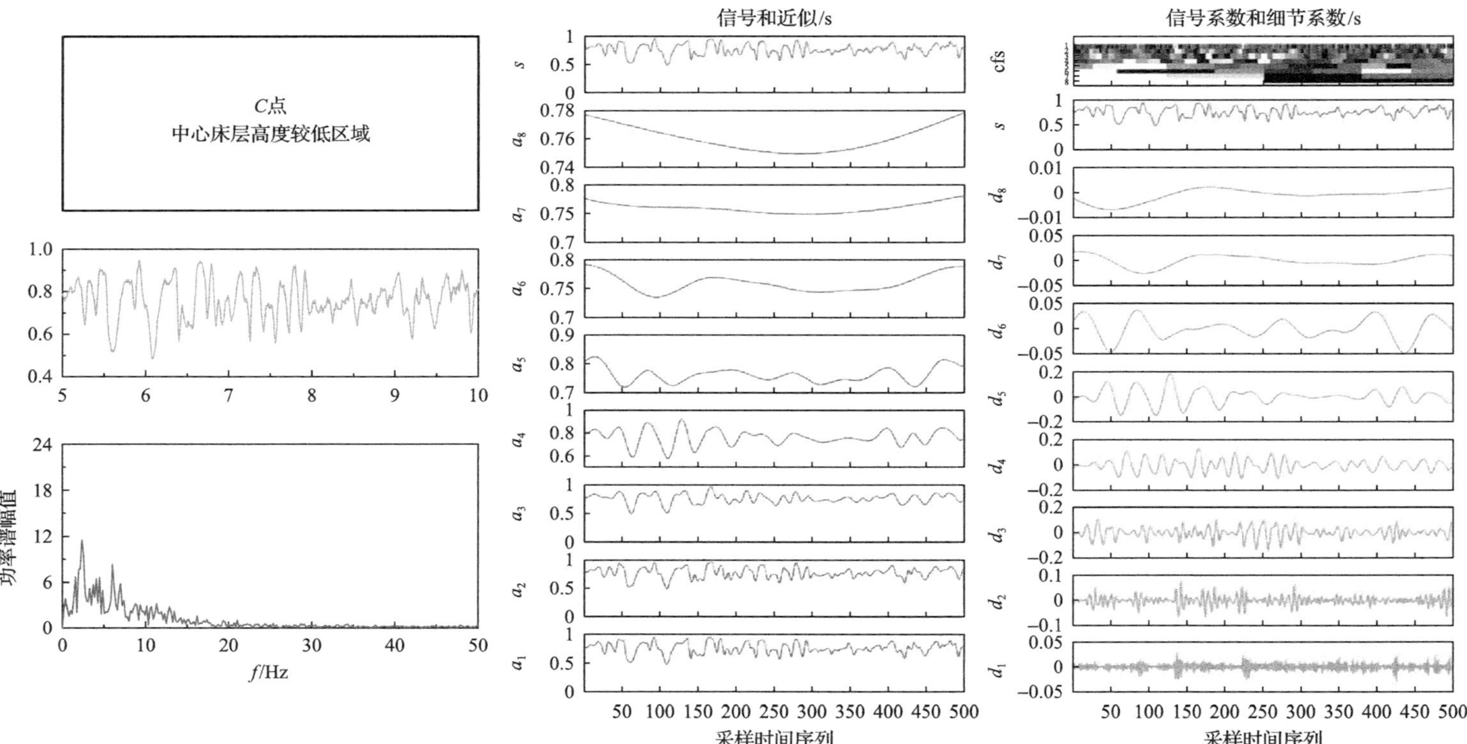

图6-18　C点瞬时空隙率的功率谱和小波分析结果

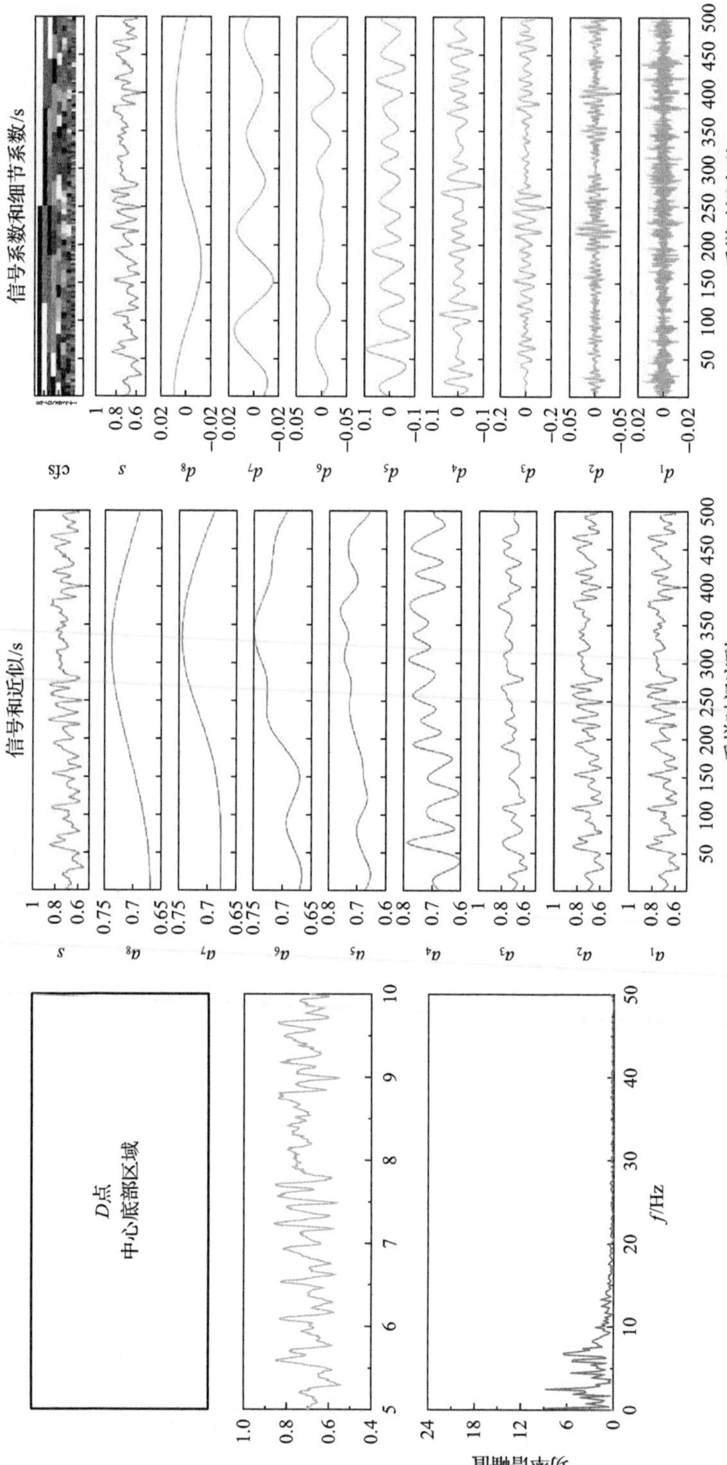

图6-19　D点瞬时空隙率的功率谱和小波分析结果

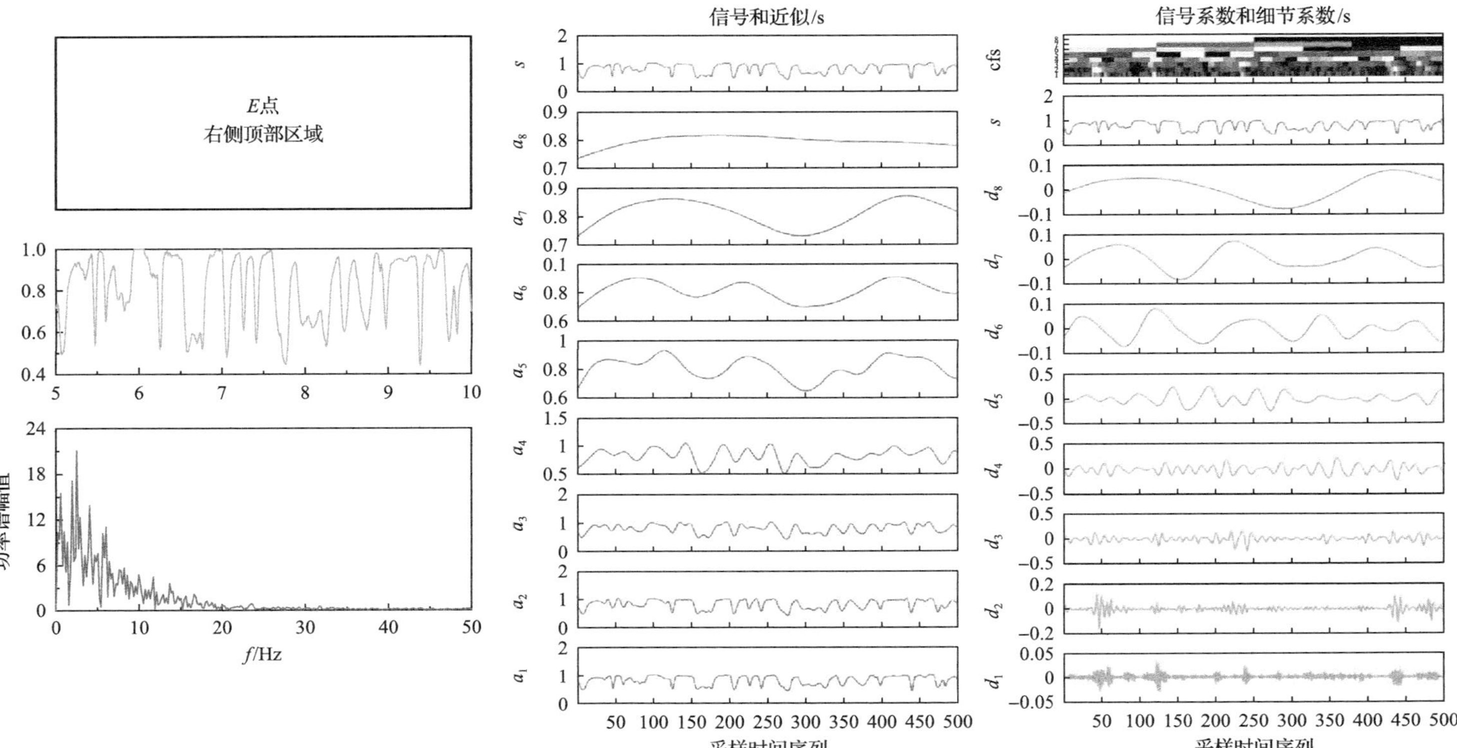

图6-20　E点瞬时空隙率的功率谱和小波分析结果

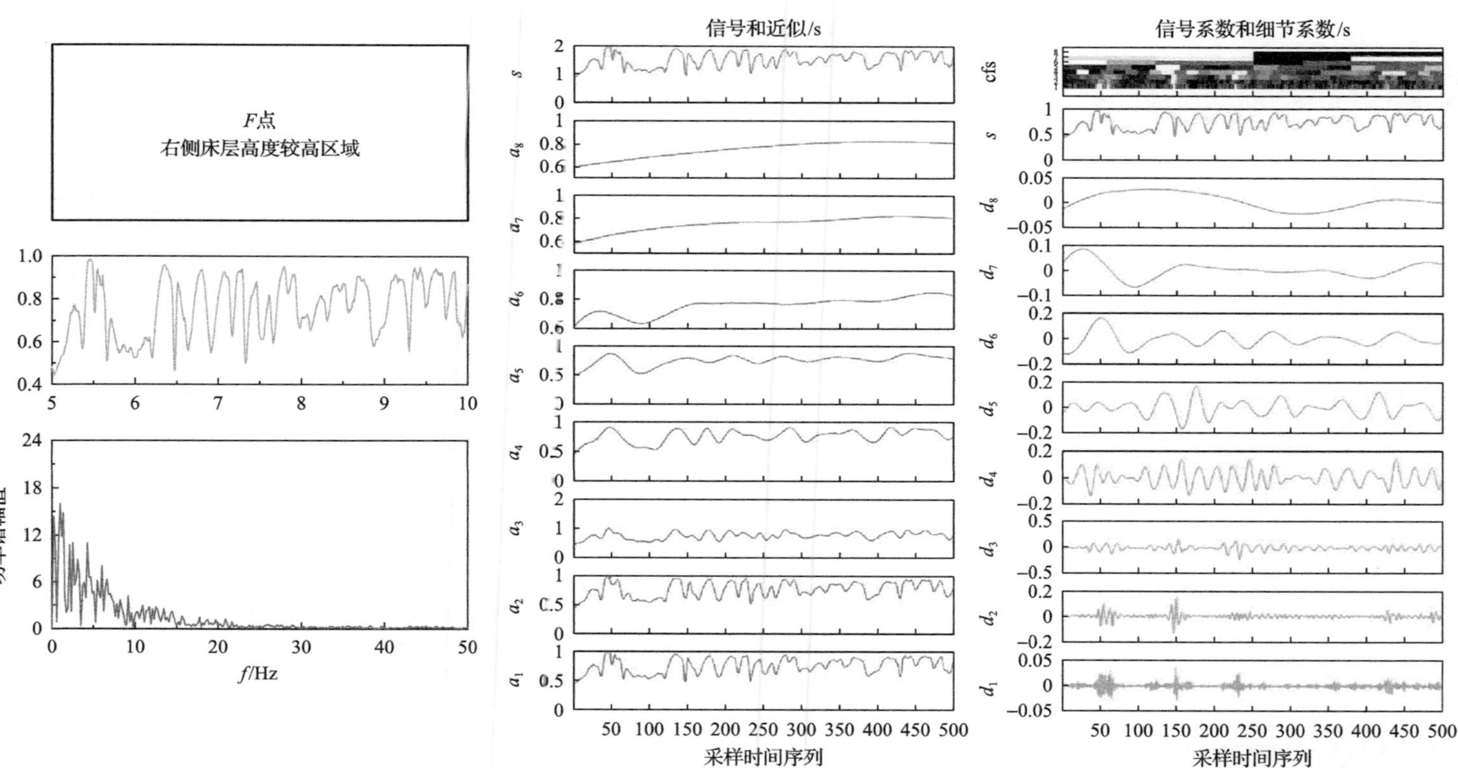

图6-21　F点瞬时空隙率的功率谱和小波分析结果

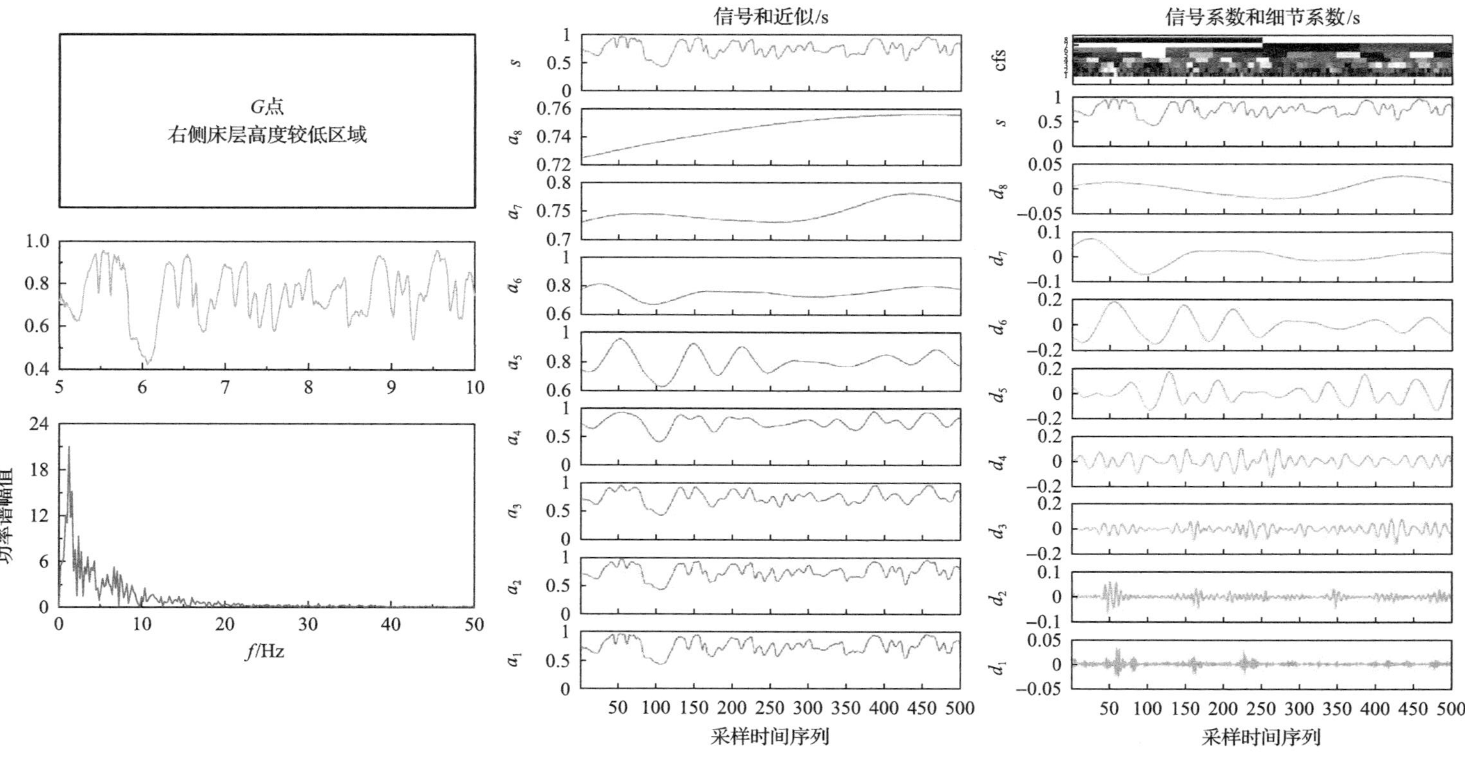

图6-22　G点瞬时空隙率的功率谱和小波分析结果

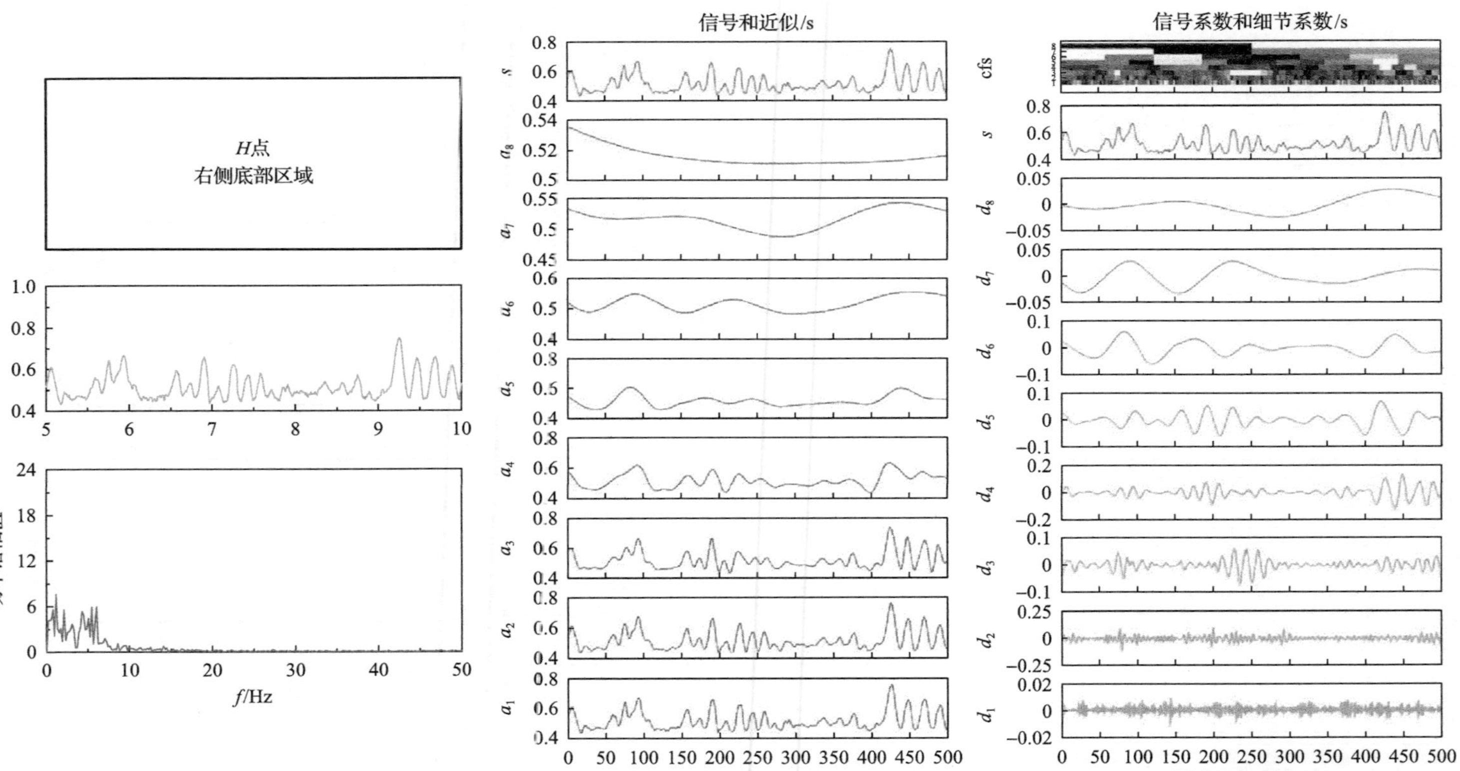

图6-23　H点瞬时空隙率的功率谱和小波分析结果

表 6-3　模拟中所用的参数

近似系数	细节系数	频率/Hz
a_1	d_1	50.000
a_2	d_2	25.000
a_3	d_3	12.500
a_4	d_4	6.250
a_5	d_5	3.125
a_6	d_6	1.563
a_7	d_7	0.781
a_8	d_8	0.39

从图 6-16～图 6-23 中可以看出，尽管不同点的瞬时空隙率分布不尽相同，但是在经过功率谱和小波分析后，出现了近似的分布趋势，说明其流态化行为具有内在的相似性。根据功率谱和小波分析结果，可以对 8 个点进行归类，进而对床内进行分区，获得其流态化特性在空间上的关联。

第一组为 A、E、F 和 G 点。功率谱分析结果表明，以上四个点的瞬时空隙率的主频均为 2Hz，且在小波分析中 a_1、a_2 和 a_3 的分布均有强烈的波动，在 a_4 频率处的波动有所缓和。但是同样以上四个点也略有不同，如 G 点的主频略小于其他点，而 A 和 E 点在小波分析 a_4 频率处的波动较其他两点更为剧烈。根据以上分析，可以看出此组颗粒所在位置的流态化行为存在周期性的变化规律。

第二组为 C 和 D 点。从功率谱分析结果可以看出，以上两点都存在两个主频，分别为 2.5Hz 和 7Hz。而在小波分析结果中，d_1 频率处的分布与其他各点均不同。C 和 D 点均处于喷动流化床喷口的正上方，会直接受到由喷口射出的高速气体的影响，存在强烈的气固相互作用，呈现剧烈的空隙率波动。

第三组为 B 点。在功率谱分析结果中可以看出，B 点存在若干个主频，均拥有相似大小的功率谱幅度。这就说明对 B 点，其瞬时空隙率分布的周期性规律较为复杂。在小波分析的结果中，除了 d_4 频率，其余频率的分布与第一组的分布规律类似。B 点位于整个喷动流化床的中间部分，其流态化行为会同时受到很多因素的共同作用，如喷口的流化气体、气泡运动和周围的颗粒等。以上因素对 B 点处的流态化行为都起着重要的作用，且不存在某个因素作为主导。因此，此处的流化特性的变化规律最为复杂。

最后一组是 H 点。在 H 点的功率谱分析结果中，很难找到主频的存在。在小波分析结果中，H 点在每个频率中的波动都是最小的。同样从瞬时空隙率的分布图中可以看出其空隙率一直较小。H 点位于床内流场的右下角，其流态化行为会受到床壁面的极大限制，接近喷动流化床的流化死区，因此此处的流化较弱。

根据以上的分析可以看出，在喷动流化床中不同位置的流态化特性存在很大的差别，而颗粒的行为也会由于颗粒位置的不同呈现不同的变化规律。

颗粒速度是评价和分析颗粒系统流化状态最基础的颗粒特性之一，它可以反映床内颗粒基本的运动形式。图 6-24 为颗粒垂直速度分布。为了研究不同区域颗粒行为的规律，图 6-15 中的 8 个点对应高度处颗粒速度分布分别示于图中。可以看出，颗粒在床体中部向上运动，在两侧靠近边壁处向下运动。第一组颗粒，即 *A*、*E*、*F* 和 *G* 点具有相似大小的颗粒垂直速度。*C* 点的颗粒速度是最大的，而 *D* 点略小于 *C* 点的颗粒垂直速度。由于喷动流化床的喷口正处于 *C* 点下方，可以看出在 *C* 和 *D* 点的区域，颗粒的垂直速度直接受到喷口气体的影响。

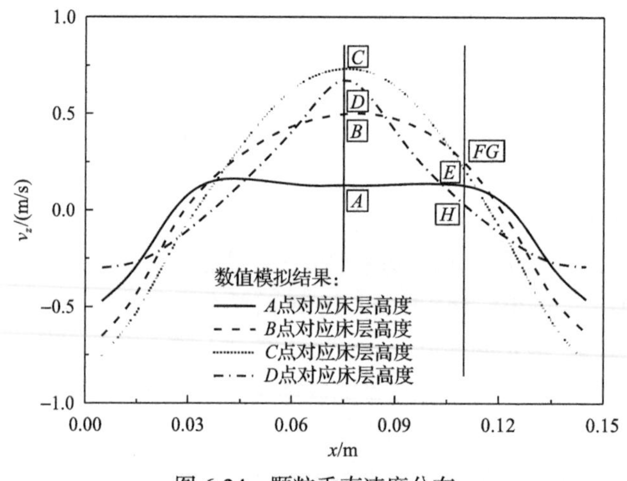

图 6-24　颗粒垂直速度分布

在喷动流化床中，颗粒的旋转速度主要在 *y* 方向，因此本节主要研究 *y* 方向上的颗粒旋转速度分布规律。图 6-25 为 *y* 方向颗粒旋转速度分布。可以看出颗粒的旋转速度呈现一种中心对称的分布形式。在床中心部位，颗粒的旋转速度几乎为 0rad/s。在 *E*、*F* 和 *G* 点处，其旋转速度的趋势基本相同，从床中部开始缓慢增大，随后迅速降低，最大值出现在边壁处。而对于 *H* 点，旋转速度的分布趋势略有不同，从中部开始迅速增大，随后缓慢降低，其最大值出现在靠近床体中部的位置。

气泡颗粒温度的物理意义是气泡的湍动能，代表了气泡速度脉动的强烈程度，是研究气泡行为的重要参数。图 6-26 为水平方向气泡颗粒温度分布。由图可见，除了在 *D* 点的床层高度，其他三个高度上气泡颗粒温度的分布规律基本相同。在 *D* 点的床层高度上气泡颗粒温度迅速地增大到 $60\text{m}^2/\text{s}^2$，其他高度上均为缓慢增长。尽管 *C* 和 *D* 点属于同一个分组，但是在这两个位置上的气泡行为呈现了不同的趋势。*D* 点在喷动流化床喷口的正上方，其颗粒直接受到喷口气体的影响，因此气泡会在此处产生，并且迅速增大。当气泡上升到 *C* 点的时候，气泡的生长已经

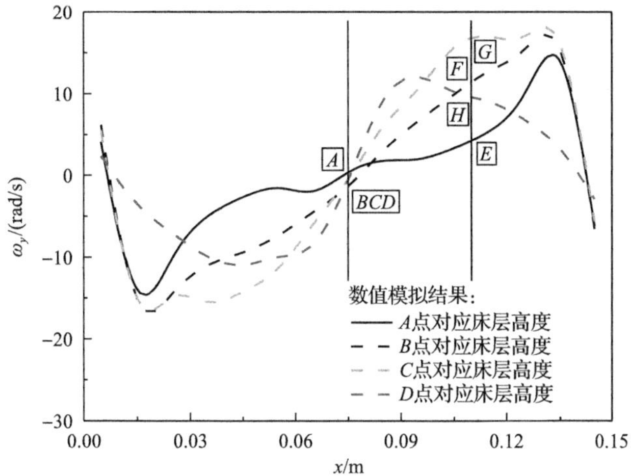

图 6-25　y 方向颗粒旋转速度分布

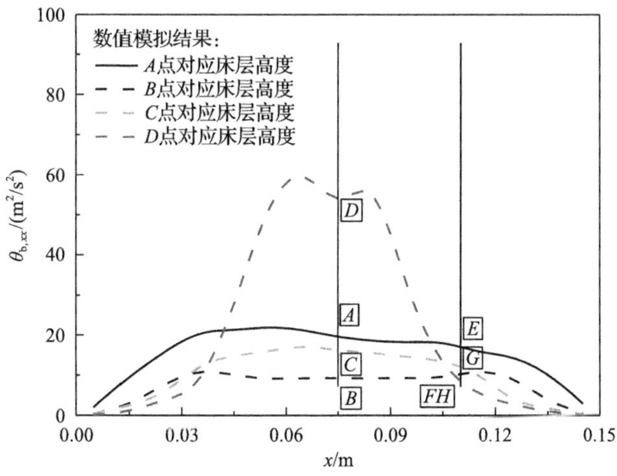

图 6-26　水平方向气泡颗粒温度分布

变得缓慢。气泡继续上升经过 B 点，最后到达靠近床层表面的 A 点处破裂消失。当气泡经历剧烈的变化过程时，气泡颗粒温度的数值会较大。因此，在 A 点和 D 点气泡颗粒温度会较大，因为气泡的破裂消失和最初产生过程会伴随着剧烈的气泡微观脉动。在 C 点处颗粒主要是上升过程，因此其气泡颗粒温度与 D 点截然不同。对 E、F、G 和 H 点，其气泡颗粒温度均小于 20m^2/s^2，说明在水平方向上的气泡微观脉动较小。

图 6-27 为垂直方向气泡颗粒温度分布。根据之前对气泡行为的分析，气泡在 D 点产生，上升经过 C 点和 B 点，最后到达 A 点破裂。在垂直方向上，即气泡运动的主要方向，其气泡颗粒温度的分布与水平方向上趋势不同。D 点的气泡颗粒温度较小，而 A 点的气泡颗粒温度较大。由此可以推断，D 点处的气泡生长过程

主要造成了水平方向的气泡速度脉动，垂直方向上的速度脉动并不强烈。E、F 和 G 点的气泡颗粒温度也较大，但是 H 点的气泡脉动较弱，其气泡颗粒温度的数值小于 $10m^2/s^2$。

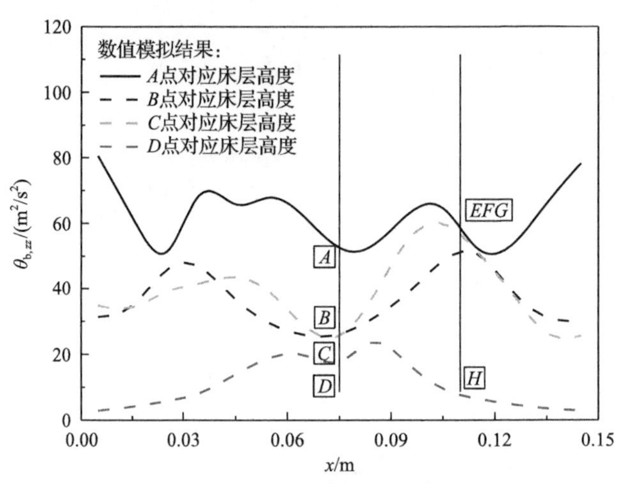

图 6-27　垂直方向气泡颗粒温度分布

通过以上的分析，可以得出一些有趣的结论。首先，在床体的中部，即 A、B、C 和 D 点所在的位置，当气泡在喷动流化床喷口处生成的时候，气泡在水平方向上的脉动运动较强，也可以说气泡的生长增大主要是在水平方向，但是气泡在床层表面的破裂消失过程中的微观脉动主要在垂直方向，这是 D 点处水平方向气泡颗粒温度较大而垂直方向较小的原因。对于 A 点，其分布规律则正好相反。B 点和 C 点处的气泡颗粒温度分布规律基本相同。E、F 和 G 点的分布与 A 点类似，即在水平方向上数值较小，而在垂直方向上数值较大。在 H 点处，两个方向上的气泡颗粒温度数值皆较小，表示气泡的速度脉动在此处较弱。总之，在不同的区域中气泡的微观脉动特性会有很大的不同。

图 6-28 是水平方向粒子颗粒温度分布。对比图 6-26 中的气泡颗粒温度分布图，可以看出粒子颗粒温度的分布趋势与气泡颗粒温度的分布类似。由于 D 点处于喷动流化床喷口的正上方，喷口气体压强和速度的变化会直接造成颗粒的微观脉动运动，因此 D 点的粒子颗粒温度较大。其他点上的粒子颗粒温度分布与气泡颗粒温度分布类似，只是数值有所减小。这是因为除了 D 点离喷口较近，其他点的主要运动方式是上下运动，横向运动较少。此外，在 A 点所在的床层高度上，靠近边壁处的粒子颗粒温度较高，这是因为在床层表面的位置由于气泡的破裂会造成颗粒的扬析，颗粒会从床中部上升到床层表面，然后分布到床的两侧靠近边壁处向下运动。因此颗粒在此处水平方向速度变化较大，产生了较强的颗粒速度脉动。

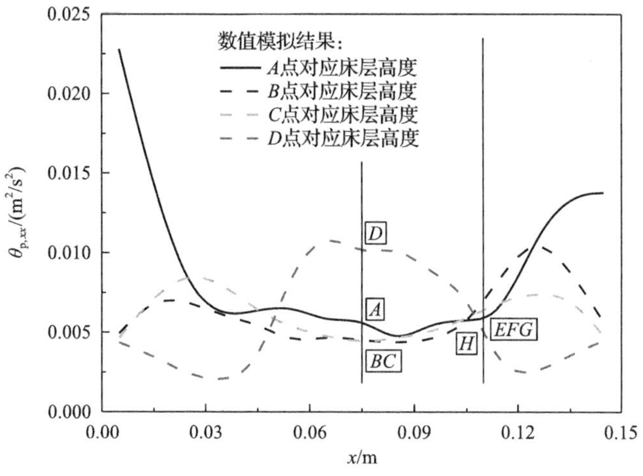

图 6-28　水平方向粒子颗粒温度分布

垂直方向粒子颗粒温度分布如图 6-29 所示。由图可见，在垂直方向上的粒子颗粒温度数值大于水平方向，但是其分布趋势基本相同。D 点的粒子颗粒温度在所有点中最大，这是由于对于在喷口附近的单个颗粒来说，气体对其的影响最大，而此处较大的向上的气体速度会极大地增强颗粒的微观脉动。

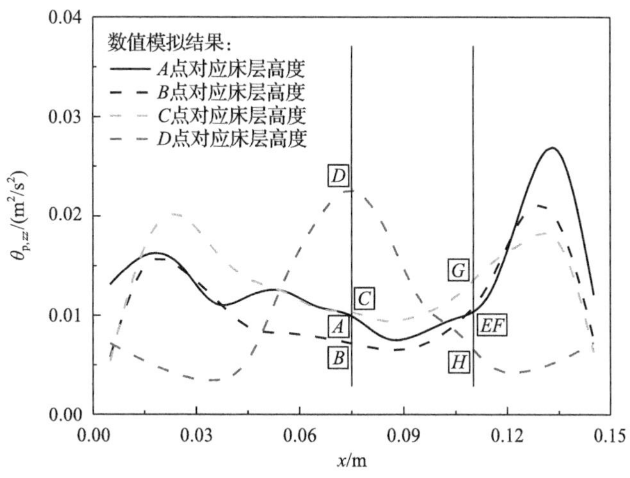

图 6-29　垂直方向粒子颗粒温度分布

对比粒子颗粒温度与气泡颗粒温度的分布，可以看出粒子颗粒温度的分布与气泡颗粒温度的分布不尽相同。粒子颗粒温度在 D 点的每个方向上都较大，说明对于单个颗粒，其微观脉动与周围的气体息息相关，单个颗粒很容易受到气体的影响而产生湍动。

6.5　非球形颗粒流动行为研究

由于非球形颗粒行为与球形颗粒存在较大差别，因此研究喷动流化床内非球形颗粒行为具有重要意义。参照 Link 等[4]的实验，设定喷动流化床布风板中间 10mm 宽的区域内气速为 20.0m/s，两侧 70mm 宽的区域内流化气速为 3.0m/s，开展数值模拟研究。使用的非球形颗粒如图 6-30 所示。

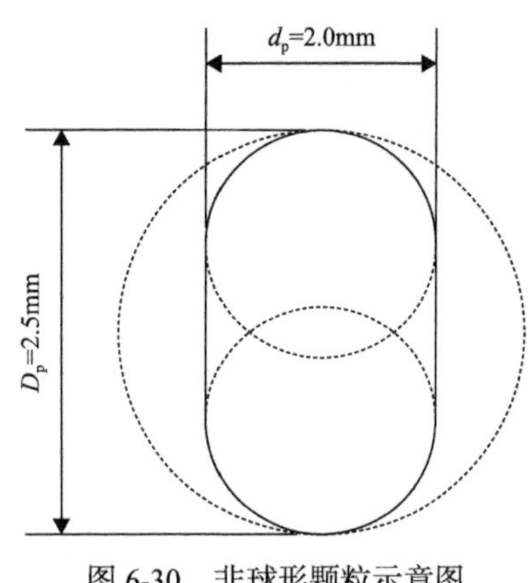

图 6-30　非球形颗粒示意图

为了对比非球形颗粒与球形颗粒喷动流化床内的颗粒流动行为，本节采用与 6.4 节相同的区域相关的颗粒行为分析方法进行了非球形颗粒行为的空间关联。首先，图 6-31 为喷动流化床内非球形颗粒运动情况。由图可见，非球形颗粒喷动流化床内的颗粒流化比球形颗粒的更为剧烈，床层的膨胀现象更明显。

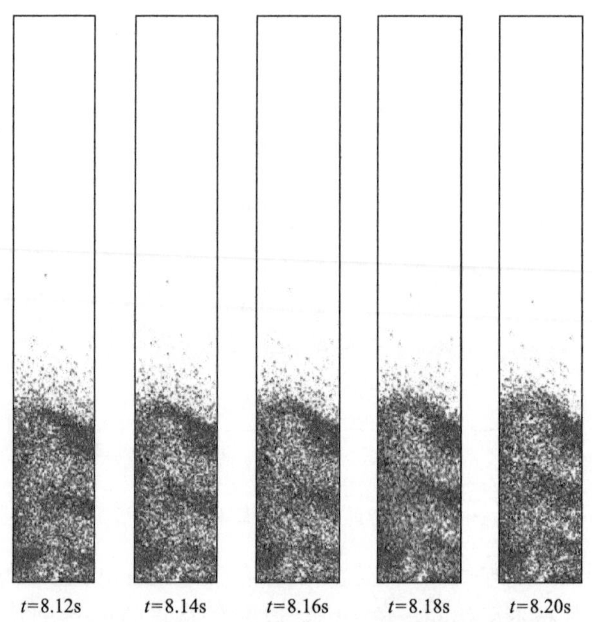

图 6-31　喷动流化床内非球形颗粒运动情况

图 6-32 给出了喷动流化床内非球形颗粒瞬时空隙率分布。由图可见，非球形颗粒的空隙率分布与球形颗粒系统有较大差别。在相同的区域内，非球形颗粒的

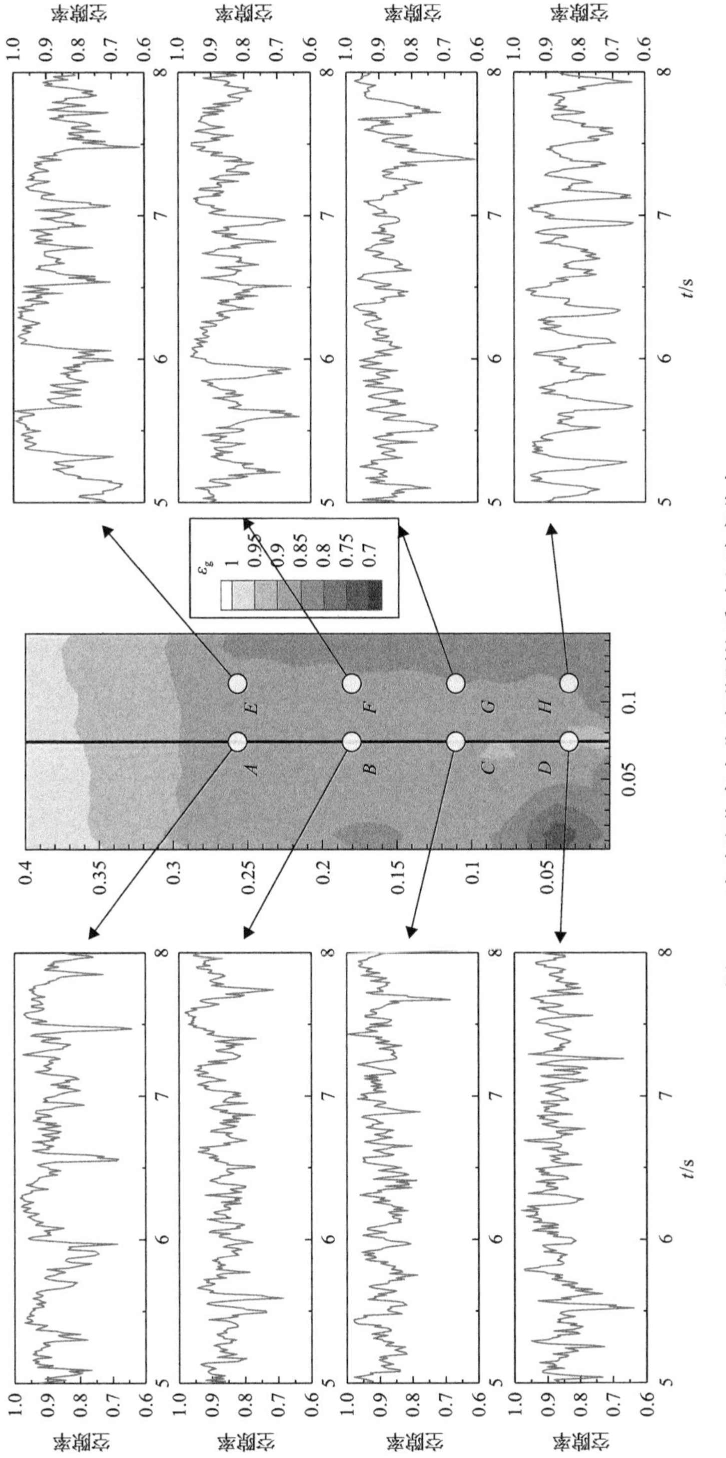

图6-32　喷动流化床内非球形颗粒瞬时空隙率分布

空隙率要大于球形颗粒，说明非球形颗粒喷动流化床内流化行为更为剧烈。与球形颗粒空隙率分布情况类似，床内靠近布风板两侧位置颗粒堆积较多，靠近中部堆积较少。同样取床内 8 个点的瞬时空隙率分布图进行分析，在不同的位置其分布趋势有较大差异。为了寻找其内在规律，本节对每个点的瞬时空隙率使用信号处理方法进行分析。

由图 6-33～图 6-40 可以看出，尽管各个点的瞬时空隙率分布有较大差异，但是通过功率谱分析和小波分析结果可以看出，各个点的空隙率分布具有一定的内在联系。

同样采用分区的方法，第一组为流场中的 *A* 点和 *E* 点。可以看出，以上两点的瞬时空隙率功率谱分析中，在小频率范围内(0～2Hz)均存在一个较大的主频，并且小波分析得到的结果类似，数据波动从 a_1 至 a_8，d_1 至 d_8 逐渐减小。根据信号分析结果可以预测，在以上两个点处颗粒的流态化规律周期性较强。*A* 和 *E* 点分别处于喷动流化床内的中上部和右上部，由于非球形颗粒的流化更为剧烈，以上两点处颗粒主要受颗粒扬析的影响。

第二组点为 *B* 点、*C* 点、*F* 点和 *G* 点。以上四点均处于床内的中部，其功率谱分析结果中，在小频率区域(0～10Hz)内存在 3 个较大的主频，而小波分析得到的规律也基本类似。可以看出以上四点的流态化规律较为复杂，不存在一定的周期性规律。这是由于在这个区域内，颗粒会受到喷口气体、周围颗粒、气体压降和周围壁面的共同作用，并且由于处于床内中部，以上因素会共同影响颗粒的流态化行为而不存在一个主导因素。因此，以上各点的流态化行为没有明显的周期性规律。

第三组点为 *D* 点。通过功率谱分析可以看出，*D* 点处的主频为 1Hz，并且在小于 20Hz 的范围内存在很多较大的主频。小波分析结果 a_1 至 a_8 的近似系数均为递减趋势。*D* 点的位置为喷口的正上方，十分接近喷口，因此 *D* 点的流态化特性与喷口的气速息息相关。其颗粒的运动也主要受到喷口气体速度的影响，因此呈现出了较强的波动性，并且空隙率脉动较为剧烈。

最后一组是 *H* 点。*H* 点处于床的右下角，在球形颗粒喷动流化床中位于流化死区附近，而在非球形颗粒系统中，此处的流化现象也较弱，但是具有明显的周期性，其功率谱分析显示存在一个较大的主频，为 4.5Hz。*H* 点处于喷口的右侧，受到喷口气体的直接影响较小，会更多地受到壁面以及周围堆积的颗粒的影响，因此流化现象不明显。

根据以上的分析可以看出，在喷动流化床中不同的位置其流态化特性存在很大的差别。与球形颗粒喷动流化床相比较，非球形颗粒喷动流化床内颗粒行为的分区规律呈现不同的特点。对于基于信号处理的分区方式，球形颗粒是以床内中心点 *B* 点为中心，*A*、*E*、*F* 和 *G* 点呈环形分布。而在非球形颗粒系统中的流态化

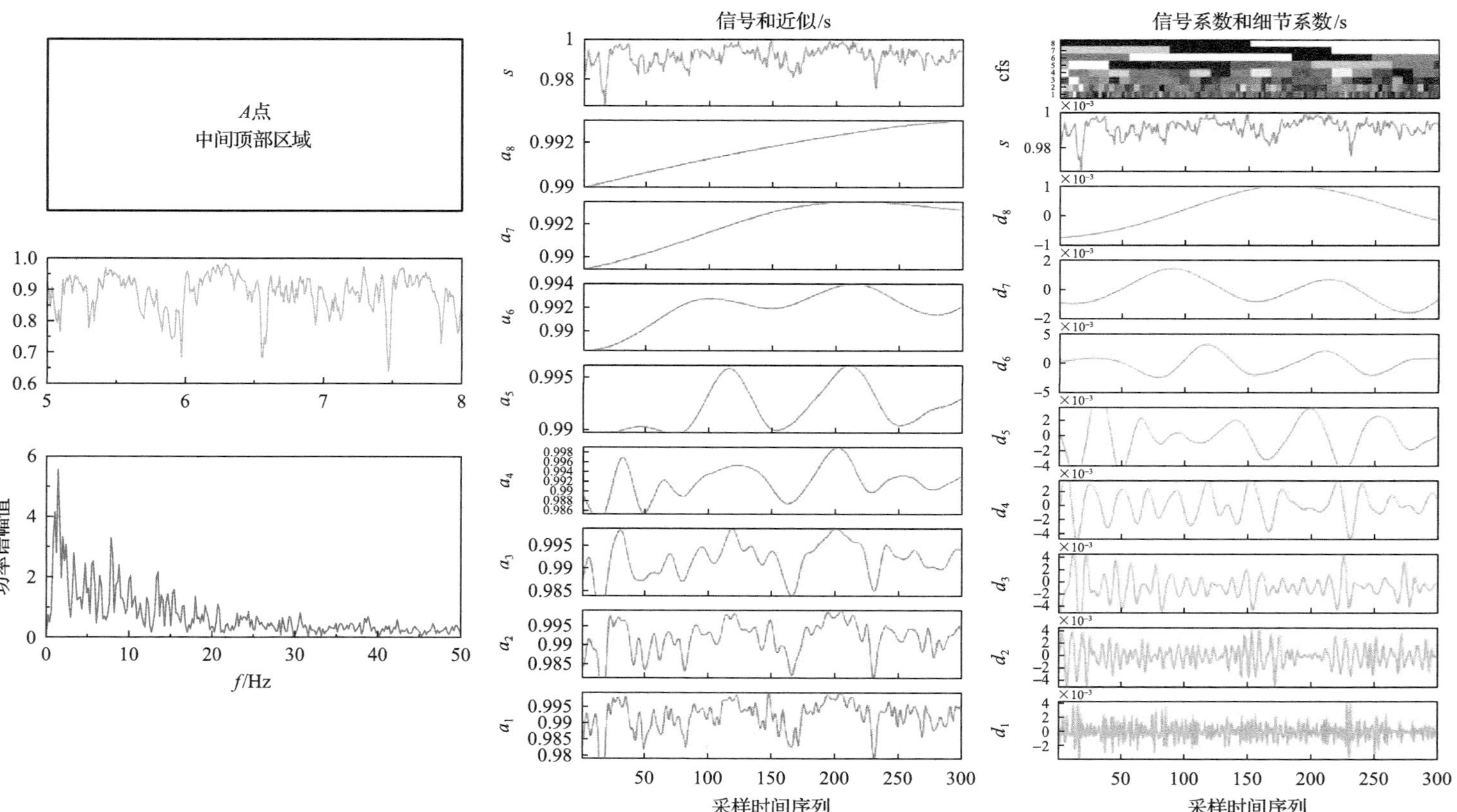

图6-33　A点瞬时空隙率的功率谱和小波分析结果

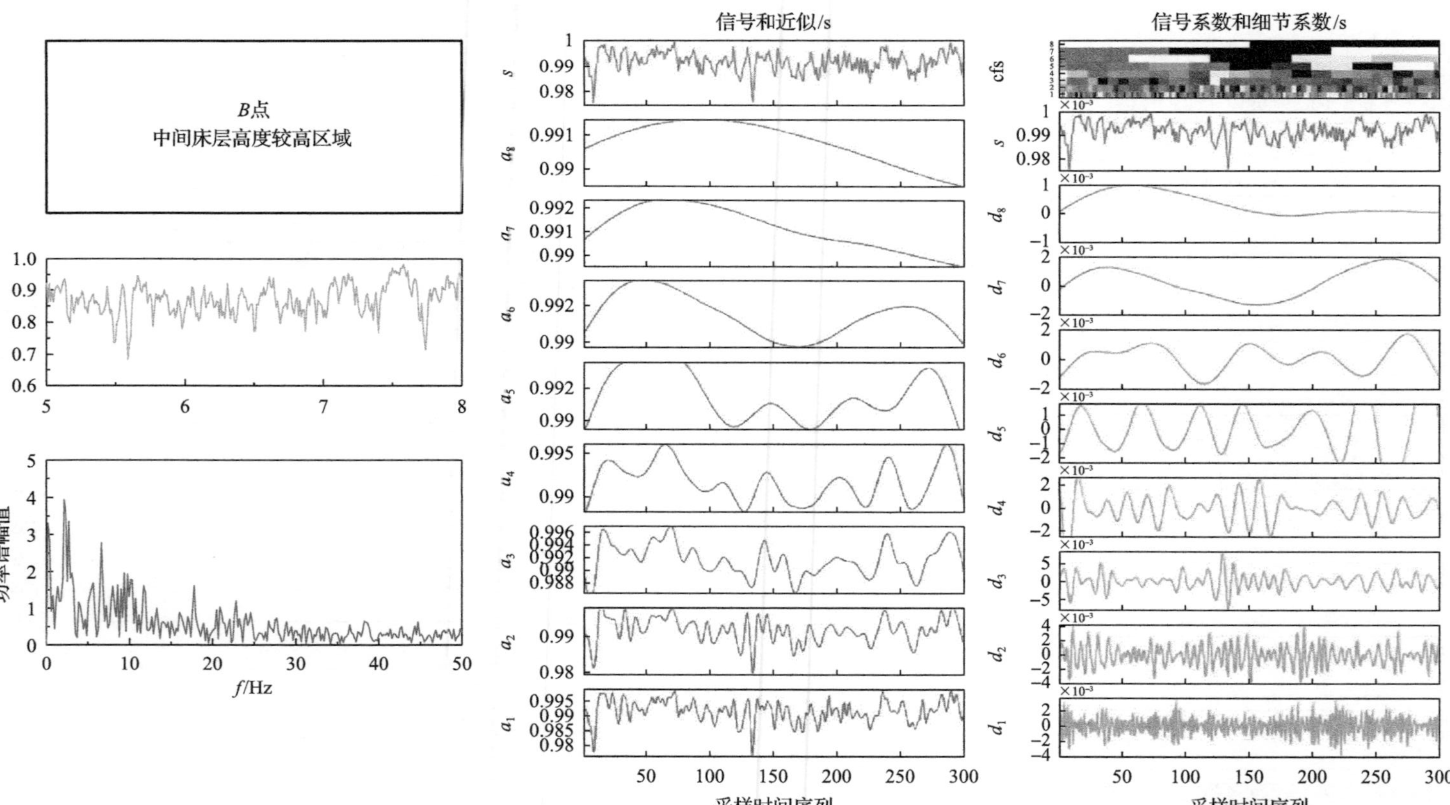

图6-34 B点瞬时空隙率的功率谱和小波分析结果

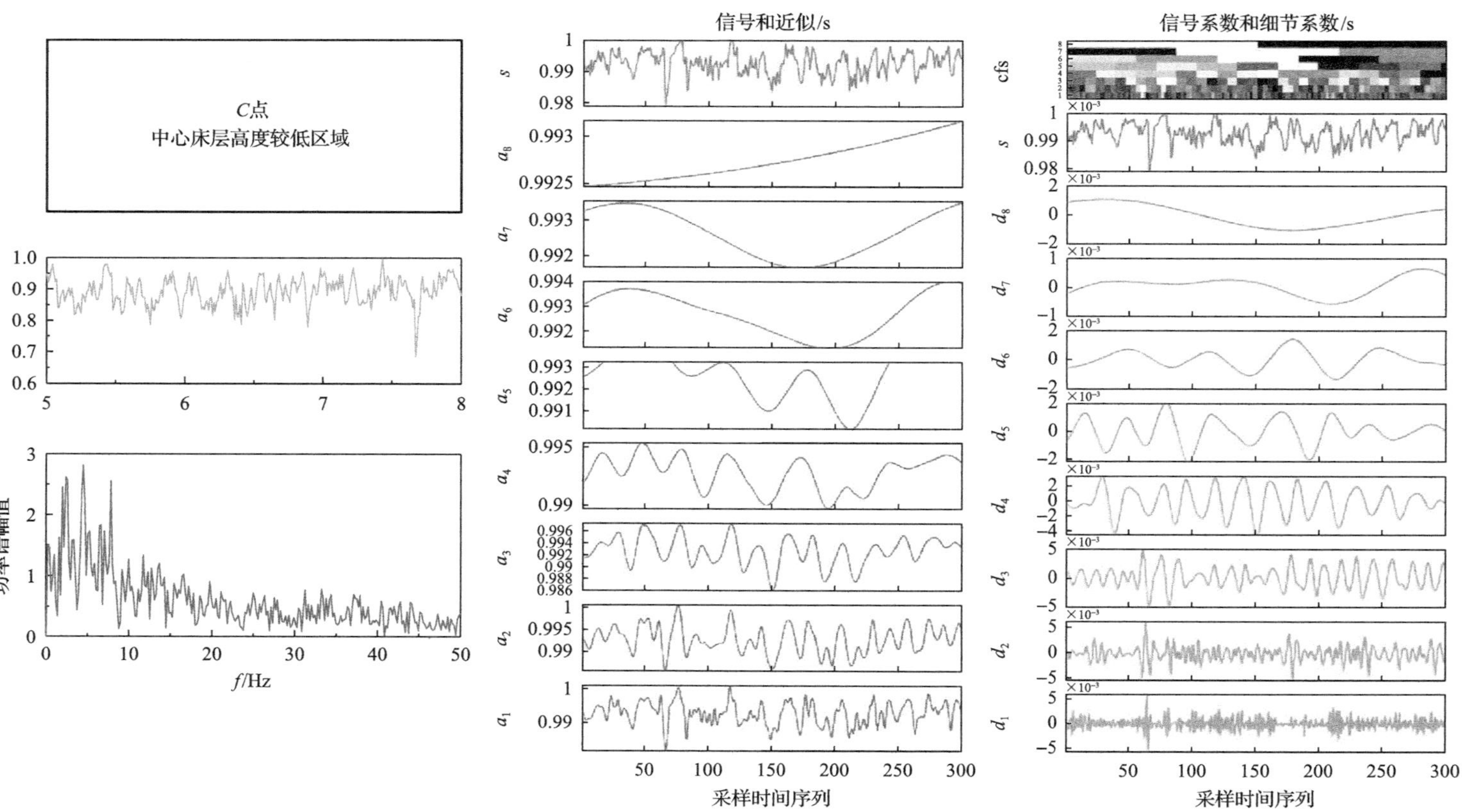

图6-35　C点瞬时空隙率的功率谱和小波分析结果

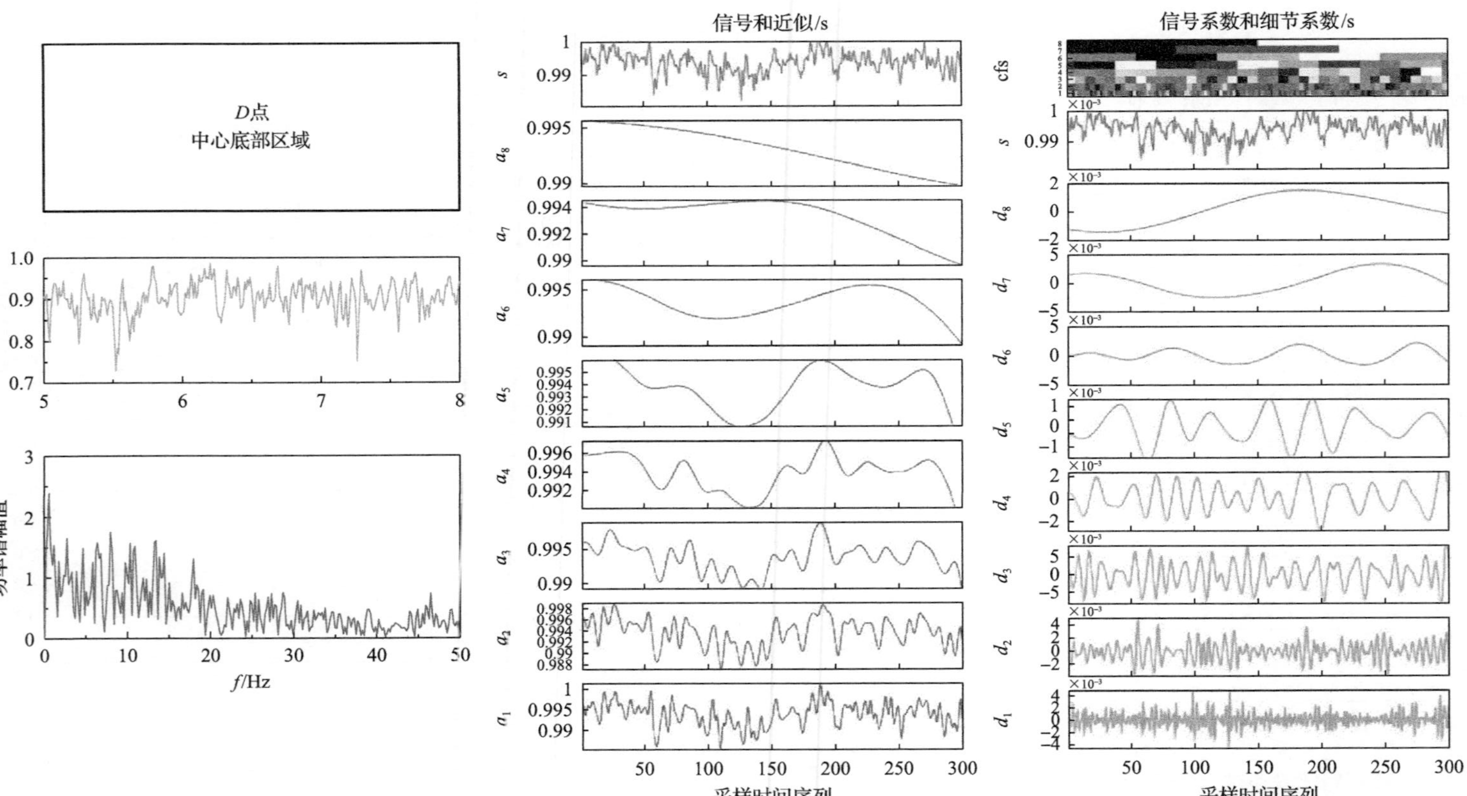

图6-36　D点瞬时空隙率的功率谱和小波分析结果

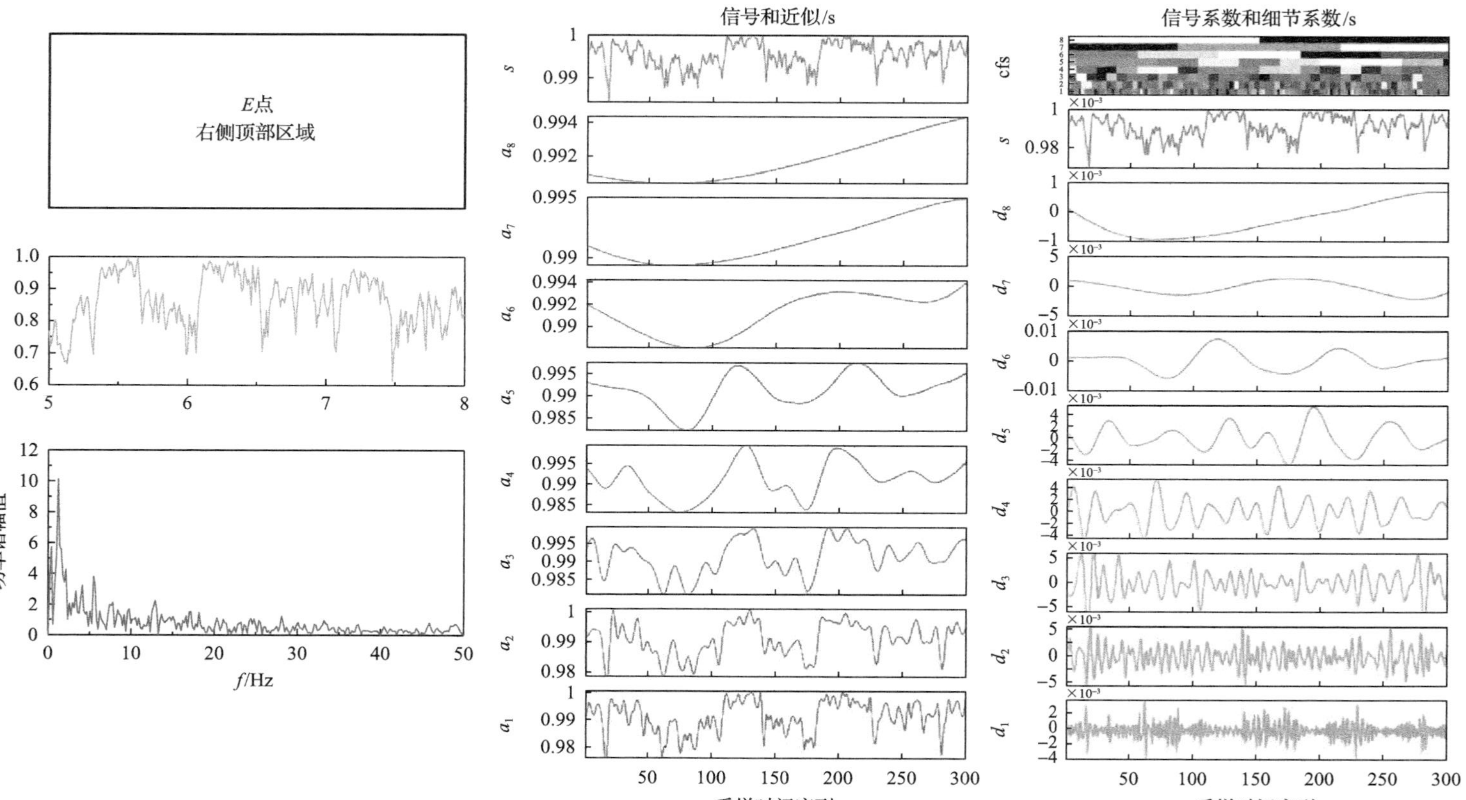

图6-37　E点瞬时空隙率的功率谱和小波分析结果

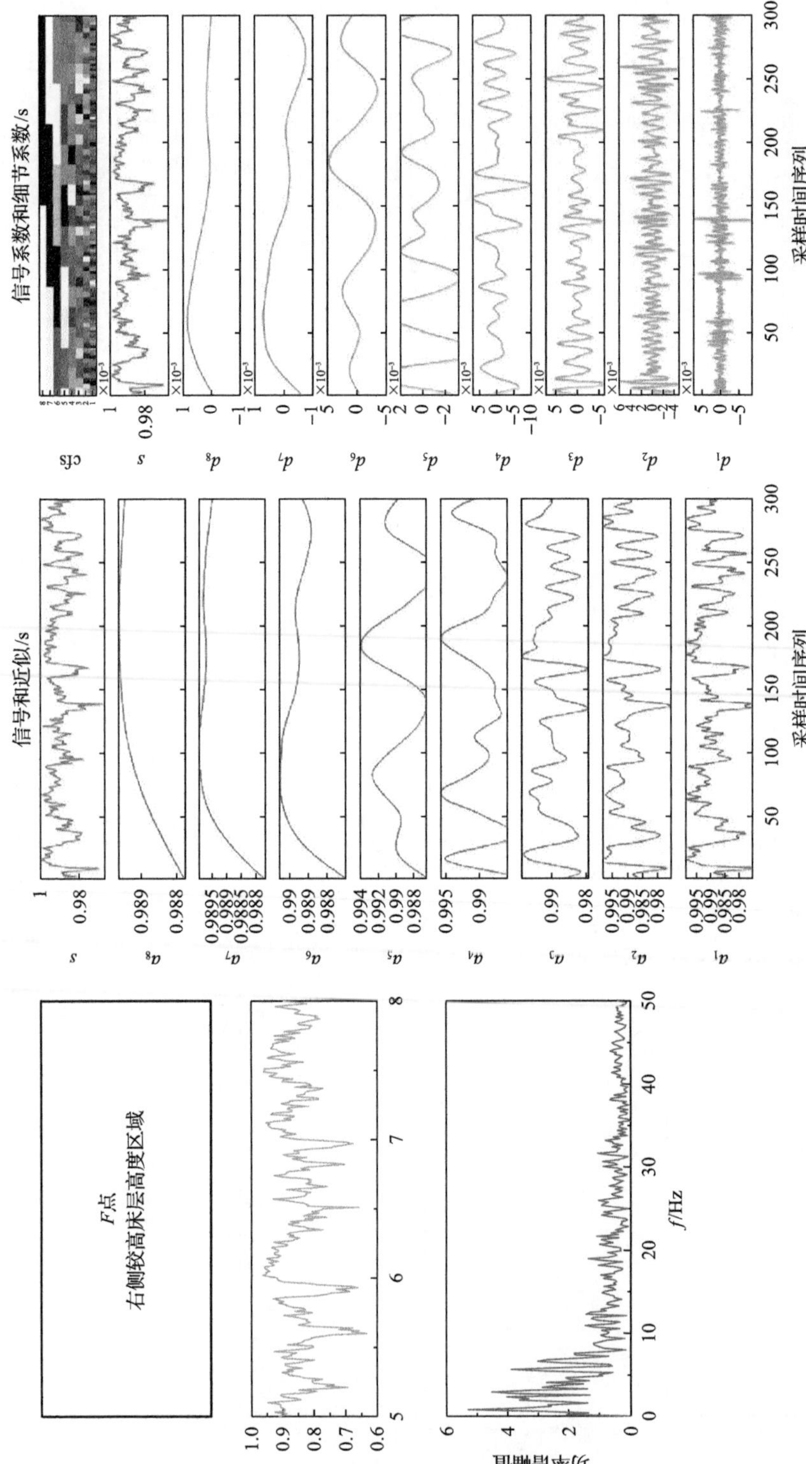

图6-38　F点瞬时空隙率的功率谱和小波分析结果

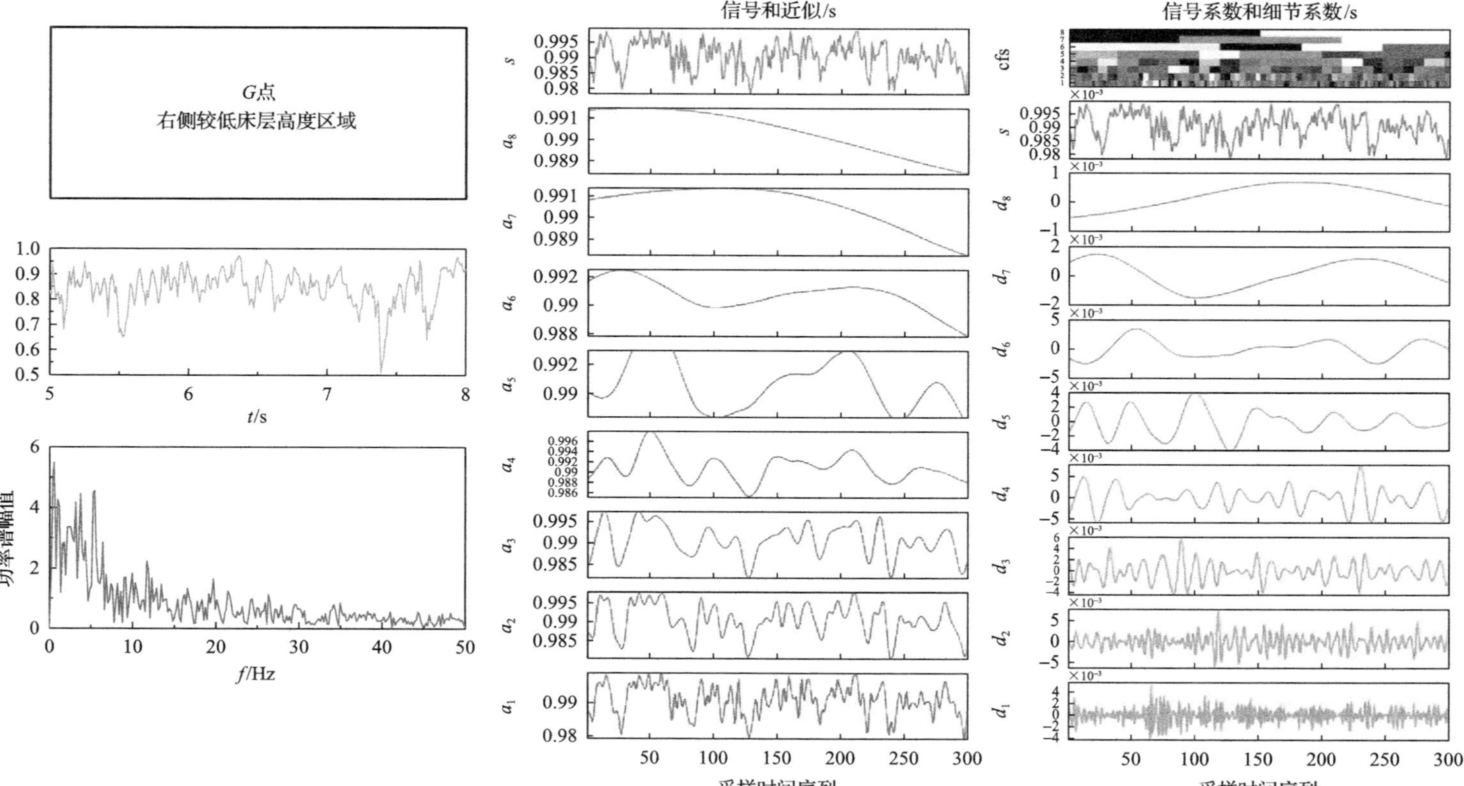

图6-39　G点瞬时空隙率的功率谱和小波分析结果

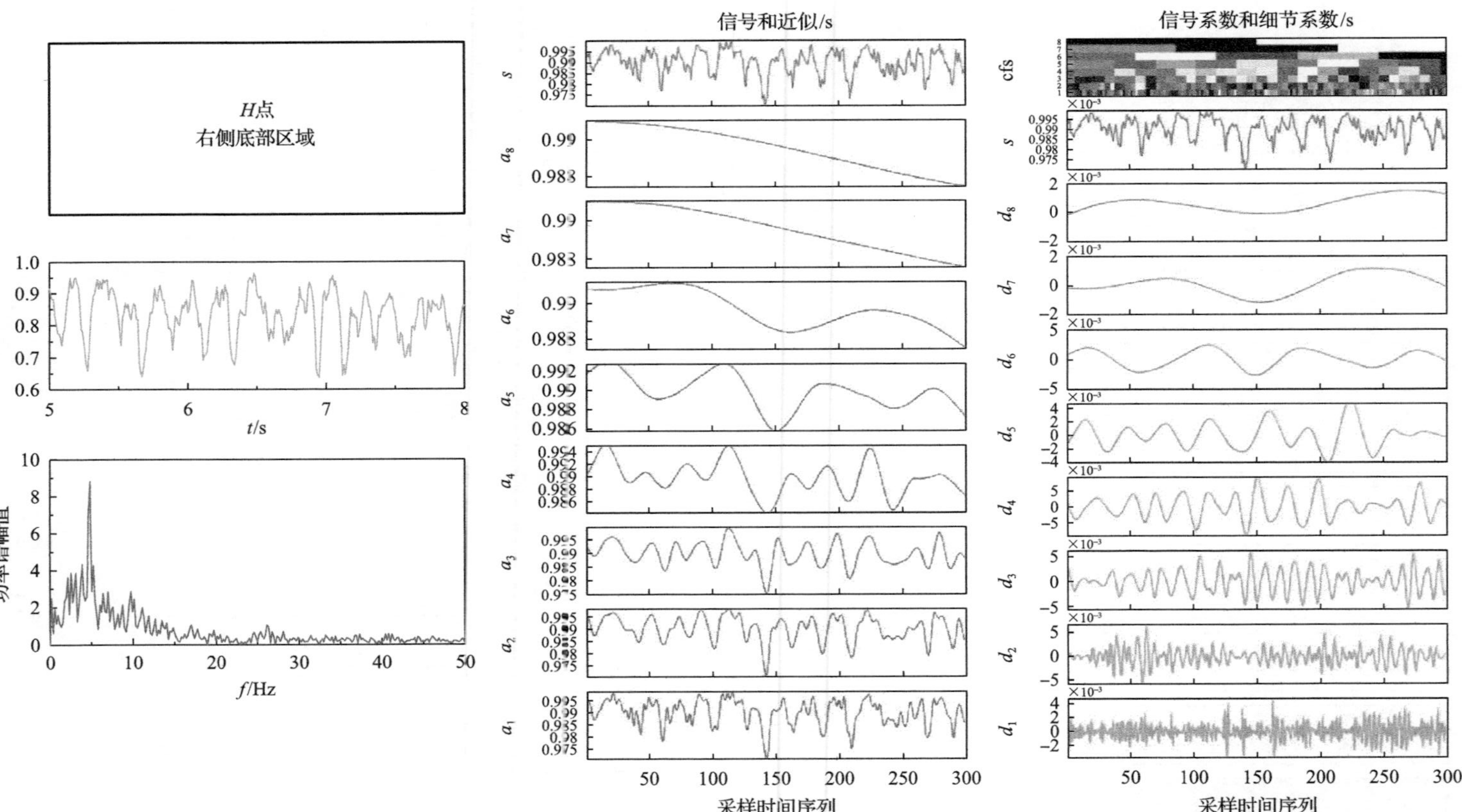

图6-40　H点瞬时空隙率的功率谱和小波分析结果

特性是以分层的形式分区的。喷口处的 D 点和 H 点为两个特殊的区域，床层中部的 B、F、C 和 G 点，以及床层上部的 A 点和 E 点分别组成了两部分。不同的分区形式表明球形颗粒与非球形颗粒的流态化行为存在较大的差异。

为了进一步研究非球形喷动流化床中的颗粒动力学特性，图 6-41 给出了颗粒垂直速度分布。由图可见，在不同的床层高度上，颗粒速度分布均呈现单峰分布形式。与球形颗粒垂直速度分布相比，其基本分布规律相似，主要区别在于最大速度出现的位置。球形颗粒系统中 C 点处的颗粒速度最大，而在非球形颗粒系统中 D 点的速度要大于 C 点速度。整体来看，球形颗粒速度略大于非球形颗粒系统，这可能是由于非球形颗粒在碰撞过程中存在更多的能量损失而导致的。

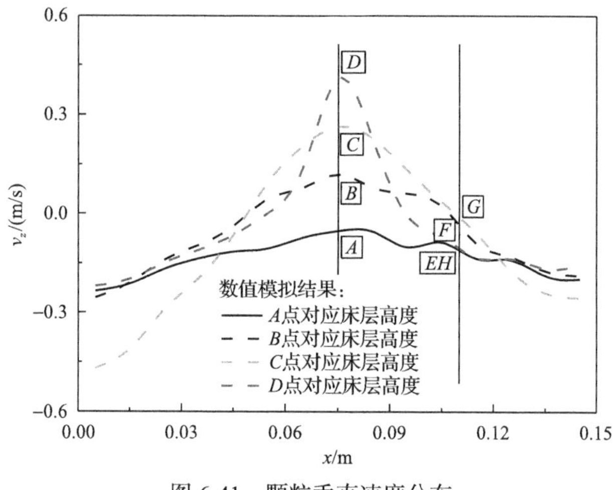

图 6-41　颗粒垂直速度分布

图 6-42 给出了颗粒旋转速度分布。与球形颗粒的分布对比可以看出，非球形颗粒的旋转运动更为剧烈，并且没有呈现严格的中心对称的分布趋势。其中 A、B 和 C 点床高处的颗粒旋转运动趋势类似，而 D 点床高处的颗粒旋转运动最为剧烈，在床内左右两侧靠近边壁处有较大的颗粒旋转速度。

图 6-43 给出了水平方向气泡颗粒温度分布，与球形颗粒分布相比有很大不同。非球形颗粒的气泡颗粒温度数值要远小于球形颗粒系统。在床层中部，其分布规律与球形颗粒类似，D 点处的气泡颗粒温度较大，气泡脉动剧烈，其余各点气泡颗粒温度较小。在床层右侧，可以看出非球形颗粒在 E 点、F 点和 G 点处均有较大的气泡颗粒温度，说明在非球形颗粒喷动流化床系统中气泡出现在床内的各个位置，并且均存在气泡的脉动运动。除 D 点位置的床高处气泡颗粒温度呈现单峰分布，其余各床高气泡颗粒温度数值波动较为明显。

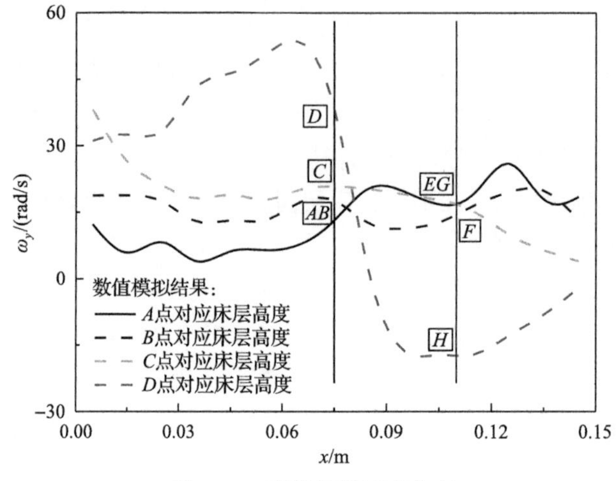

图 6-42　颗粒旋转速度分布

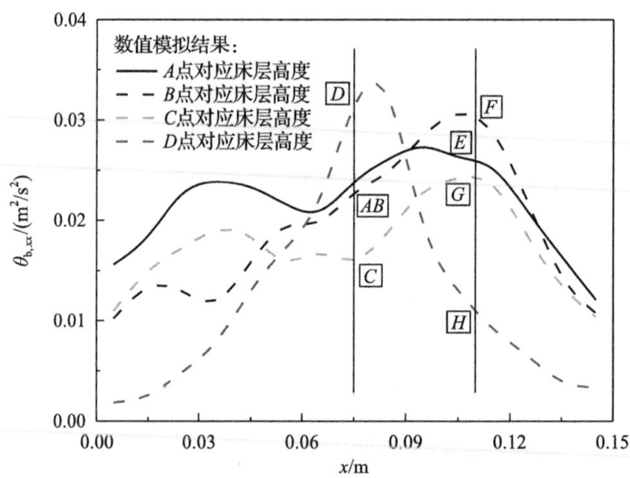

图 6-43　水平方向气泡颗粒温度分布

由水平方向气泡颗粒温度的分布可以推断非球形颗粒系统内的气泡行为。气泡在 A 点、B 点和 C 点床层高度处均存在剧烈的气泡行为，包括气泡的生成和膨胀、破碎和合并等，而在 D 点床高处仅在床层中上部活动。说明在非球形颗粒系统中气泡分布更为分散，并没有一个或几个较大的气泡生成，而是许多较小的气泡。

垂直方向气泡颗粒温度分布如图 6-44 所示。与水平方向相比其分布有较大不同。在垂直方向上，仅 A 点床高处气泡颗粒温度较大，说明气泡在垂直方向上的膨胀主要发生在中高部，而在较低的床层处膨胀并不明显。此处的分布规律与球形颗粒喷动流化床系统类似，在 A 点处气泡颗粒温度较大，B 点、C 点和 D 点处较小，主要区别在于除 E 点外，在非球形颗粒喷动流化床中床层右部其余各点气泡颗粒温度均较小。而球形颗粒系统中右部除 H 点为流化死区，其余各点垂直方向上气泡颗粒温度较大。

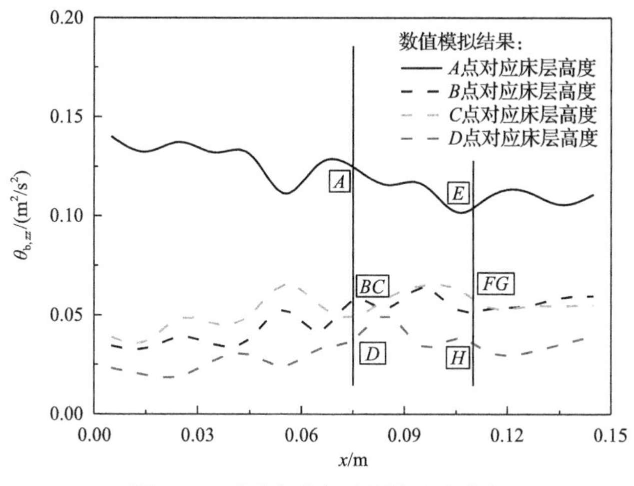

图 6-44　垂直方向气泡颗粒温度分布

根据气泡颗粒温度的分布，可以获得非球形颗粒喷动流化床内气泡行为的相关规律。在床层的中部，颗粒在水平方向上的脉动皆较为剧烈，即气泡在水平方向上的生长过程集中在床中部。而垂直方向上的气泡生长则在气泡运动到较高的 A 点的床高处才开始。对床层的右侧，其规律类似，只是在床层中部水平方向上的气泡脉动从 C 点床高处才开始发生。可以看出球形颗粒和非球形颗粒喷动流化床内的气泡行为具有较大的不同。

图 6-45 是水平方向粒子颗粒温度分布。对比水平方向上气泡颗粒温度分布图可以看出，二者之间存在一定的联系。除 D 点的床层高度外，其余各床高处颗粒温度数值都较大，这是由于气泡在床内水平方向上的脉动运动存在的区域较广，导致了粒子颗粒温度的增大，因此分布规律类似。与球形颗粒喷动流化床内的粒子颗粒温度分布相比，二者的分布有较大区别，并且非球形颗粒粒子颗粒温度数值要大于球形颗粒，意味着更强烈的速度脉动。

垂直方向粒子颗粒温度分布如图 6-46 所示。由图可见，垂直方向上的粒子颗粒温度分布与垂直方向上的气泡颗粒温度分布有一定的区别。垂直方向上粒子颗粒温度呈现一种轴对称的分布形式,并且床层中最大颗粒温度数值出现在 C 点处。在床层右侧 H 点颗粒的微观脉动最弱，其余各点数值大小基本相同。

通过以上分析可以看出，粒子颗粒温度的分布与气泡颗粒温度的分布具有一定的联系，但并不完全一致。对比球形颗粒系统和非球形颗粒系统内的颗粒温度，

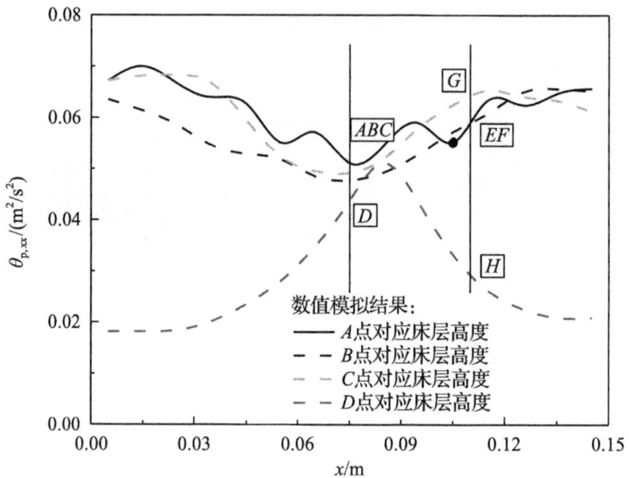

图 6-45　水平方向粒子颗粒温度分布

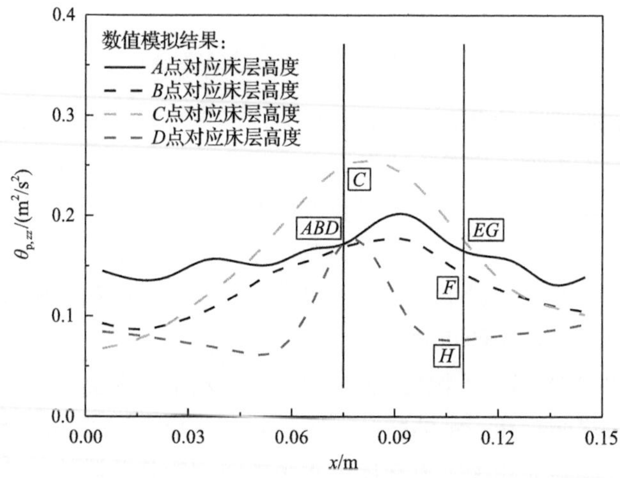

图 6-46　垂直方向粒子颗粒温度分布

发现其分布规律并不相同，非球形颗粒系统内的粒子脉动更为剧烈，并且由于存在不同的气泡行为，其气泡颗粒温度分布也有较大差别。

6.6　湿颗粒流动行为研究

6.6.1　床内脉动特性

为了考察湿颗粒喷动流化床内的颗粒行为，参照 Link 等[4]的实验，设定 A、B 两种工况，如表 6-2 所示。喷动床布风板中间 10mm 宽的区域内喷动气速分别为 30.0m/s 和 20.0m/s，两侧 70mm 宽的区域内流化气速分别为 1.5m/s 和 3.0m/s。

本节研究了三种不同相对液体量 0.01%、0.1%和 1%对颗粒系统流化特性的影响，这三种湿颗粒的相对液体量属于摆动型液桥的范围。

图 6-47 分别给出了相对液体量对床层压降脉动的影响。统计结果显示，图 6-47(a)中工况 A 下，干颗粒系统、0.01%、0.1%和 1%的湿颗粒系统压降脉动的均方差分别为 261.0Pa、393.4Pa、273.7Pa 和 21.9Pa，即相对于干颗粒系统，随着相对液体量从 0.01%增加到 0.1%和 1%，床内压降脉动的幅度先增大，最大压降值也同时上升，然后压降脉动幅度和最大压降值再迅速减小，特别是对于相对液体量为 1%的湿颗粒系统，床内压降基本保持在一个稳定值。这是因为对于低相对液体量(如 0.01%)，颗粒系统的运动特性与干颗粒系统相差不大，但由于颗粒间增加了相互吸引的液桥力，气体在通过颗粒密相区时，为了克服颗粒间的这种牵引力的作用，必然导致气体压力的上升，进而引起压降脉动的幅度增加；而在高相对液体量(如 0.1%和 1%)时，颗粒间的作用力大大增强，颗粒系统形成稳定的聚团结构，压降脉动的幅度将大大减小，甚至在床内喷射区形成了固定的气体通道，底部气体将主要通过喷射区的气体通道直接到达床层表面，压降的脉动幅度进一步减小，这与干颗粒系统、0.01%、0.1%和 1%湿颗粒系统的平均压降分别为 1493.7Pa、1437.2Pa、1351.1Pa 和 1173.1Pa，即随着相对液体量的增加，平均压降减小是一致的。

图 6-47(b)显示工况 B 下的压降脉动与工况 A 的相差较大，这是因为由于其流化气速比工况 A 高，而喷动气速更小，因此颗粒系统更接近鼓泡流化床。随着相对液体量从 0.01%增加到 0.1%和 1%，床内仍然无法形成固定的气体通道，类似于工况 A 下相对液体量为 0.01%的湿颗粒系统，其压降脉动的幅度和最大压降值将随着相对液体量的增加而持续增加。

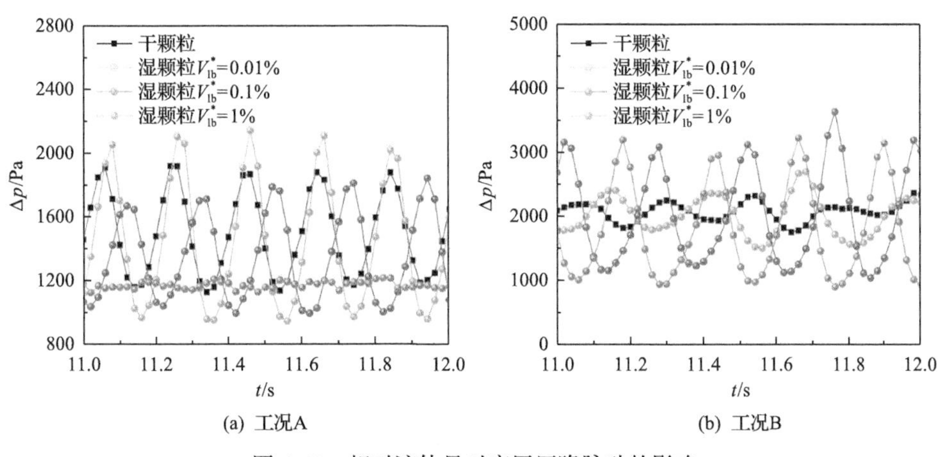

(a) 工况A　(b) 工况B

图 6-47　相对液体量对床层压降脉动的影响

为了进一步进行定量比较，图 6-48 给出了工况 A 和工况 B 下，相对液体量对压降功率谱幅度分布的影响。图 6-48(a)中显示干颗粒系统、0.01%和 0.1%的湿颗粒系统具有明显的主频，即此时的颗粒系统具有非常规律的周期性的压降脉动；而 1%的湿颗粒系统并没有表现出明显的主频，实际上从图 6-47(a)中可以看出，由于床内喷射区形成了固定的气体通道，其压降基本保持不变，即相对液体量大大增加时，床内压降的波动性将逐渐消失。工况 A 下干颗粒系统、0.01%和 0.1%的湿颗粒系统的主频相差不大，分别为 5.08Hz、5.18Hz 和 4.83Hz，随着相对液体量的增加，湿颗粒系统的主频先有所增加，然后降低。图 6-48(b)显示工况 B 中，干颗粒系统和 0.01%的湿颗粒系统的压降脉动不规则，没有明显的单一主频。而随着相对液体量的增加(如 0.1%和 1%)，床内压降逐渐表现出周期性的脉动，并且类似于图 6-48(a)中的工况 A，不同相对液体量下，喷动流化床内压降脉动主频相差不大。

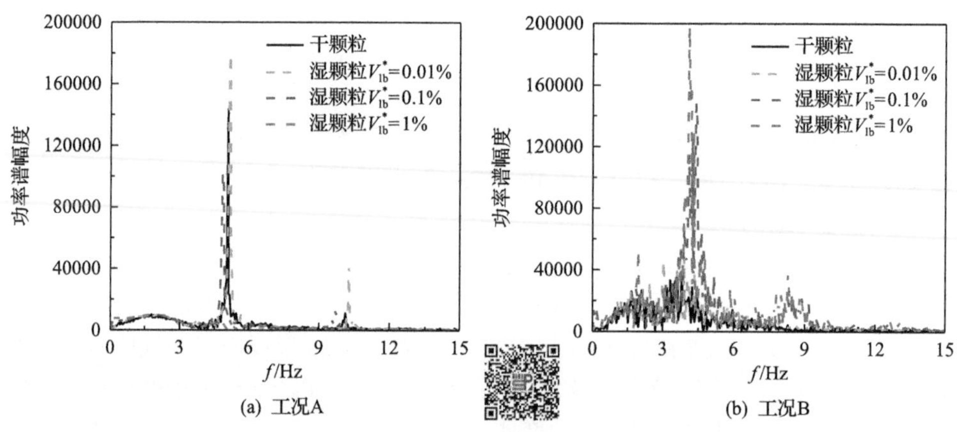

图 6-48　相对液体量对压降功率谱幅度分布的影响(彩图扫二维码)

图 6-49 给出 11～12s 不同工况下相对液体量对床层高度的影响，纵坐标 H_b 为运动过程中的膨胀床层高度。从图中可以看出，在相同的液体量条件下，工况 B 下干颗粒系统和湿颗粒系统的床层高度普遍高于工况 A 下的床层高度，这与工况 B 的气体表观速度大于工况 A 的气体速度是一致的。另外，所有湿颗粒系统的床层高度都比干颗粒系统的高，其中，对于工况 A，0.01%、0.1%和 1%的湿颗粒系统的平均床层高度分别为 99.5mm、98.5mm 和 97.4mm，高于干颗粒系统的 96.4mm；而对于工况 B，0.01%、0.1%和 1%的湿颗粒系统的平均床层高度分别为 123.1mm、121.0mm 和 123.2mm，也高于干颗粒系统的 115.3mm。

对图 6-49(a)的统计结果显示，0.01%、0.1%和 1%的湿颗粒系统的床层高度的均方差分别为 1.21mm、0.94mm 和 0.14mm，即随着相对液体量的增加，平均床层高度的波动强度是逐渐下降的。这是因为相对液体量的增加将使颗粒间的作用力大大增强，大量的湿颗粒形成更稳定的聚团结构，甚至固定的气体通道，因而

气体对颗粒的曳力作用被大大削弱，颗粒的上升运动而引起的床层脉动幅度减小。

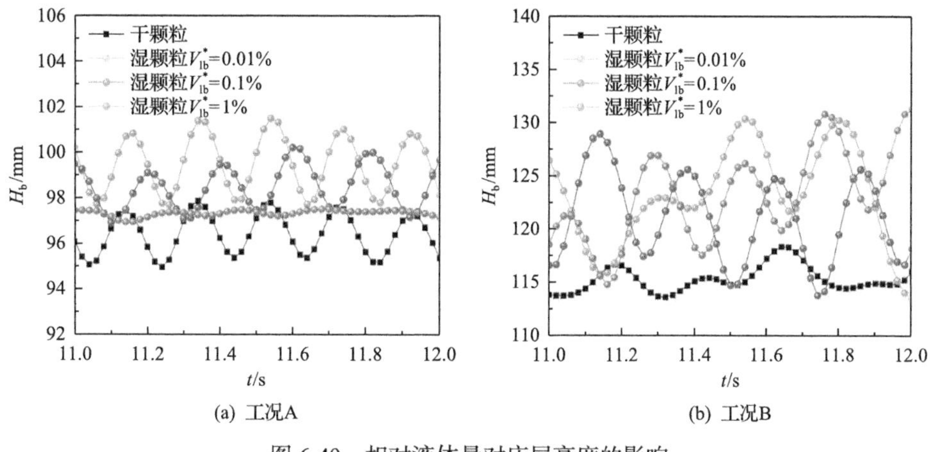

(a) 工况A　　(b) 工况B

图 6-49　相对液体量对床层高度的影响

对图 6-49(b)的统计结果显示，0.01%、0.1%和 1%的湿颗粒系统的平均床层的均方差区别不大，分别为 4.63mm、4.09mm 和 4.32mm，并没有表现出明显的变化规律。这是因为相对于工况 A，工况 B 的流化气速更高，而喷动气速则更小，在所研究的相对液体量下，颗粒间的作用力并不足以形成固定的气体通道，喷动流化床内颗粒的流化依然处于动态变化中。

6.6.2　颗粒流态化行为

图 6-50 显示了相对液体量对颗粒质量流量的影响。从图中可以看出，不同相对液体量下，工况 A 和工况 B 的颗粒质量流量表现出类似的变化规律。低相对液体量(0.01%)的湿颗粒系统与干颗粒系统的颗粒质量流量分布区别很小，这与实际

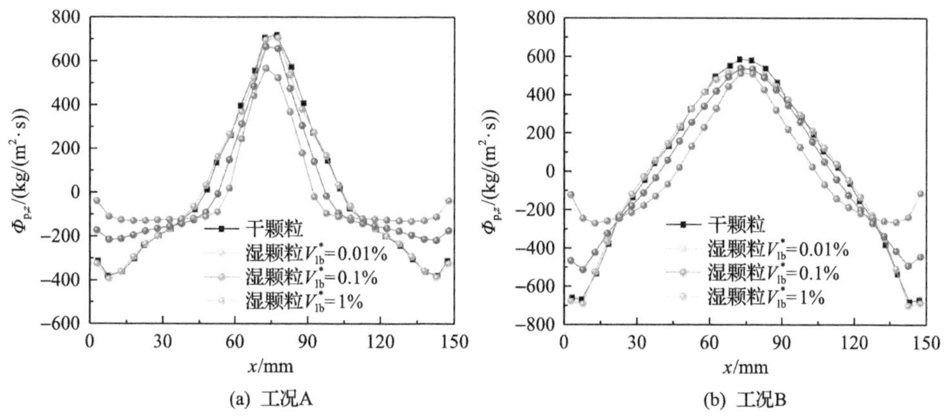

(a) 工况A　　(b) 工况B

图 6-50　相对液体量对颗粒质量流量的影响(床层高度为 130mm)

物理过程是一致的，从侧面证明湿颗粒 DEM 模型的正确性。随着相对液体量的进一步增加，两种工况下床中心处的颗粒质量流量都逐渐减小，而两侧边壁处的颗粒质量流量逐渐增加(其绝对值减小，更趋近于 0)。这是因为，对于边壁处，随着相对液体量的增加，颗粒间的牵引力作用逐渐增强，环隙区内颗粒的去流化现象更加明显，颗粒向下及向喷射区的运动速度大大降低，其值更趋近于 0；相应地，中心处的喷射区从环隙区携带走的颗粒减少，从而降低了中心颗粒质量流量的大小。

图 6-51 给出了相对液体量对颗粒质量流量沿床层高度分布的影响。从图中可以看出，在喷动区(低床层高度)，随着相对液体量的增加，工况 A 和工况 B 下的颗粒质量流量逐渐降低。这是因为颗粒质量流量的大小由固含率和颗粒速度决定。相对液体量越大时，颗粒间的液桥力越大，牵引作用越强，大量的颗粒将形成稳固的颗粒聚团，由环隙区向喷动区运动的颗粒将越少，固含率的下降将导致颗粒质量流量的降低。另一方面，在喷泉区(高床层高度)，工况 A 和工况 B 下的颗粒质量流量反而随着相对液体量的增加而增加。这是因为在喷泉区，空隙率非常大，气体和颗粒间的相互作用占主导地位，而越高的相对液体量使得下端的颗粒形成固定的气体通道，进入喷泉区的气体速度将越大，颗粒速度增加。

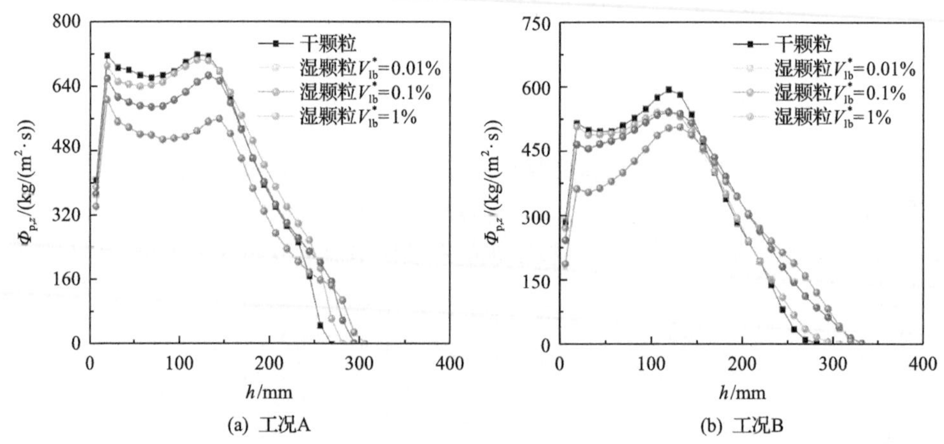

图 6-51　相对液体量对颗粒质量流量沿床层高度分布的影响

相对液体量对空隙率沿横向分布的影响由图 6-52 给出。从图中可以看出，对于工况 A 和工况 B，随着相对液体量的增加，中心处的空隙率增加，而边壁处的空隙率则降低。这是因为相对液体量增加时，靠近边壁的环隙区内颗粒间的牵引作用力越强，颗粒形成更紧密的聚团，空隙率降低。同时，随着由环隙区进入中心喷射区的颗粒数量的减少，中心处的空隙率必然随着相对液体量的增加而增加。在同一相对液体量下，比较不同的工况后发现，工况 B 下环隙区内的空隙率比工况 A 更高，而喷射区的空隙率则更低，这与工况 B 的流化气速更大是一致的。另外，在工况 B 下，对于干颗粒系统和低相对液体量(0.01%)的湿颗粒系统，其空隙率沿横向的分布更加均匀、平缓，这是因为工况 B 的流化气速较大，颗粒系统的运动更接近鼓泡流化床；而在较高的相对液体量(0.1%和 1%)下，大量的颗粒形成稳定的聚团结构，中心喷射区将形成逐渐稳固的气体通道，颗粒系统的运动更接近类似于工况 A 下的喷动床运动结构。

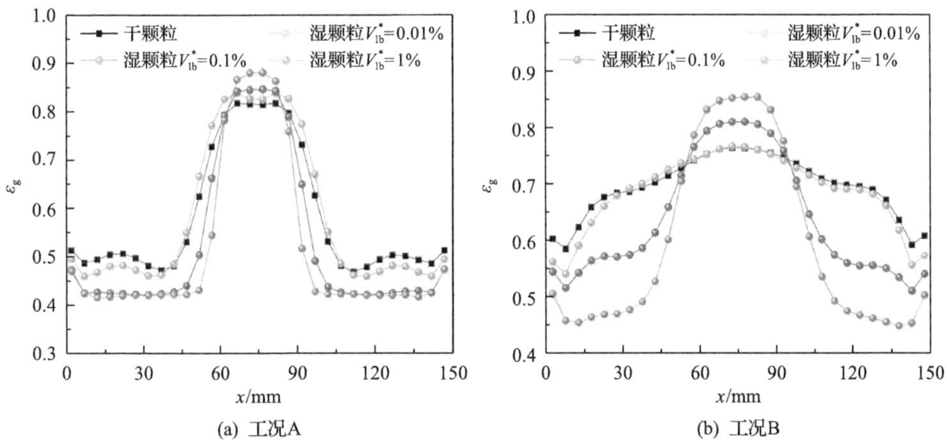

图 6-52　相对液体量对空隙率沿横向分布的影响(床层高度为 130mm)

图 6-53 给出了床高 h=130mm 处，相对液体量对气泡颗粒温度的影响。从图中可以看出，对于干颗粒系统和所有的湿颗粒系统，工况 A 和工况 B 都显示颗粒温度呈半正态分布，即从中心靠近两侧壁面时，颗粒温度先上升，达到最大值然后迅速下降。而且，气泡颗粒温度的峰值出现在中心喷动区和两侧环隙区的交界处，这是因为此处气体与颗粒间的动量交换以及颗粒/颗粒间的碰撞作用达到最强。对于图 6-53(a)中的工况 A，中心处的气泡颗粒温度比两侧环隙区的大得多，甚至高出一个数量级。这是因为颗粒与气体之间的动量交换对于气泡颗粒温度的影响非常大，而在工况 A 下，中心处的喷动气速很大，周围的流化气速要小得多导致了这一现象。与工况 A 相比较，图 6-53(b)中工况 B 的气泡颗粒温度明显增大，并且工况 B 下中心处的气泡颗粒温度与两侧环隙区的差异要小得多也进一步说明了床内气体流动速度分布对气泡颗粒温度的影响十分显著。

不同相对液体量对两种工况下气泡颗粒温度的影响与图 6-47 中的压降脉动的变化是一致的：相对于干颗粒系统，随着相对液体量的增加，工况 A 中湿颗粒系统的气泡颗粒温度先上升，再下降，特别是对于 1%的湿颗粒系统，环隙区内颗粒间的牵引作用迅速增加，颗粒运动速度大大降低，其气泡颗粒温度接近 0；而工况 B 的气泡颗粒温度随着相对液体量的增加一直上升。

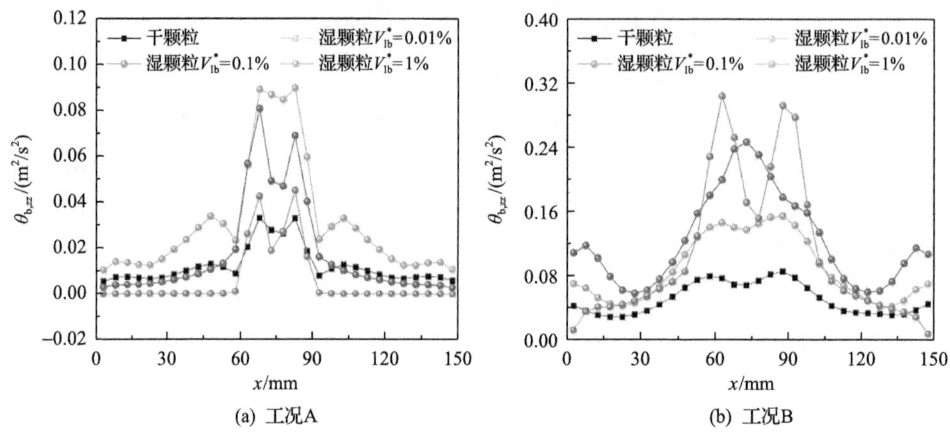

图 6-53　相对液体量对气泡颗粒温度的影响(床层高度为 130mm)

图 6-54 给出了两种工况下相对液体量对旋转气泡颗粒温度的影响。从图中可以看出，喷射区的旋转气泡颗粒温度随着相对液体量的增加而增加，这是因为相对液体量增加时，中间喷动区的空隙率增大，更多的气体通过中间的固定气体通道向上运动，曳力逐渐增大，进而引起旋转气泡颗粒温度的增加。另一方面，环隙区内颗粒的旋转气泡颗粒温度则随着相对液体量的增加而减小，这与更大的相对液体量使颗粒形成更紧密的聚团、气体对颗粒的曳力作用被削弱相关。

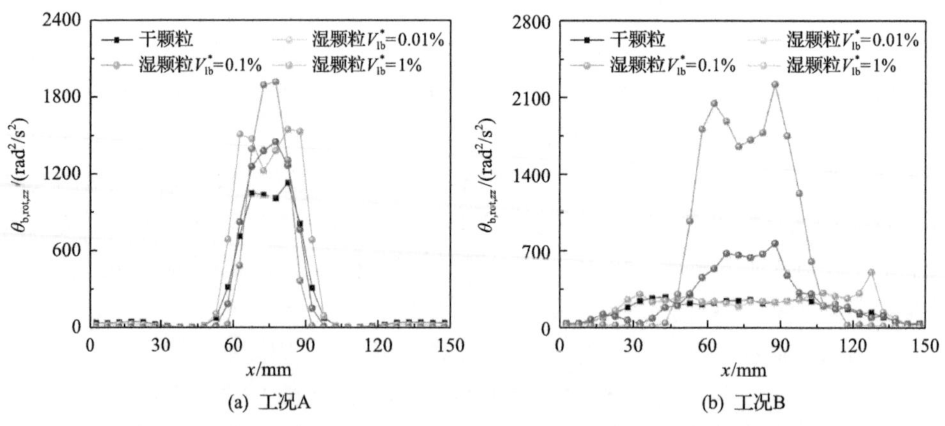

图 6-54　相对液体量对旋转气泡颗粒温度的影响(床层高度为 130mm)

6.6.3　颗粒的混合

图 6-55 和图 6-56 分别给出了工况 A 和工况 B 下，相对液体量为 1%的湿颗粒系统内颗粒的混合过程。由于模拟的喷动流化床内所有颗粒具有相同的粒径和密度，为了研究颗粒的混合过程，必须先对颗粒进行区分标记，因此将所有的颗

粒在初始状态时(0s)分成具有相同份额的两个不同组分，并以不同颜色进行追踪，其中下半部分颗粒标记为灰色而上半部分颗粒标记为黑色。

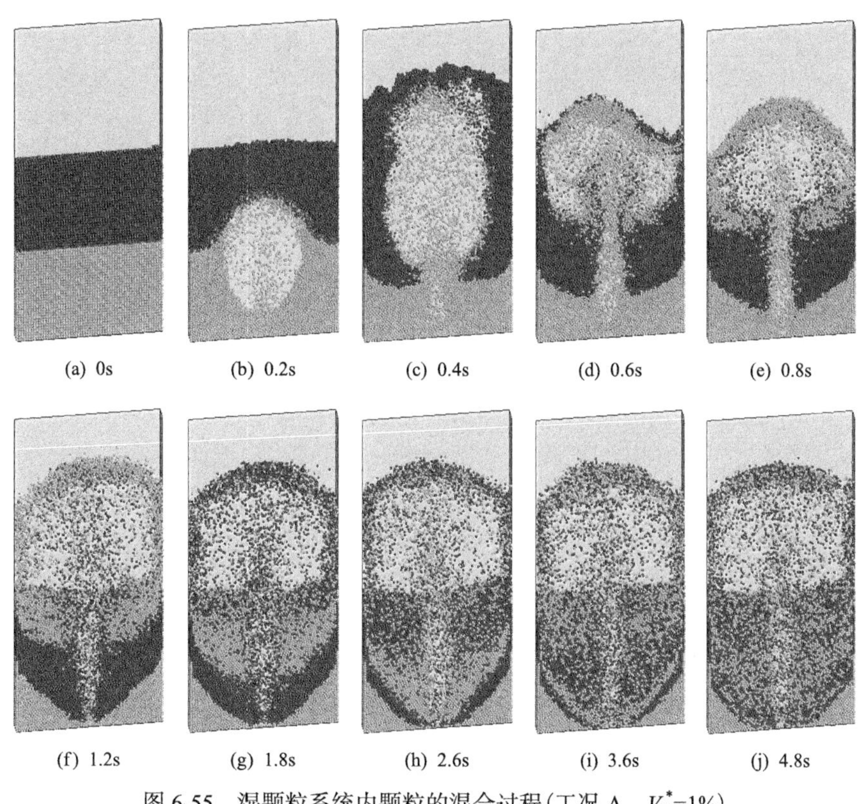

(a) 0s　(b) 0.2s　(c) 0.4s　(d) 0.6s　(e) 0.8s

(f) 1.2s　(g) 1.8s　(h) 2.6s　(i) 3.6s　(j) 4.8s

图 6-55　湿颗粒系统内颗粒的混合过程(工况 A，V_{lb}^{*}=1%)

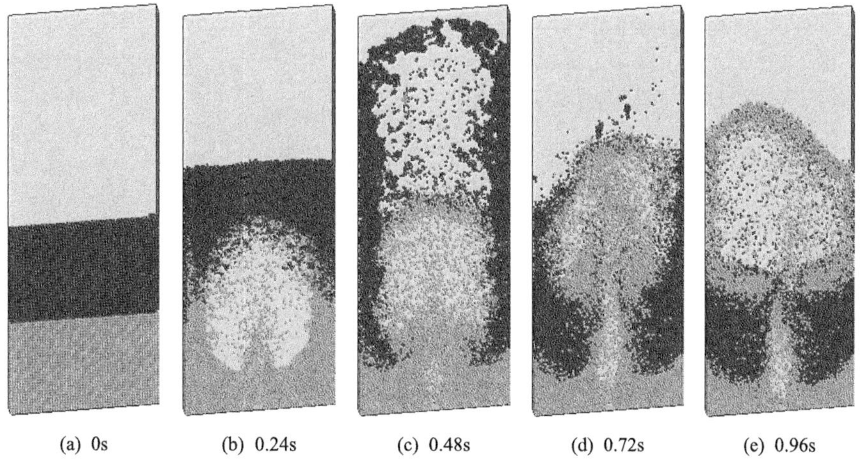

(a) 0s　(b) 0.24s　(c) 0.48s　(d) 0.72s　(e) 0.96s

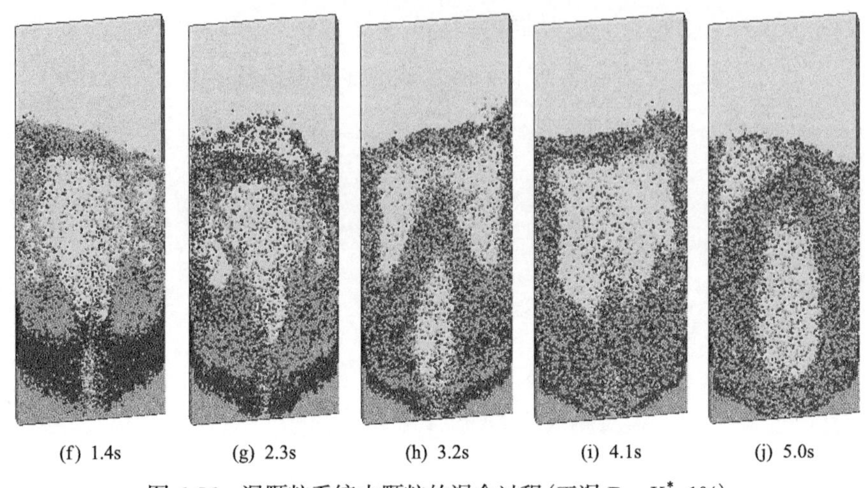

图 6-56　湿颗粒系统内颗粒的混合过程(工况 B，V_{lb}^{*}=1%)

从两组图中可以看出，工况 A 和工况 B 下颗粒的混合过程类似：床内首先生成一个单一的大气泡，颗粒在气泡的推动作用下上升，在气泡破裂后，上层的颗粒降落后集中到两侧环隙区的顶部。随着喷动区内的上升气体持续将环隙区内的颗粒携带走，环隙区内靠近壁面的颗粒层逐渐下降。在喷泉区完成混合过程，最终降落在环隙区的顶部。值得注意的是，在底部布风板靠近墙角处，工况 A 和工况 B 都存在流化死区，即颗粒基本不流动，此处颗粒的混合非常差。不同工况下流化死区的倾斜角不同，工况 A 和工况 B 下流化死区的倾斜角分别约为 50°和 33°，可见更大的流化气速将使倾斜角减小。

图 6-57 给出了工况 A 和工况 B 下，相对液体量对 Lacey 混合指数的影响，其中 P=0.5，表示不同组分具有相同的份额。从图中可以明显地看出，两种工况

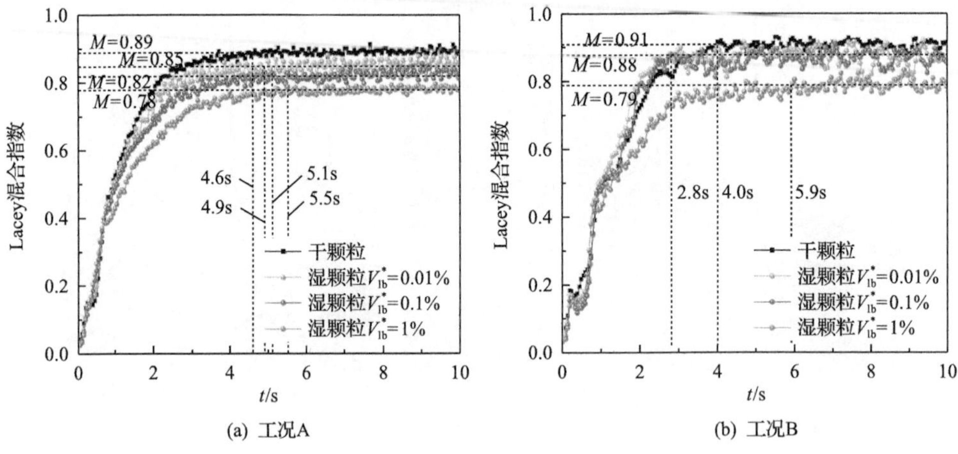

图 6-57　相对液体量对 Lacey 混合指数的影响

下，无论是干颗粒系统还是湿颗粒系统，它们最终都达到一个动态平衡状态(Lacey混合指数基本不再变化)。

另外，图 6-57(a)显示从干颗粒到湿颗粒系统，随着相对液体量从 0.01%增加 1%，颗粒系统达到 99%的最终混合状态所需要的时间增加，分别为 4.6s、4.9s、5.1s 和 5.5s。而且，相对液体量对最终状态下的 Lacey 混合指数影响较大，并且随着相对液体量的增加，Lacey 混合指数的数值降低。这是因为如图 6-56 中所示的流化死区的倾斜角随着相对液体量的增加而增大，流化死区范围增大，无法参加混合过程的颗粒数目增多。

图 6-57(b)中显示工况 B 的混合过程类似于工况 A 下的情况，最终的 Lacey 混合指数随着相对液体量的增加而减小。不同的是，相对液体量为 0.01%和 0.1%的湿颗粒系统的混合过程相差不多，但比干颗粒系统(4.0s)更快地达到最终的 Lacey 混合指数，而高相对液体量(1%)的湿颗粒系统的混合过程则慢得多(5.9s)。实际上，这与工况 B 下，干颗粒系统与 0.01%和 0.1%的湿颗粒系统的颗粒流化更接近鼓泡流化床(床内没有流化死区)，而 1%的湿颗粒系统更接近喷动床(床内存在流化死区)是相关的。

图 6-58 给出了 11～12s 内，相对液体量对颗粒碰撞率的影响。从图中可以看出，由干颗粒系统到湿颗粒系统，随着相对液体量的增加，颗粒/颗粒碰撞率以及颗粒/壁面碰撞率都大大提高。特别是结合图 6-59 中给出的平均颗粒碰撞率，1%的湿颗粒系统在工况 A 下的平均颗粒/颗粒碰撞率和平均颗粒/壁面碰撞率分别为 80.87%和 22.87%，分别是干颗粒系统的 1.3 倍和 2.0 倍；而在工况 B 下平均颗粒/颗粒碰撞率和平均颗粒/壁面碰撞率分别为 77.63%和 20.93%，分别是干颗粒系统的 2.9 倍和 7.3 倍。这是因为随着相对液体量的增加，颗粒间的牵引作用力增强，颗粒的间距大大减小，颗粒的运动空间受限，颗粒间碰撞加剧，这与图 6-52 中所示的相对液体量增加时环隙区(大部分颗粒集中在该区域内)内的空隙率减小是一

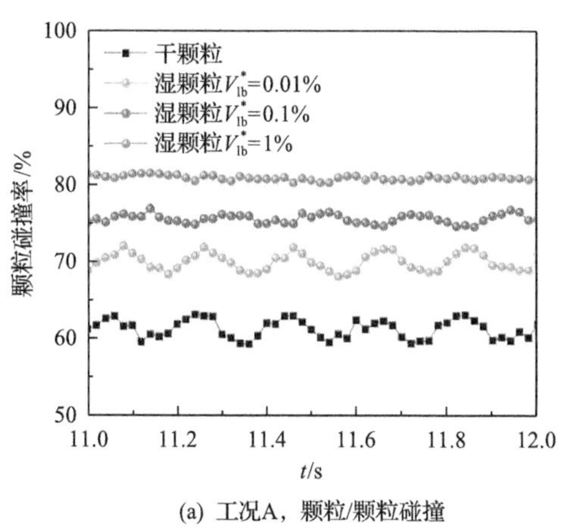

(a) 工况A，颗粒/颗粒碰撞

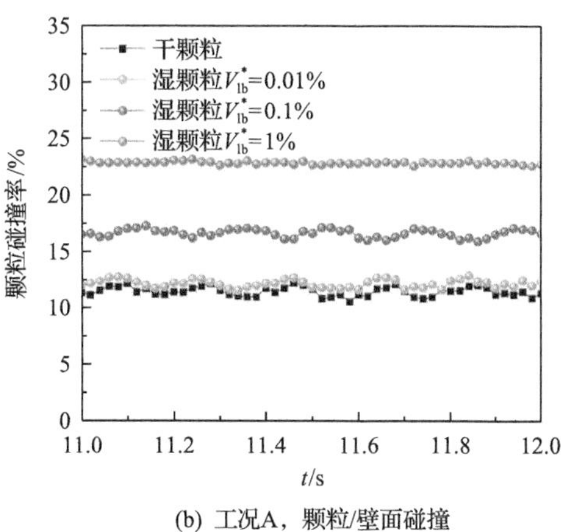

(b) 工况A，颗粒/壁面碰撞

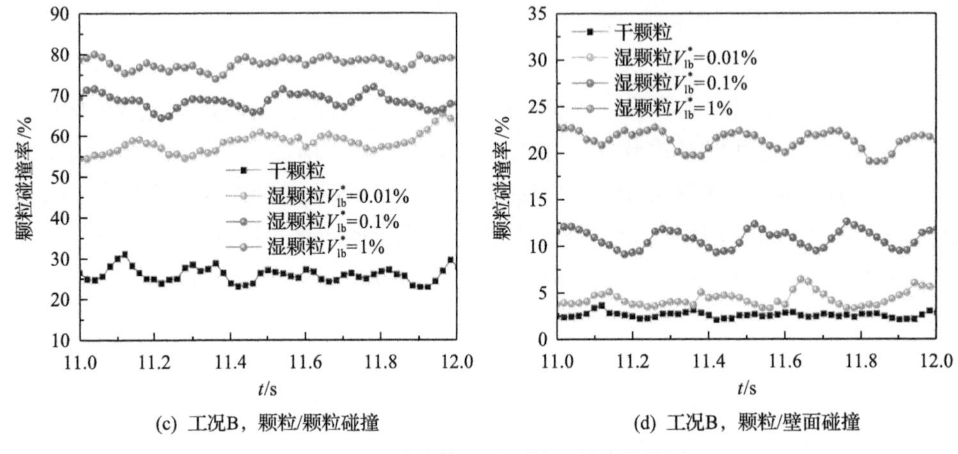

(c) 工况B，颗粒/颗粒碰撞　　(d) 工况B，颗粒/壁面碰撞

图 6-58　相对液体量对颗粒碰撞率的影响

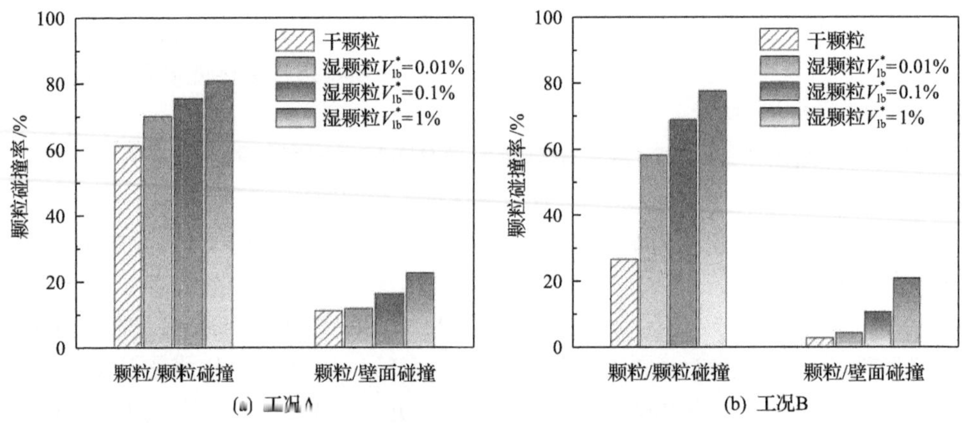

(a) 工况A　　(b) 工况B

图 6-59　不同相对液体量时的平均颗粒碰撞率

致的。另外，不同相对液体量下，颗粒碰撞率依然是周期性地动态变化，但随着相对液体量的增加，其脉动幅度下降，特别是如图 6-58(a)和(b)所示，1%的湿颗粒系统，颗粒碰撞率基本保持恒定。

6.7　本 章 小 结

本章对球形颗粒、非球形颗粒和湿颗粒喷动流化床内颗粒流动行为进行了研究，比较了非球形颗粒、球形颗粒系统及干颗粒、湿颗粒系统内颗粒速度、颗粒温度的分布情况，对颗粒流动行为规律进行了总结。

应用离散颗粒硬球模型对球形颗粒喷动流化床进行了数值模拟，并与 Link 等的实验进行了对比，验证了模型。硬球模型对球形颗粒喷动流化床的数值模拟与实验数据吻合较好，并且在非球形颗粒喷动流化床中颗粒扬析现象更为明显，颗粒运动更为剧烈。随后进行了区域相关的颗粒行为分析，结果显示，非球形颗粒喷动流化床内颗粒行为的分区规律与球形颗粒喷动流化床的规律差别较大。球形颗粒是以床内中心点为中心，呈环形分布。而在非球形颗粒系统中是以分层的形式分区的。不同的分区特性表明球形颗粒与非球形颗粒间的流态化行为存在较大的差异。

对于湿颗粒系统，相对于干颗粒系统，随着相对液体量的增加，床内压降脉动幅度和最大压降值先增大然后迅速减小，特别是对于 1%的相对液体量，床内压降基本保持在一个稳定值。随着相对液体量的增加，中心处的颗粒通量减小，而两侧边壁处的颗粒质量流量增加(其绝对值减小，更趋近于 0)，颗粒系统的混合过程变慢，流化死区的倾斜角变大，Lacey 混合指数的数值降低，碰撞颗粒率增加。

参 考 文 献

[1] 钟文琪, 熊源泉, 袁竹林, 等. 喷动流化床气固流动特性的三维数值模拟[J]. 东南大学学报(自然科学版), 2005, 35(5): 746-751.

[2] 李乾军, 章名耀. 三维喷动流化床流动特性数值模拟[J]. 燃烧科学与技术, 2007, 13(4): 309-313.

[3] 龙新峰, 刘意, 楼波, 等. 三维旋流喷动流化床气固两相流动特性模拟[J]. 可再生能源, 2014, 32(8): 1210-1215.

[4] Link J M, Cuypers L A, Deen N G, et al. Flow regimes in a spout-fluid bed: A combined experimental and simulation study[J]. Chemical Engineering Science, 2005, 60(13): 3425-3442.

[5] Goniva C, Kloss C, Deen N G, et al. Influence of rolling friction on single spout fluidized bed simulation[J]. Particuology, 2012, 10(5): 582-591.

[6] Link J, Deen N, Kuipers J, et al. PEPT and discrete particle simulation study of spout-fluid bed regimes[J]. AIChE Journal, 2008, 54(5): 1189-1202.

[7] Wang T, He Y, Ren A, et al. Region-dependent analysis on particle behaviours in a spout-fluidized bed using the discrete hard sphere particle method[J]. The Canadian Journal of Chemical Engineering, 2020, 98(5): 1097-1114.

[8] Wang T, Tang T, He Y, et al. Analysis of particle behaviors using a region-dependent method in a jetting fluidized bed[J]. Chemical Engineering Journal, 2016, 283: 127-140.

[9] Rüdisüli M, Schildhauer T J, Biollaz S M A, et al. Evaluation of a sectoral scaling approach for bubbling fluidized beds with vertical internals[J]. Chemical Engineering Journal, 2012, 197: 435-439.

[10] Karimipour S, Pugsley T. Experimental study of the nature of gas streaming in deep fluidized beds of Geldart a particles[J]. Chemical Engineering Journal, 2010, 162(1): 388-395.

[11] Ellis N, Briens L A, Grace J R, et al. Characterization of dynamic behaviour in gas-solid turbulent fluidized bed using chaos and wavelet analyses[J]. Chemical Engineering Journal, 2003, 96(1-3): 105-116.

[12] Lu X, Li H. Wavelet analysis of pressure fluctuation signals in a bubbling fluidized bed[J]. Chemical Engineering Journal, 1999, 75(2): 113-119.

[13] Daubechies I. Ten Lectures on Wavelets[M]. Philadephia: Society for Industrial and Applied Mathematics(SIAM), 1992.

第 7 章　提升管非球形颗粒及湿颗粒流动行为研究

7.1　引　　言

提升管是循环流化床中的重要组成部分，在煤炭、化工等领域有着广泛的应用。当前对于提升管内气固两相流动特性的研究已经有了很大的进展，尤其是在数值模拟方面。但是，研究中多使用球形颗粒及干颗粒的假设，这样会造成颗粒的各向异性特性的缺失。随着研究的深入，对非球形颗粒和湿颗粒提升管系统的数值模拟研究已成为了热点之一。

本章基于所建立的模型，分别应用球形颗粒、非球形颗粒和湿颗粒的模拟方法对 Mathiesen 等[1]的双组分提升管实验进行了数值模拟。在模拟中结合大涡模拟方法，考察了颗粒运动的各向异性特性，着重研究了系统内介尺度聚团的动力学特性。

7.2　数值模拟初始及边界条件

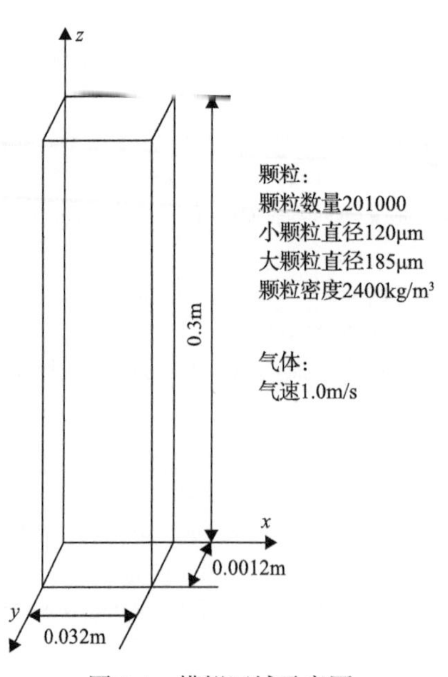

图 7-1　模拟区域示意图

图 7-1 为模拟区域示意图，参照 Mathiesen 等[1]的实验，模拟区域的宽×深×高为 32mm×1.2mm×300mm。模拟中采用周期性边界条件，着重考察提升管内充分发展段的颗粒行为。气体由底部进入床内，床体顶部出口的压力为大气压。

床内颗粒共有 201000 个，其中直径为 0.12mm 的颗粒为 158000 个，直径为 0.185mm 的颗粒为 43000 个。数值模拟时间为 15s，所有结果取后 10s 进行平均。相关模拟参数汇总于表 7-1。为了验证模型的正确性，采用与实验相同的球形颗粒进行计算。在球形颗粒流动特性研究的基础上，进一步开展非球形和湿颗粒流动特性的研究。首先使用了球形颗粒进行数值模拟。

表 7-1　模拟中所用的参数

物理量	数值	单位
	流化床	
x、y、z 方向尺寸	32×1.2×300	mm×mm×mm
x、y、z 方向网格数	25×6×60	—
	颗粒	
颗粒数	201000	—
颗粒直径	0.12, 0.185	mm
颗粒密度	2400	kg/m^3
弹性恢复系数	0.97	—
颗粒/颗粒滑动摩擦系数	0.1	—
颗粒/壁面滑动摩擦系数	0.1	—
法向弹簧刚度	100	N/m
切向弹簧刚度	28.6	N/m
	气体	
表观气速	1.0	m/s
气体黏度	1.8×10^{-5}	Pa·s
温度	293.15	K

7.3　模 型 验 证

7.3.1　离散硬球模型

图 7-2 为提升管内瞬时颗粒分布和速度向量图。由图可见，大部分颗粒呈带状颗粒聚团形式向上移动，但是仍有部分颗粒在靠近壁面处向下移动。随着时间的推移，带状分布的颗粒聚团逐渐变大，并不断改变形状，最终在上升过程中消失。对比颗粒速度向量图可以看出，颗粒运动速度与颗粒带状聚团分布区域有很大的联系。

为了验证模型，图 7-3 给出了颗粒垂直速度的模拟结果与实验数据的对比图，数据的采样为床高的 h/H =0.4 处。其中大涡模拟方法中采用两种不同的 SGS 模型，分别为常用的经典 Smagorinsky 模型和改进的 Smagorinsky 模型，即变化的 Smagorinsky 常量(Mutative C_s)的 SGS 模型。从图中可以看出，采用改进的 Smagorinsky 模型得到的数值模拟结果与实验符合得更好。采用改进的模型可以模拟出在床体中间区域垂直速度的小幅度减小，而使用传统的 Smagorinsky 模型得到的速度分布在床体中部会产生一个速度最大值。

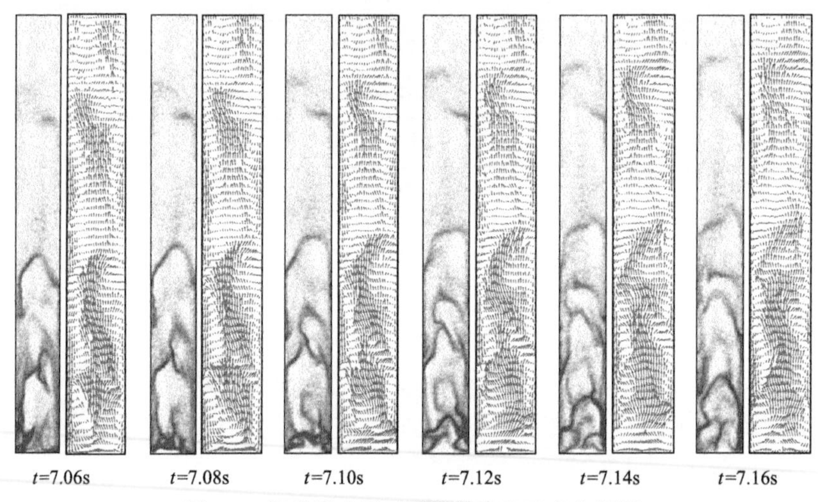

图 7-2 提升管内瞬时颗粒分布和速度向量图

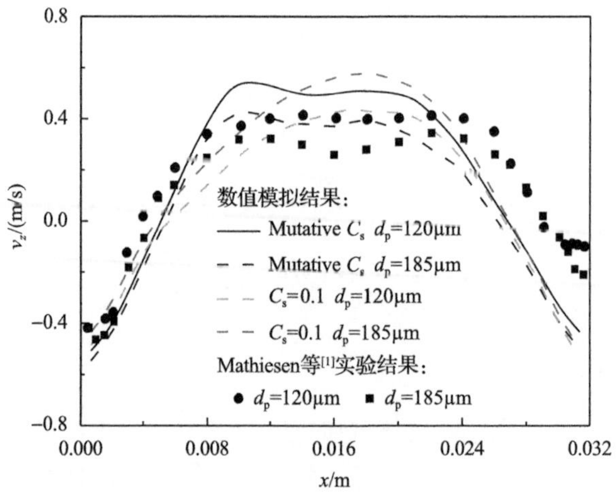

图 7-3 颗粒垂直速度分布

图 7-4 为在床层高度 h/H=0.2 处实验与数值模拟得到的平均颗粒直径分布。平均颗粒直径的计算式为

$$d_{\mathrm{p,\,mean}} = \frac{1}{n}\sum_{n}^{i=1} d_{\mathrm{p},i} \tag{7-1}$$

式中，n 为求解平均颗粒直径时使用的颗粒数目。

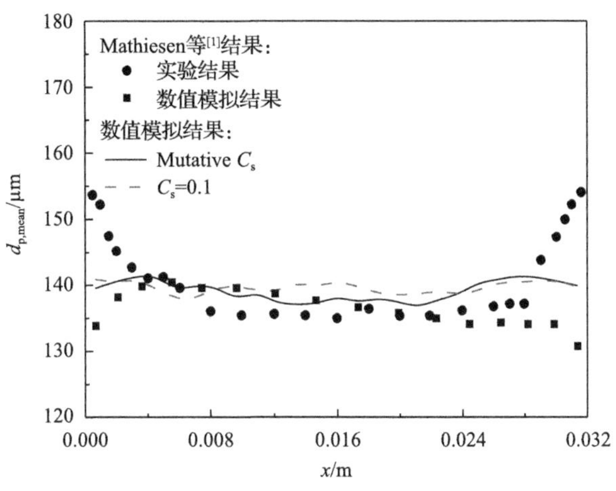

图 7-4　平均颗粒直径分布

图 7-4 中的颗粒分布说明，在提升管中，大颗粒集中分布在靠近壁面的区域，小颗粒集中在床内的中部。可以看出数值模拟结果与实验数据吻合较好，并且使用变化的 Smagorinsky 常量的 SGS 模型得到的结果略好于 Smagorinsky 常量为 0.1 时的数值模拟结果。但是在数值模拟结果中，对于靠近壁面处的平均颗粒直径的预测与实验相比有一定的误差，这可能是由于在数值模拟中对壁面效应的考虑不够造成的。在数值模拟程序中，壁面效应是应用了部分滑移边界条件来考虑的，包括颗粒与壁面的摩擦过程和颗粒与壁面的碰撞等。并且不同的气相差分格式也会影响边壁处的气相流场进而改变颗粒速度的分布。但是总的来看，变化的 Smagorinsky 常量的 SGS 模型得到的结果与实验结果的吻合要优于 Smagorinsky 常量为 0.1 时的数值模拟结果，并且能够较准确地获得实验中的颗粒行为。

为了进一步验证数值模拟方法，图 7-5 给出了床内空隙率分布图，床高分别为 h/H=0.4 和 h/H=0.7。对于空隙率的分布，在床内较低的位置处即 h/H=0.4 的图中，可以看出使用变化的 Smagorinsky 常量的 SGS 模型得到的结果与 Smagorinsky 常量为 0.1 时的数值模拟结果差别不大，并且无论是对于小颗粒的空隙率分布还是大颗粒的空隙率分布，二者与实验的符合皆非常好。在床内较高的位置即 h/H= 0.7 处，对于小颗粒，使用变化的 Smagorinsky 常量的 SGS 模型得到的结果比 Smagorinsky 常量为 0.1 时的数值模拟结果略大，并且与实验结果符合得更好。而对于大颗粒，二者的数值模拟结果基本相同，与实验结果吻合较好。

图 7-6 为床内 h/H=0.2 床层高度处颗粒垂直方向均方根速度分布。可以看出，应用变化的 Smagorinsky 常量的 SGS 模型得到的结果要优于 Mathiesen 等[1]的模拟

结果，并且与实验中的分布趋势相同。对比应用变化的 Smagorinsky 常量的 SGS 模型得到的结果和 Smagorinsky 常量为 0.1 时的数值模拟结果可以看出，变化的 Smagorinsky 常量的 SGS 模型得到的数值模拟结果与实验结果吻合更好。

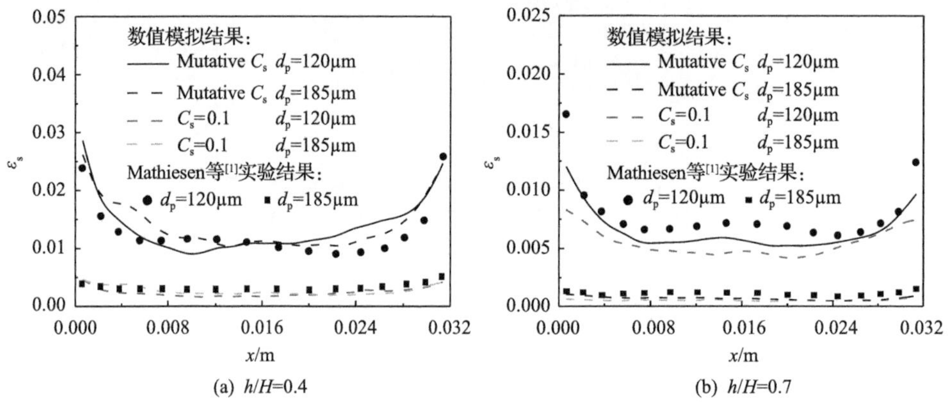

图 7-5　大颗粒和小颗粒在不同床层高度上的空隙率分布

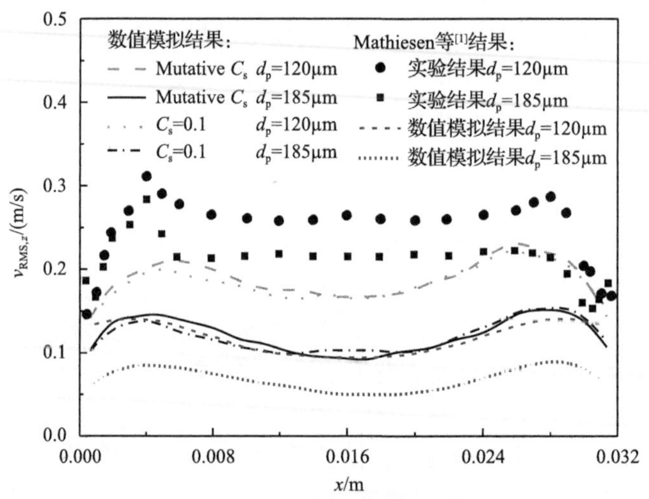

图 7-6　颗粒垂直方向均方根速度分布

图 7-7 为提升管内 h/H =0.4 床层高度处所有的时均固含率分布图。可以看出，使用变化的 Smagorinsky 常量的 SGS 模型得到的结果要优于 Mathiesen 等[1]的模拟结果，并且与实验中的分布趋势相同。颗粒在提升管中部聚集，在床内两侧的分布较少。

综上所述，使用变化的 Smagorinsky 常量的 SGS 模型得到的模拟结果与实验结果吻合得更好，优于 Smagorinsky 常量为 0.1 时的模型。因此，该模型可以应用于提升管内气固两相流体动力特性的数值模拟研究。

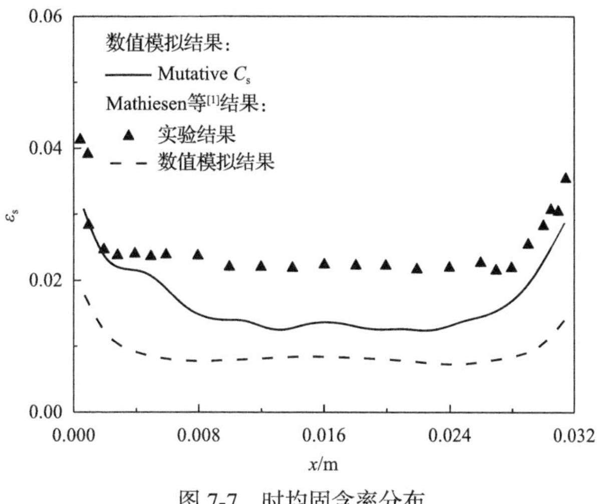

图 7-7　时均固含率分布

在颗粒系统中，颗粒的旋转运动起着重要的作用，尤其是在颗粒的碰撞过程和能量传递过程中。但是针对提升管内颗粒旋转特性的研究较少，因此本节将对提升管内颗粒的旋转运动进行研究。图 7-8 为提升管中大、小颗粒 z 方向旋转速度分布。

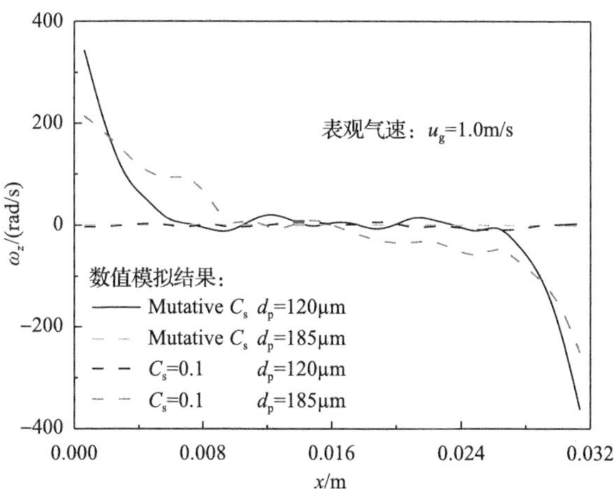

图 7-8　提升管内大、小颗粒 z 方向旋转速度分布

由图可见，变化的 Smagorinsky 常量的 SGS 模型得到的模拟结果与 Smagorinsky 常量为 0.1 时的数值模拟结果差别较大。对于大颗粒来说，两个模型得到的颗粒旋转速度分布趋势相似，旋转速度基本上在 0rad/s 左右。对于小颗粒的旋转速度分布，应用变化的 Smagorinsky 常量的 SGS 模型得到的旋转速度在靠近壁面处存在一个明显的速度绝对值的提高，但是对于 Smagorinsky 常量为 0.1 时的工况，其

颗粒旋转速度从床层中央向两侧壁面缓慢增长。这种差别可能是由于壁面效应导致的。壁面会对其附近的气相流动产生较大的影响，而大涡模拟方法主要针对气相进行数值模拟，其中的 Smagorinsky 亚格子模型的变化也会对此处的气相流场造成影响，进而导致了其中颗粒运动行为的差别。

从以上分析可以看出，小颗粒的旋转速度要明显大于大颗粒的旋转速度，尤其是在提升管内两侧靠近边壁处，小颗粒的旋转尤为剧烈。这说明了在提升管内，小颗粒的旋转特性更为明显。

7.3.2 离散软球模型

为了验证离散软球模型的合理性，图 7-9 给出不同直径颗粒轴向速度分布与 Mathiesen 等[2]的实验结果的对比情况。大部分颗粒沿提升管中心轴线位置向上运动，在接近左右两侧壁面的位置，颗粒沿壁面向下运动。从图中可以看出，不同直径颗粒速度分布与实验对比结果吻合较好。在壁面处，颗粒速度分布趋势与实验结果接近。说明对提升管中气固两相流动特性进行模拟，本书选用的模拟方法具有一定的合理性。

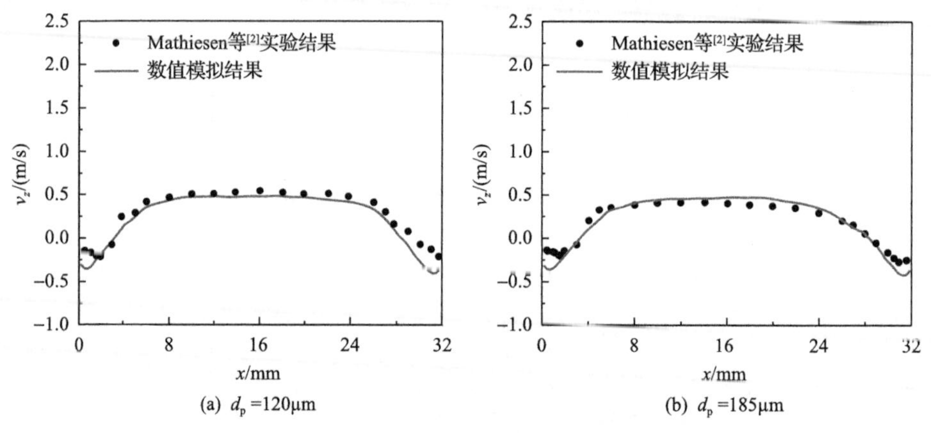

图 7-9　不同直径颗粒轴向速度分布情况

7.4 球形颗粒聚团颗粒温度研究

在提升管气固两相颗粒系统中，没有气泡生成，颗粒多以颗粒聚团的形式存在。因此，研究提升管内颗粒聚团的动力学特性具有重要意义。聚团颗粒温度代表聚团的脉动能量，是表征聚团微观脉动特性的重要参数。对于提升管等颗粒系统，其中不存在气泡，颗粒是以聚团的形式存在的，因此，参照气泡颗粒温度的概念，可以得到聚团颗粒温度的定义。在 Wang 等[3]的研究中提出了类似的聚团温度的概念，在他们的研究中针对聚团的特性提取颗粒系统中的聚团，进行聚团速度的测量与聚团颗粒温度的计算。参照 Jung 等[4]提出气泡颗粒温度时使用的方法，提出了广义聚团颗粒温度的概念[5]。基于雷诺应力理论，可以得到流场内的聚团脉动情况。

广义聚团颗粒温度的计算是基于速度脉动的二阶矩[5]：

$$\overline{V_i'V_j'}(x)=\frac{1}{m}\sum_{k=1}^{m}\left[v_{\mathrm{p},ik}(x,t)-\bar{V}_i(x)\right]\left[v_{\mathrm{p},jk}(x,t)-\bar{V}_j(x)\right] \tag{7-2}$$

式中，m 为时间样本的个数。平均速度 $\bar{V}_i(x)$ 定义为

$$\bar{V}_i(x)=\frac{1}{m}\sum_{k=1}^{m}v_{\mathrm{p},ik}(x,t) \tag{7-3}$$

结合式(7-2)和式(7-3)，可得广义聚团颗粒温度 $\theta_{\mathrm{c}}(x)$ 计算式：

$$\theta_{\mathrm{c}}(x)=\frac{1}{3}\overline{V_x'V_x'}+\frac{1}{3}\overline{V_y'V_y'}+\frac{1}{3}\overline{V_z'V_z'} \tag{7-4}$$

不同曳力模型下广义聚团颗粒温度分布如图 7-10 所示。由图可见，不同曳力模型下的聚团颗粒温度随固含率的变化趋势基本相同，其分布区域基本重合。但是二者也存在一定的不同。Beetstra 曳力模型得到的模拟结果分布更趋于平缓，其最大值较小，其数值小于 0.1m^2/s^2，对应的固含率为 0.03。而 Ergun_Wen&Yu 曳力模型得到的聚团颗粒温度最大值较大，约为 0.11m^2/s^2，对应的固含率为 0.05。在固含率接近于 0 的区域内，使用 Ergun_Wen&Yu 曳力模型得到的聚团颗粒温度存在一个 0.045～0.065m^2/s^2 的分布区域，而使用 Beetstra 曳力模型没有得到这种现象。

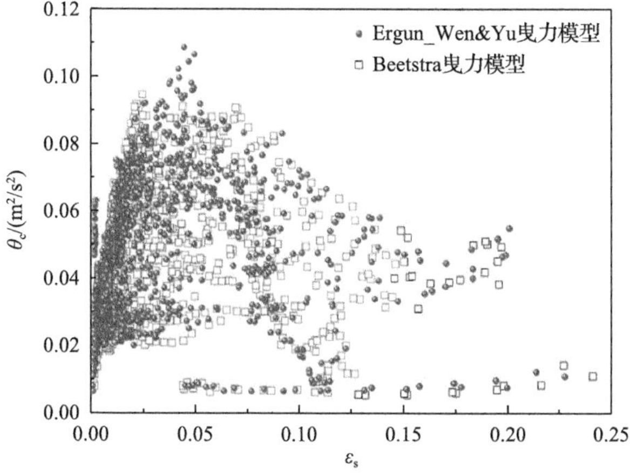

图 7-10　不同曳力模型下广义聚团颗粒温度分布

图 7-11 为在不同曳力模型下的大、小颗粒聚团颗粒温度分布。对比两幅图可以看出，大颗粒的分布更集中，在固含率接近零的位置有较多的聚集，而小颗粒分布更分散。说明对于大颗粒和小颗粒来说，聚团的形式略有不同。不同的曳力模型对大、小颗粒的影响也略有区别。

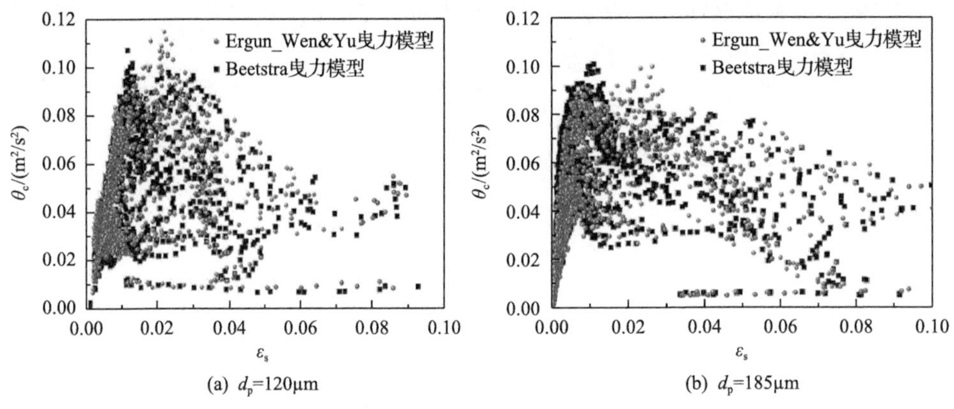

(a) d_p=120μm　　(b) d_p=185μm

图 7-11　不同曳力模型下大、小颗粒聚团颗粒温度分布

对于小颗粒而言，两种不同曳力模型下的聚团颗粒温度分布趋势基本相同，并且与所有颗粒的分布趋势类似。曳力模型对其分布形式略有影响。Beetstra 曳力模型得到的模拟结果分布更趋于平缓，其最大值较小，数值略小于 0.11m^2/s^2，出现在固含率为 0.01 处。而使用 Ergun_Wen&Yu 曳力模型得到的聚团颗粒温度最大值较大，数值约为 0.12m^2/s^2，出现在固含率为 0.02 处。

对大颗粒而言，其聚团颗粒温度的分布趋势与小颗粒区别较大。大颗粒的聚团颗粒温度分布更为集中，在固含率为 0～0.01 处的分布较为稀疏。两种曳力模型对聚团颗粒温度的最大值对应的固含率有影响，但是对聚团颗粒温度的最大值没有影响，均约为 0.1m^2/s^2，应用 Beetstra 模型时对应的固含率更小，约为 0.025，而使用 Ergun_Wen&Yu 曳力模型对应的固含率为 0.01。

弹性碰撞恢复系数影响颗粒的碰撞行为，对整个流化床系统的流态化特性产生较大的影响。为了研究法向弹性恢复系数对聚团特性的影响，本节对不同弹性恢复系数的工况进行了数值模拟，模拟中使用的曳力模型为 Ergun_Wen&Yu 曳力模型。图 7-12 是大、小颗粒在不同法向弹性恢复系数下颗粒轴向速度分布。

对比法向弹性恢复系数为 0.97 和 0.9 的工况可以发现，应用法向弹性恢复系数为 0.97 时得到的数值模拟结果与实验结果符合更好。法向弹性恢复系数对颗粒轴向速度的影响主要在提升管的中部，即聚团较多的区域。当法向弹性恢复系数为 0.9 时，颗粒轴向速度在中间区域产生了一个最大值，而当弹性恢复系数为 0.97 时在中部产生了与实验相同的颗粒速度的减弱现象。在其余的区域内二者的速度分布近似。

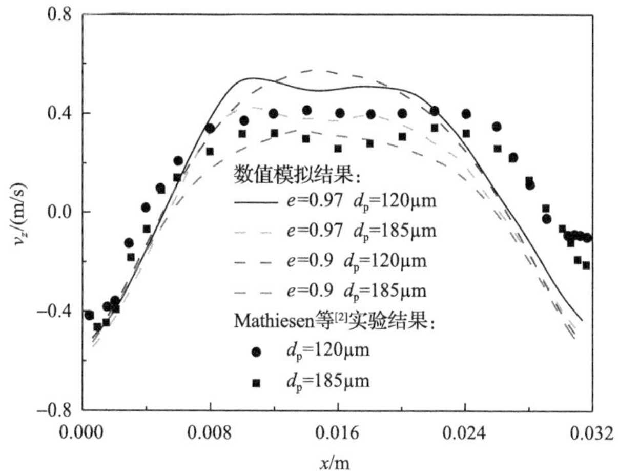

图 7-12　大、小颗粒在不同法向弹性恢复系数下颗粒轴向速度分布

对比大、小颗粒的速度分布可以发现，对于大颗粒和小颗粒，弹性恢复系数起着不同的作用。对小颗粒来说，当弹性恢复系数为 0.9 时，其轴向速度的数值增大，但是对大颗粒却出现了截然相反的状况，即弹性恢复系数为 0.9 时大颗粒的速度要大于弹性恢复系数为 0.97 时的模拟结果。由此可见弹性恢复系数对提升管的影响较为复杂，由于在颗粒系统中存在大颗粒/大颗粒、大颗粒/小颗粒和小颗粒/小颗粒三种颗粒间碰撞，尽管减小弹性恢复系数会增大碰撞时的能量损耗，但是并不能够直接减小某一特定床层高度上颗粒的速度分布。

图 7-13 为不同弹性恢复系数下聚团颗粒温度分布。由图可见弹性恢复系数对提升管内的聚团颗粒温度有较大的影响。当弹性恢复系数减小到 0.9 时，聚团颗粒温度的分布更分散，在固含率为 0.23 附近仍有聚团颗粒温度分布。而当弹性恢

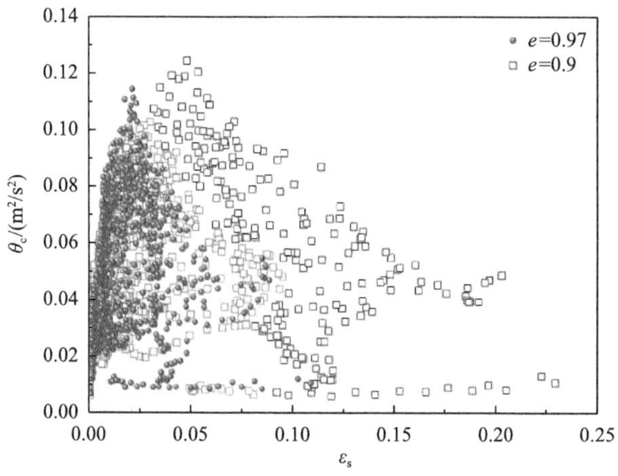

图 7-13　不同弹性恢复系数下聚团颗粒温度分布

复系数为 0.97 时聚团颗粒温度分布对应的最大固含率仅为 0.12。但是在不同的弹性恢复系数下聚团颗粒温度的分布形式是近似的，当弹性恢复系数为 0.9 时的聚团颗粒温度分布就像是将弹性恢复系数为 0.97 时的聚团颗粒温度分布在固含率方向上拉伸后的结果。并且，聚团颗粒温度最大值也受弹性恢复系数的影响，当弹性恢复系数减小时，最大值会增大。在弹性恢复系数为 0.9 时，聚团颗粒温度的最大值约为 0.125m^2/s^2，出现在固含率为 0.05 处。而当弹性恢复系数为 0.97 时，聚团颗粒温度的最大值约为 0.115m^2/s^2，出现在固含率为 0.025 处。这说明了当弹性恢复系数为 0.9 时，其聚团内部的脉动更为强烈。

为了研究弹性恢复系数对大颗粒和小颗粒形成的聚团的影响，图 7-14 给出了不同恢复系数下大颗粒和小颗粒聚团颗粒温度分布。由图可见，不同弹性恢复系数下大颗粒和小颗粒的聚团颗粒温度分布形式类似，并且弹性恢复系数对大颗粒和小颗粒聚团颗粒温度分布的影响也类似。弹性恢复系数可以改变聚团颗粒温度的最大值。对于小颗粒来说，当弹性恢复系数为 0.9 时其聚团颗粒温度较大，说明了随着弹性恢复系数减小，小颗粒聚团的脉动变强了。同样对于大颗粒来说，随着弹性恢复系数的减小，聚团颗粒温度的最大值增大，并且最大值对应的固含率也增大。

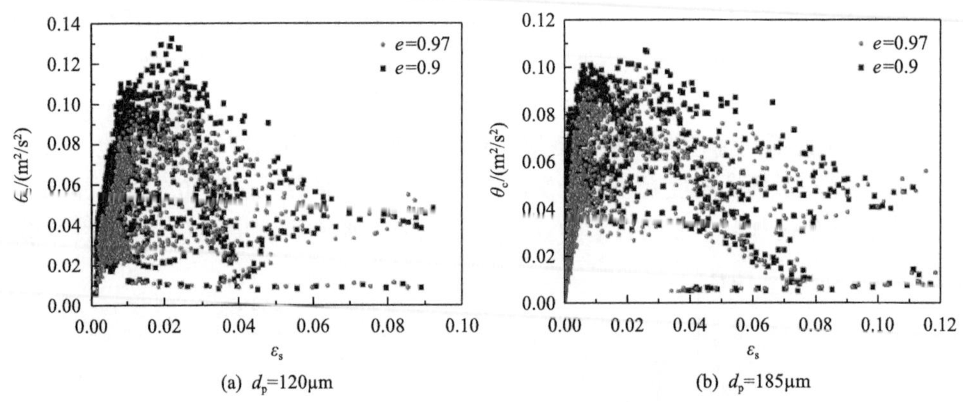

(a) d_p=120μm　(b) d_p=185μm

图 7-14　不同恢复系数下大颗粒和小颗粒聚团颗粒温度分布

在气固两相流动中，表观气速对床内流态化行为有着重要的影响，也是流化床设备在运行时的重要操作参数之一。为了研究不同表观气速下颗粒聚团的特性，本节也对不同表观气速下聚团颗粒温度的分布进行了研究，如图 7-15 所示。模拟中使用的表观气速分别为 0.8m/s、1.0m/s 和 1.2m/s。

由图可见，在不同的表观气速下聚团颗粒温度的分布形式基本相同。随着表观气速的增大，聚团颗粒温度的分布更为紧凑，集中于固相浓度较小的范围内。而且，随着表观气速的增大，其聚团颗粒温度的最大值增大。以上现象表明了随着气体速度的增大，聚团的微观脉动速度逐渐变大，并且其聚团的分布也更为均匀。

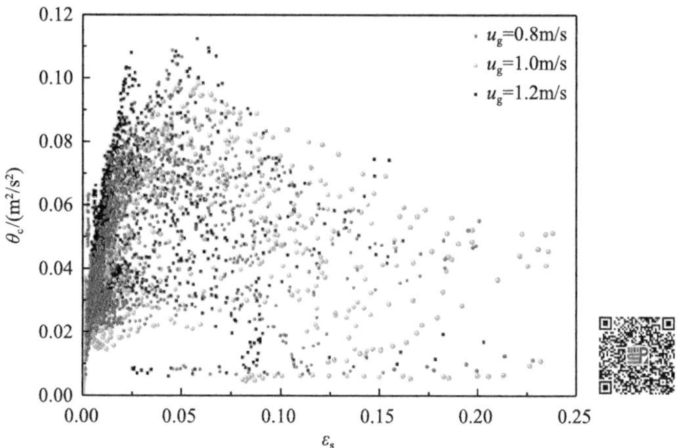

图 7-15　不同表观气速下聚团颗粒温度分布(彩图扫二维码)

为了研究表观气速对大颗粒和小颗粒形成聚团的影响，图 7-16 给出了不同表观气速下大、小颗粒聚团颗粒温度分布。对于小颗粒，随着表观气速的增大，聚团颗粒温度的分布更为集中，主要集中在较小的固含率区域内。聚团颗粒温度的最大值会随着表观气速的增大略有增大，但是聚团颗粒温度的分布趋势基本相同。对于大颗粒来说，其聚团颗粒温度随表观气速的变化趋势与小颗粒不同。随着表观气速的增大，同样，大颗粒的聚团颗粒温度更为集中，并且其最大值增大。但是对于表观气速为 1.2m/s 的工况，其最大值为 0.16m^2/s^2，出现在固含率为 0.005 处，并且大部分的聚团颗粒温度分布聚集于此处。对于表观气速为 1.2m/s 时产生的不同大颗粒聚团颗粒温度，可能是由于在 1.2m/s 的气速下大颗粒的流动状态有所变化。

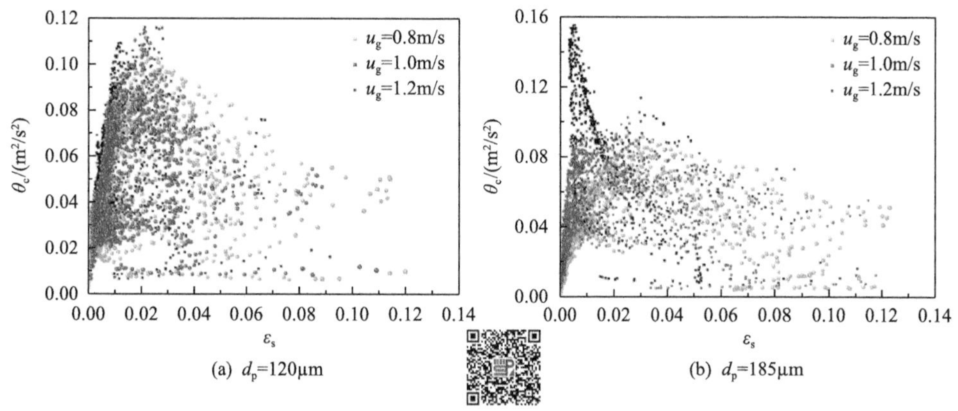

图 7-16　不同表观气速下大、小颗粒聚团颗粒温度分布(彩图扫二维码)

7.5　非球形颗粒聚团颗粒温度研究

为了研究颗粒形状对颗粒聚团特性的影响，本节对非球形颗粒双组分提升管内气固两相流体动力特性进行了数值模拟研究。由于非球形颗粒离散颗粒硬球模型模拟计算量较大，本节将对非球形颗粒提升管进行简化的数值模拟，定性研究非球形颗粒的聚团行为。根据 Mathiesen 等[1]的实验，他们使用的是直径为 0.032m，高度为 1m 的提升管。为了减少计算量，在本研究中继续模拟中间薄层中的颗粒运动情况，Orpe 和 Khakhar[6]在研究中指出，为了减小壁面效应对流化床内颗粒流动行为的影响，流化床的深度要大于颗粒直径的 5 倍以上，因此厚度取为 1.2mm，大于大颗粒直径的 5 倍。垂直方向长度取为原系统的 1/10，并使用和球形颗粒研究中同样的周期性边界条件进行数值模拟，即高度为 30mm。x 方向不变，为 32mm。因此计算区域为 32mm×12mm×30mm，考虑到实验中颗粒体积分数为 2.5%，因此颗粒总数目为 20100，其中直径 0.12mm 的小颗粒数为 15800，直径为 0.185mm 的大颗粒数为 4300。数值模拟中网格数为 25×6×20。其他模拟条件与球形颗粒数值模拟相同，见表 7-1。

为了研究非球形颗粒的聚团特性，模拟中使用了外接圆直径为 0.12mm 和 0.185mm 的非球形颗粒进行了数值模拟，均使用两个球元，球元直径分别为 0.1mm 和 0.16mm，颗粒形状及大小如图 7-17 所示。

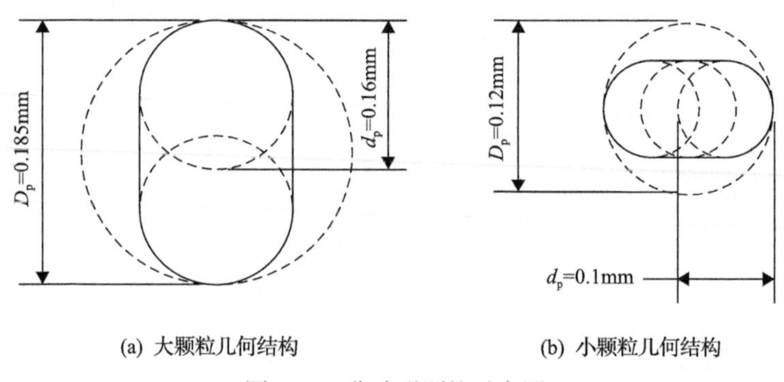

(a) 大颗粒几何结构　　(b) 小颗粒几何结构

图 7-17　非球形颗粒示意图

由于非球形颗粒系统模拟的提升管尺寸与球形颗粒不同，为了对比颗粒形状对颗粒行为的影响，图 7-18 为模拟的提升管内颗粒分布示意图，每幅图的时间间隔为 0.02s。可以看出在提升管中其颗粒的分布较为均匀，床内产生了颗粒聚团。由于采用了周期性边界条件，随着时间的推移，颗粒聚团逐渐上升，达到模拟区域的顶部，再由下部入口处回到流场中。模拟得到的颗粒流动区域为提升管充分发展段，颗粒主要处于上升运动中。

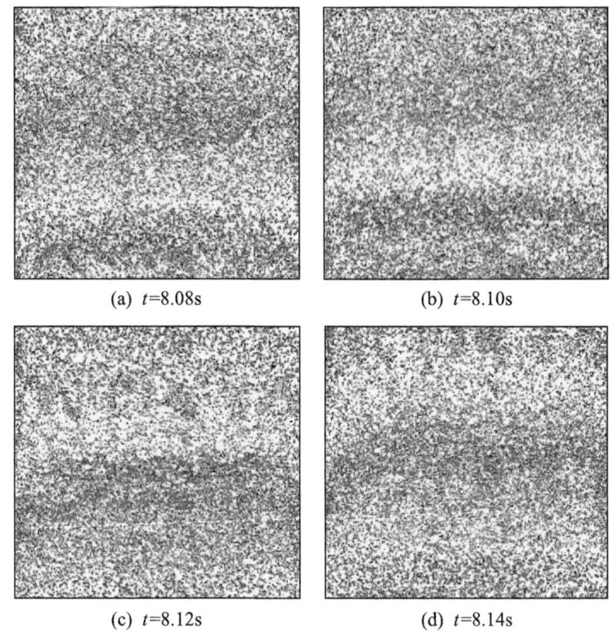

图 7-18　提升管内颗粒分布示意图

提升管内颗粒运动速度分布如图 7-19 所示。对比球形颗粒速度分布，可以看出非球形颗粒总体速度较小，约为 0.1m/s，且在床内各个位置的速度分布较为均匀，并且均向上运动，在两侧靠近边壁处速度略有减小。对比球形颗粒的实验数据可以看出，这一点与球形颗粒有较大不同。小颗粒速度分布与大颗粒速度分布类似，也较为平均，其数值大小与实验中床内中部的颗粒速度大小基本一致，在

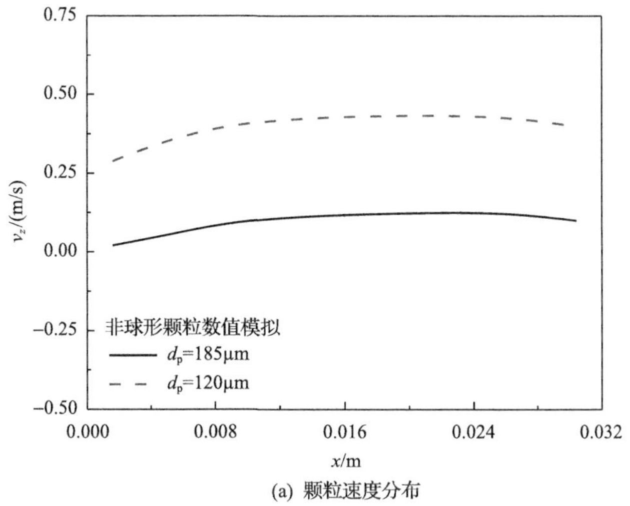

(a) 颗粒速度分布

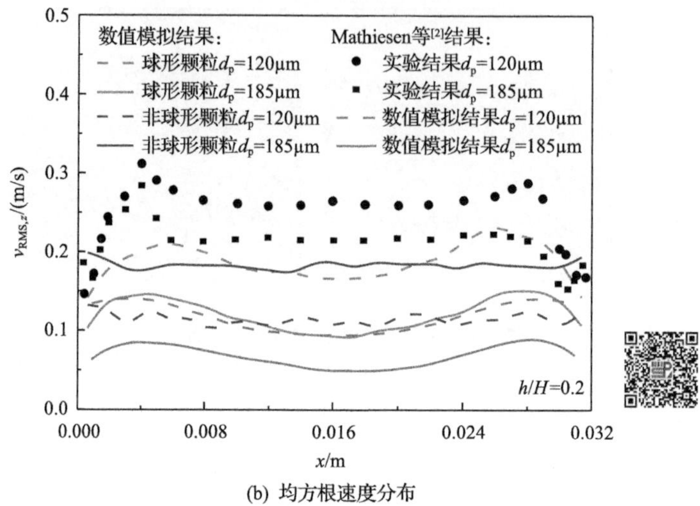

(b) 均方根速度分布

图 7-19　提升管内颗粒运动速度分布示意图(彩图扫二维码)

0.3m/s 左右，但在床内两侧靠近边壁处并没有减小。可见在提升管系统中球形颗粒和非球形颗粒的运动特性有较大差别。非球形颗粒的运动速度分布较为平均，并且大颗粒和小颗粒在垂直方向上的差别较大。对比球形颗粒与非球形颗粒均方根速度分布可以看出，二者分布趋势与速度大小基本相同，非球形颗粒的分布相对于球形颗粒更为均匀，并且数值略大于球形颗粒，说明非球形颗粒的脉动运动稍强于球形颗粒。

为了研究颗粒形状对提升管中聚团行为的影响，图 7-20 为提升管内水平方向聚团颗粒温度分布示意图。对比球形颗粒的分布，可以看出，非球形颗粒聚团颗粒温度的分布更为集中，且聚团颗粒温度的数值更小。非球形颗粒提升管中，聚团颗

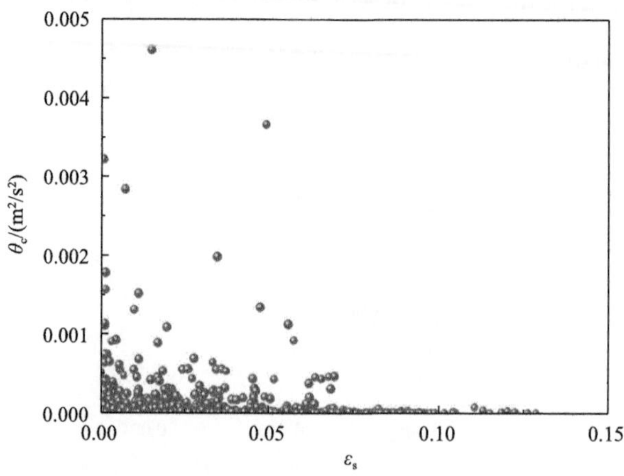

图 7-20　提升管内水平方向聚团颗粒温度分布示意图

粒温度主要分布在固含率为 0 到 0.15 处，聚团颗粒温度数值均小于 0.005m^2/s^2。可以推断出在非球形颗粒提升管系统中，聚团的微观脉动也较弱。

提升管内垂直方向聚团颗粒温度分布如图 7-21 所示。作为颗粒和颗粒聚团的主要运动方向，垂直方向的聚团颗粒温度分布与水平方向有很大区别。垂直方向聚团颗粒温度的数值要远大于水平方向，说明聚团的速度脉动主要在垂直方向，并且聚团颗粒温度的分布有独特的规律，整体呈“三角形”分布。但是在聚团颗粒温度为 0.01～0.03m^2/s^2 的区域内存在一段空白区域，说明在该区域内颗粒聚团温度的分布很少。

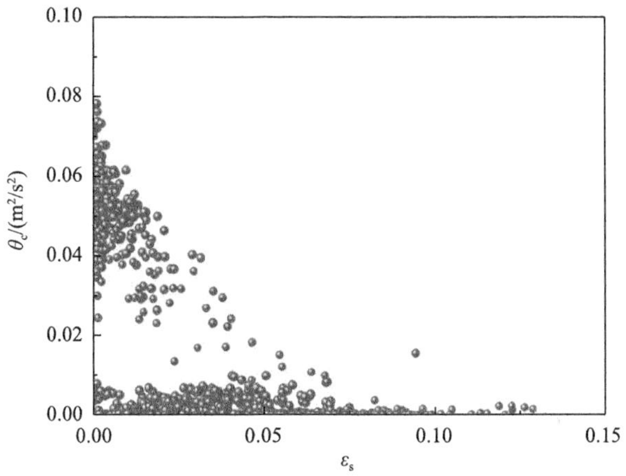

图 7-21　提升管内垂直方向聚团颗粒温度分布示意图

图 7-22 和图 7-23 分别展示了大颗粒在水平方向和垂直方向上的聚团颗粒温度分布示意图。可以看出，其分布规律和颗粒整体的分布趋势类似。在水平方向

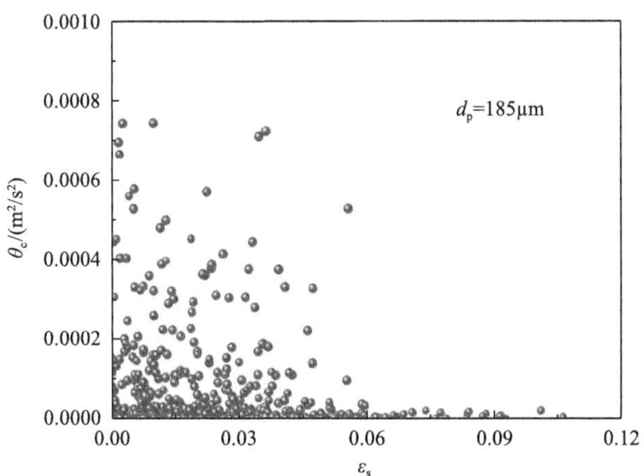

图 7-22　提升管内水平方向上大颗粒聚团颗粒温度分布示意图

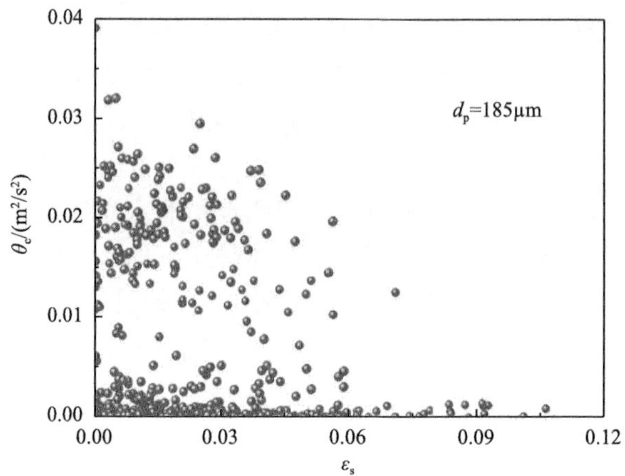

图 7-23 提升管内垂直方向上大颗粒聚团颗粒温度分布示意图

上，其聚团颗粒温度的分布较为分散，没有明显规律，并且其数值较小。而在垂直方向上，其聚团颗粒温度的数值较大，说明大颗粒聚团的主要脉动方向也是在垂直方向上，并且垂直方向上聚团颗粒温度也近似呈现“三角形”分布。

图 7-24 和图 7-25 分别为小颗粒在水平方向和垂直方向上的聚团颗粒温度分布示意图。其分布规律也和颗粒整体的分布趋势类似。水平方向上的聚团颗粒温度数值依旧较小，而在垂直方向上，其分布呈现明显的三角形，并且有着一个较大的空白区域。对比大颗粒和小颗粒聚团颗粒温度的分布可以看出，小颗粒聚团颗粒温度的数值要大于大颗粒，说明由小颗粒组成的聚团的湍动要强于大颗粒聚团，这是因为大颗粒的质量和惯性较大导致的。

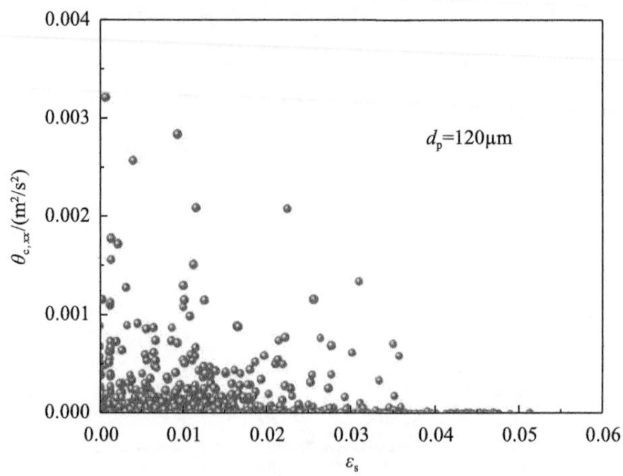

图 7-24 提升管内水平方向小颗粒聚团颗粒温度分布示意图

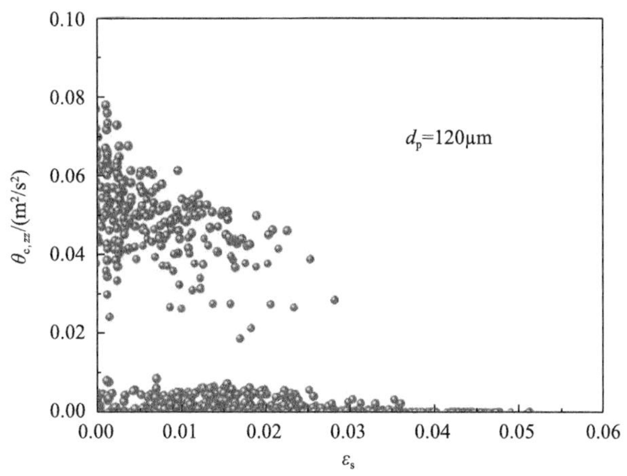

图 7-25　提升管内垂直方向小颗粒聚团颗粒温度分布示意图

非球形颗粒聚团颗粒温度的分布体现了非球形颗粒系统中不同的聚团行为。与球形颗粒系统相比，非球形颗粒系统内聚团的微观脉动更弱，并且聚团颗粒温度对应的固含率也较小。可以推断在非球形颗粒系统中聚团等介尺度结构的数量更少，形成条件也更为苛刻。

为了定量研究提升管内聚团的特性，图 7-26 和图 7-27 为提升管内水平方向和垂直方向聚团颗粒温度在 h/H =0.4 的床高位置处的分布。对于水平方向，可以看出在床的宽度方向上聚团颗粒温度在一定范围内波动，没有明显的单峰或双峰形成，并且小颗粒的聚团颗粒温度大于大颗粒，而颗粒整体的聚团颗粒温度分布处于二者之间。

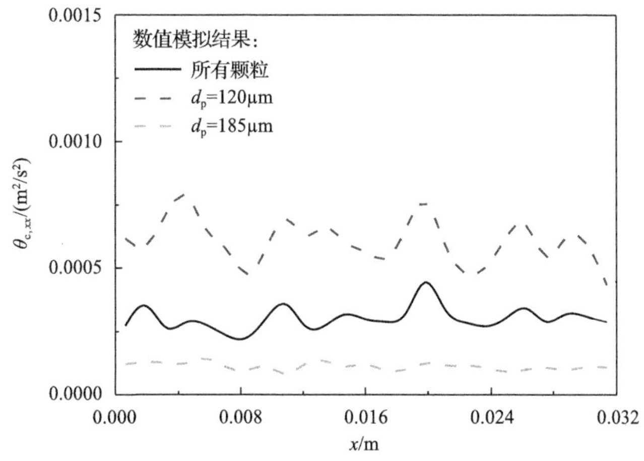

图 7-26　提升管内水平方向聚团颗粒温度分布

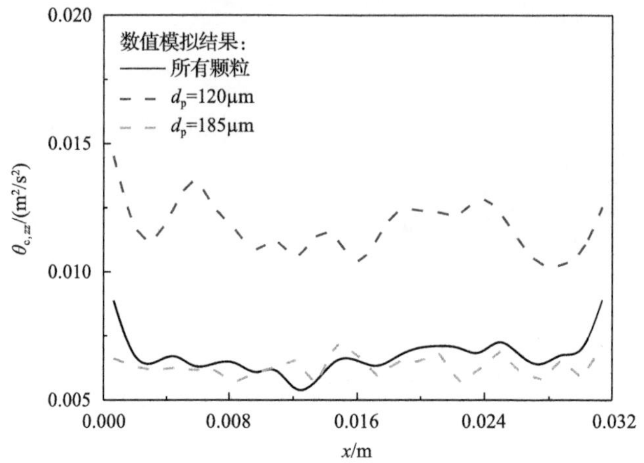

图 7-27　提升管内垂直方向聚团颗粒温度分布

在垂直方向上，提升管内聚团颗粒温度的分布与水平方向上基本相同，但是垂直方向上聚团颗粒温度的数值要大于水平方向，说明了聚团的主要脉动方向在垂直方向上。而垂直方向上的颗粒整体的聚团颗粒温度的分布与大颗粒的分布区域基本重合，远小于小颗粒聚团颗粒温度的数值，说明在此床高处，尽管由小颗粒组成的颗粒聚团的脉动特性更强，大颗粒形成的聚团的脉动运动占主导地位。

7.6　湿颗粒聚团颗粒温度研究

为了研究湿颗粒聚团特性，本节对湿颗粒双组分提升管内气固两相流体动力学特性进行了数值模拟研究。根据 Mathiesen 等[1]的实验，以直径为 0.032m，高度为 1m 的提升管为研究对象，考察了不同液体量对颗粒行为的影响。

图 7-28 给出了干颗粒和湿颗粒在提升管中颗粒瞬时空间分布情况，其中湿颗粒系统中相对液体量为 0.001%。从图中可以看出，在干颗粒系统中，颗粒沿轴向近似均匀分布在提升管内部，在模拟中颗粒在提升管内形成连续的颗粒聚团，并随着模拟时间的进行，在气体作用下逐渐向上运动，大量颗粒在提升管中部随颗粒聚团沿轴向向上运动，小部分颗粒沿壁面向下运动。与干颗粒系统相比，在湿颗粒系统中，颗粒形成明显的颗粒聚团或结块并聚集在提升管底部，导致固含率沿轴向分布不均匀，少量颗粒随着气体沿轴向向上运动。研究表明，在湿颗粒系统中，液体的存在对颗粒流动特性具有一定的影响。

图 7-29 给出了不同高度处颗粒体积分数分布。从图中可以看出，在提升管中部颗粒体积分数较小，靠近壁面区域颗粒体积分数较大。在 h =60mm 高度处，特别是相对液体量为 0.001%时，由于颗粒聚团的存在，在壁面处颗粒体积分数有明

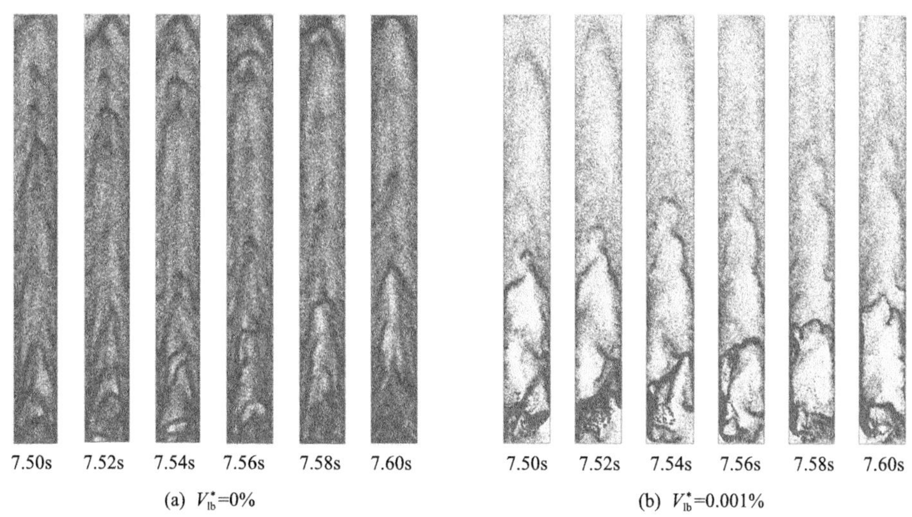

(a) V_{lb}^{*}=0%　　(b) V_{lb}^{*}=0.001%

图 7-28　相对液体量对颗粒空间分布的影响

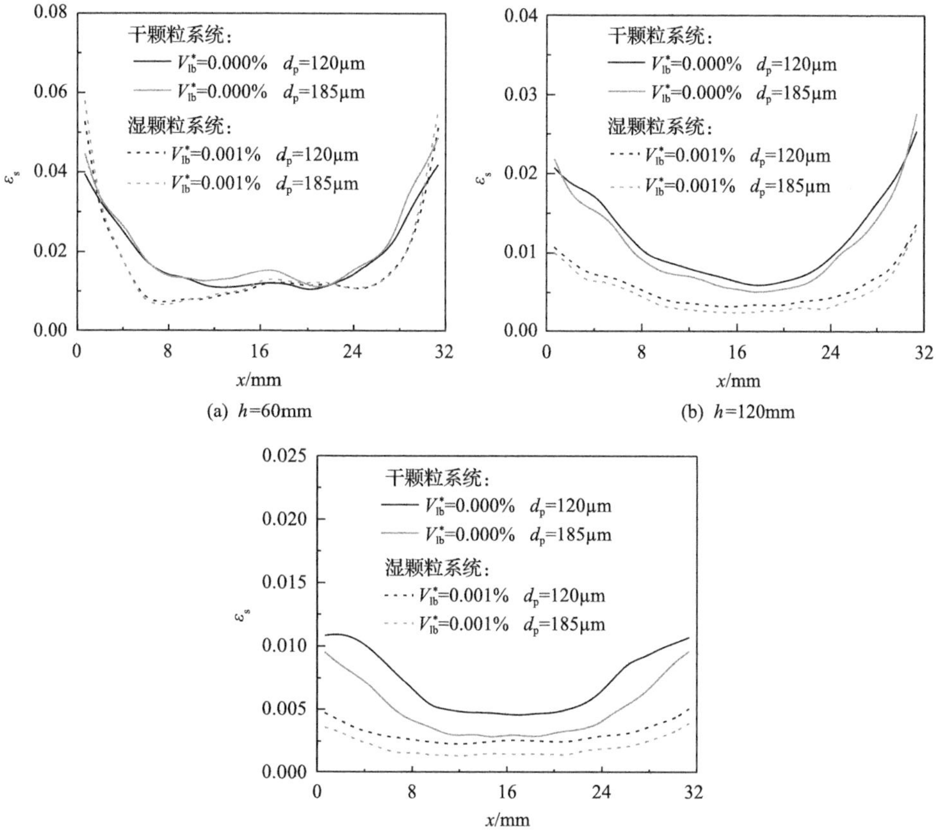

(a) h=60mm

(b) h=120mm

(c) h=210mm

图 7-29　不同高度处颗粒体积分数分布

显增大。此外，随着床层高度的增加，颗粒体积分数逐渐减小，这一现象充分反映了颗粒主要集中分布在提升管底部入口处。无论大颗粒还是小颗粒，在湿颗粒系统中，提升管中部的颗粒体积分数始终小于干颗粒系统；大颗粒与小颗粒相比，由于大颗粒质量略大，因此更集中地分布在提升管底部。

图 7-30 给出了不同提升管高度处，相对液体量对颗粒轴向速度分布的影响。从图中可以看出，在不同工况下，大、小颗粒的速度分布均关于床中心对称，随着所在床层位置的升高，颗粒速度最大值逐渐增大。这是由于随着高度的增加，颗粒聚团现象逐渐减弱，位于提升管上部的颗粒更易跟随气体进行运动。随着相对液体量的增加，颗粒轴向速度逐渐减小，颗粒速度从提升管中部向壁面处逐渐减小，在重力的作用下颗粒在壁面处向下运动。此外，对比大、小颗粒速度分布可得，小颗粒由于其质量较小，因此弛豫时间较小，气体跟随性好，导致速度略大于大颗粒。

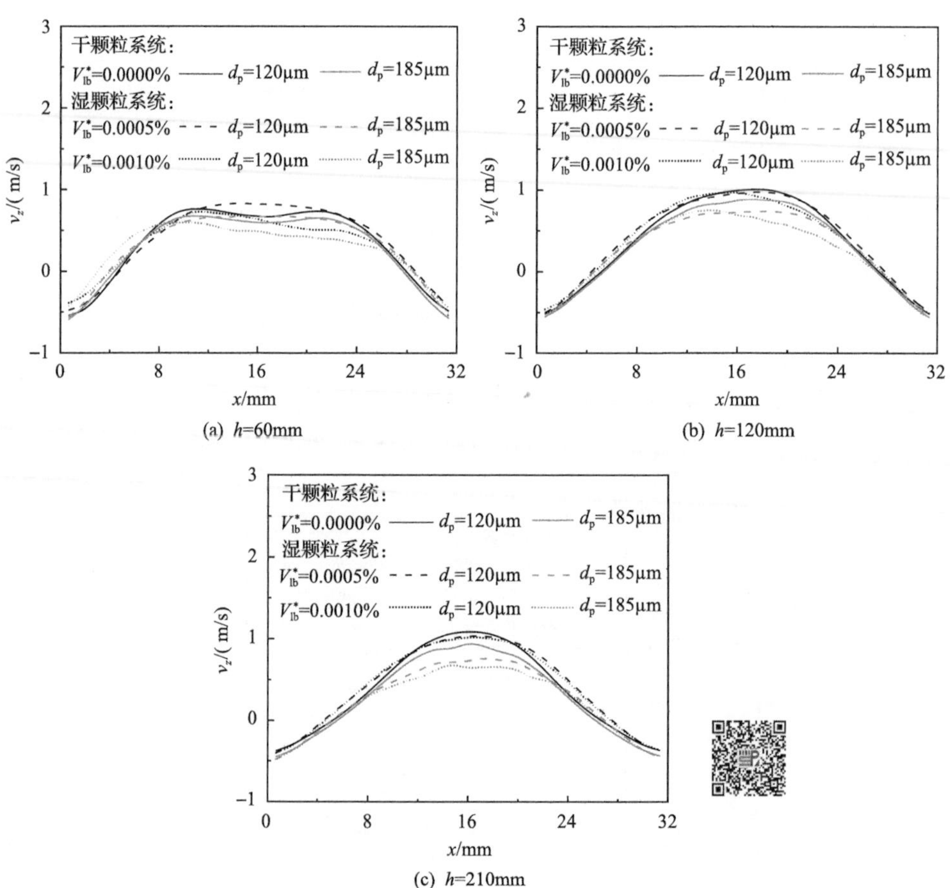

图 7-30　相对液体量对颗粒轴向速度分布的影响(彩图扫二维码)

图 7-31 给出了相对液体量对颗粒平均直径分布的影响。在湿颗粒系统中，平均直径分布近似呈现两侧高中间低的分布趋势，与干颗粒系统相比，其沿径向分布趋势波动较为剧烈；在 h =60mm 处，随着相对液体量的增加，湿颗粒系统中颗粒平均直径分布波动逐渐加剧；随着高度的增加，平均直径分布曲线逐渐趋于平缓，同时总体平均直径略低于干颗粒系统中平均直径。这说明受到液体的影响，提升管底部形成大量的颗粒聚团，导致颗粒平均直径分布不均匀，但随着高度的增加，颗粒聚团逐渐减少，颗粒多以独立个体存在于提升管内部，此时平均直径分布逐渐趋于平缓。

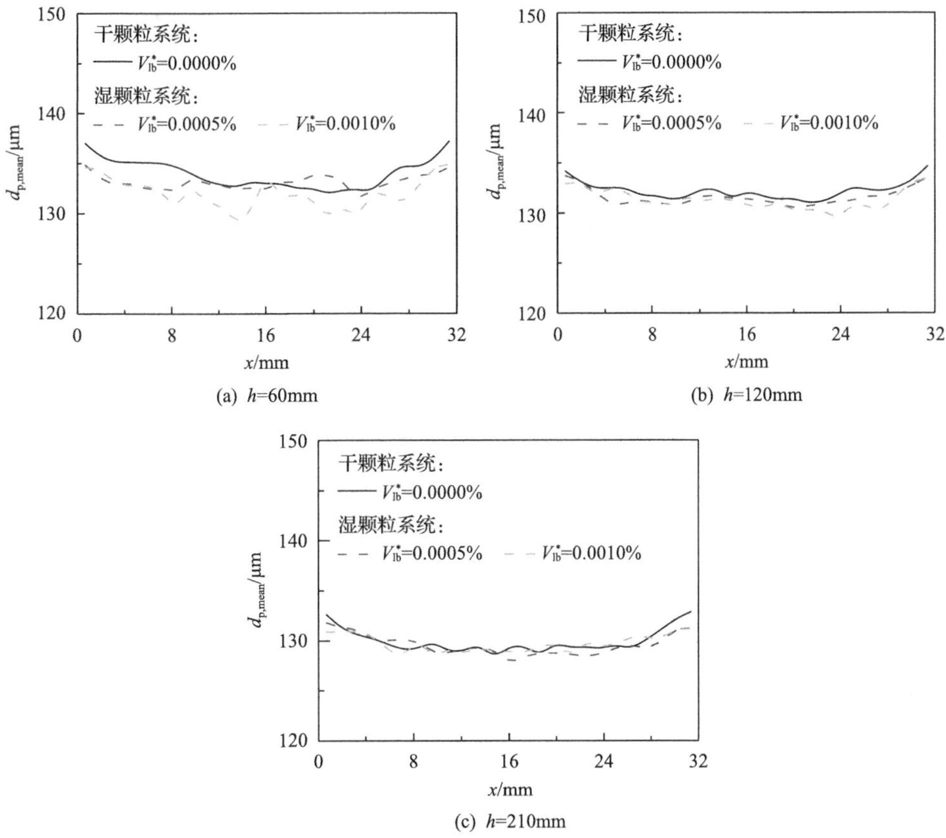

(a) h=60mm　(b) h=120mm　(c) h=210mm

图 7-31　相对液体量对颗粒平均直径分布的影响

图 7-32 给出了相对液体量对床内压降的影响。在湿颗粒系统中，压降脉动明显高于干颗粒系统的压降脉动，并且床层的压降脉动幅度会随着系统内相对液体量的增加而逐渐增大。在干颗粒系统中颗粒的运动过程中接触力占主导作用，但在湿颗粒系统中颗粒之间形成的液桥力对提升管内的颗粒流动特性有着重要的影响。

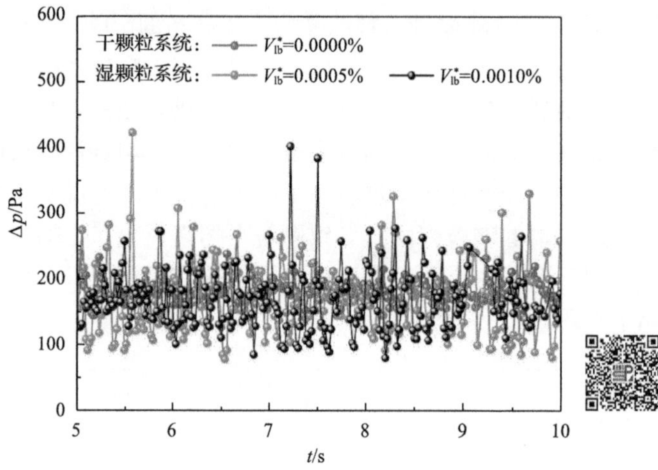

图 7-32　相对液体量对床内压降的影响(彩图扫二维码)

图 7-33 给出了相对液体量对平移粒子颗粒温度和旋转粒子颗粒温度分布的影响。从图中看出，不同相对液体量聚团颗粒温度分布趋势相似，但是干颗粒系统中颗粒温度的分布更为集中，且不同工况下颗粒温度最大值及其出现位置存在明显差异。对于提升管内的大部分颗粒，其聚团颗粒温度分布在 0～0.04，对应颗粒体积分数变化范围为 0～0.06。当相对液体量为 0.001%时，颗粒体积分数为 0.03 时颗粒聚团颗粒温度达到最大值为 0.08m^2/s^2，对于相对液体量为 0.0005%的湿颗粒系统和干颗粒系统，其聚团颗粒温度最大值分别为 0.065m^2/s^2 和 0.05m^2/s^2。因此，受到液桥力的影响，颗粒聚团的脉动更为剧烈。图中同时给出了相对液体量对旋转粒子颗粒温度分布的影响。同样地，干颗粒系统中旋转粒子颗粒温度分布更为集中。随着相对液体量的增加，颗粒旋转速度脉动增强，因此颗粒旋转脉动更加剧烈，直观反映在颗粒的旋转粒子颗粒温度分布更分散。

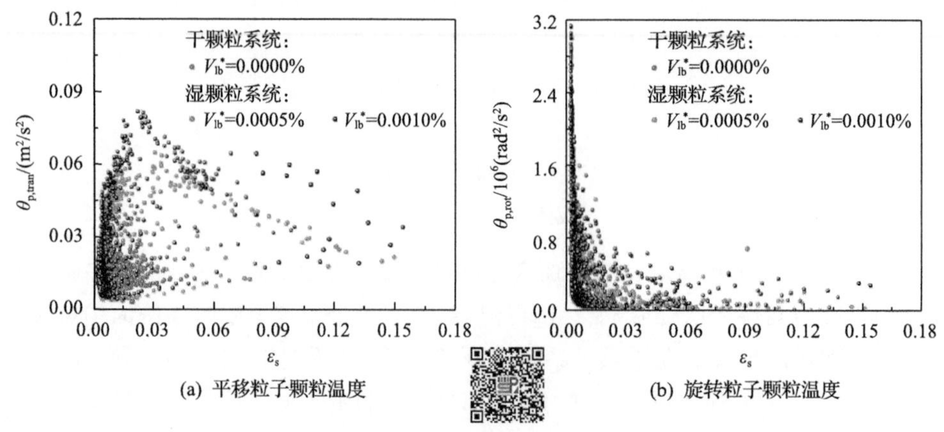

(a) 平移粒子颗粒温度　　(b) 旋转粒子颗粒温度

图 7-33　相对液体量对颗粒温度分布的影响(彩图扫二维码)

7.7 本章小结

本章分别对球形颗粒、非球形颗粒和湿颗粒进行了双组分提升管内流体动力学特性数值模拟，提出了广义聚团颗粒温度的概念，用于研究提升管中的颗粒聚团行为，能够获得更全面的颗粒脉动特性。

使用离散颗粒硬球模型对球形颗粒双组分提升管进行了数值模拟，并与实验结果进行了对比，吻合较好。随后进行了聚团特性的研究，结果表明，对球形颗粒系统，球形颗粒的聚团颗粒温度受曳力、恢复系数和表观气速的影响较大，主要影响其最大值。对非球形颗粒系统，聚团的微观脉动运动相对较弱，并且小颗粒及其颗粒聚团的脉动运动更剧烈。

对湿颗粒系统，进行了相对液体量为 0.0005%和 0.0010%两种工况下提升管内湿颗粒系统动力学特性的对比分析。对比发现，无论是在干颗粒系统还是湿颗粒系统，时均颗粒速度呈轴对称分布；随着相对液体量的增加，在提升管底部逐渐形成更为明显的颗粒聚团，导致颗粒体积分数沿轴向分布不均匀；在湿颗粒系统中，由于受到液桥力的影响，颗粒聚团现象愈加明显，导致颗粒聚团温度以及床层压降脉动存在明显的差异：干颗粒系统中颗粒温度分布更为集中，受到液桥力的影响，湿颗粒系统中颗粒聚团的波动更为剧烈。

参考文献

[1] Mathiesen V, Solberg T, Arastoopour H, et al. Experimental and computational study of multiphase gas/particle flow in a CFB riser[J]. AIChE Journal, 1999, 45(12): 2503-2518.

[2] Mathiesen V, Solberg T, Hjertager B H. An experimental and computational study of multiphase flow behavior in a circulating fluidized bed[J]. International Journal of Multiphase Flow, 2000, 26(3): 387-419.

[3] Wang S, Li X, Lu H, et al. DSMC prediction of granular temperatures of clusters and dispersed particles in a riser[J]. Powder Technology, 2009, 192(2): 225-233.

[4] Jung J, Gidaspow D, Gamwo I K. Measurement of two kinds of granular temperatures, stresses, and dispersion in bubbling beds[J]. Industrial & Engineering Chemistry Research, 2005, 44(5): 1329-1341.

[5] Wang T, He Y, Yan S, et al. Cluster granular temperature and rotational characteristic analysis of a binary mixture of particles in a gas-solid riser by mutative Smagorinsky constant SGS model[J]. Powder Technology, 2015, 286: 73-83.

[6] Orpe A V, Khakhar D V. Scaling relations for granular flow in quasi-two-dimensional rotating cylinders[J]. Physical Review E, 2001, 64(3): 031302.